12

ノンパラメトリック統計

前園 宜彦 著

新井 仁之・小林 俊行・斎藤 毅・吉田 朋広 編

共立講座 数学の輝き

共立出版

刊行にあたって

　数学の歴史は人類の知性の歴史とともにはじまり，その蓄積には膨大なものがあります．その一方で，数学は現在もとどまることなく発展し続け，その適用範囲を広げながら，内容を深化させています．「数学探検」，「数学の魅力」，「数学の輝き」の3部からなる本講座で，興味や準備に応じて，数学の現時点での諸相をぜひじっくりと味わってください．

　数学には果てしない広がりがあり，一つ一つのテーマも奥深いものです．本講座では，多彩な話題をカバーし，それでいて体系的にもしっかりとしたものを，豪華な執筆陣に書いていただきます．十分な時間をかけてそれをゆったりと満喫し，現在の数学の姿，世界をお楽しみください．

「数学の輝き」

　数学の最前線ではどのような研究が行われているのでしょうか？　大学院にはいっても，すぐに最先端の研究をはじめられるわけではありません．この第3部では，第2部の「数学の魅力」で身につけた数学力で，それぞれの専門分野の基礎概念を学んでください．一歩一歩読み進めていけばいつのまにか視界が開け，数学の世界の広がりと奥深さに目を奪われることでしょう．現在活発に研究が進みまだ定番となる教科書がないような分野も多数とりあげ，初学者が無理なく理解できるように基本的な概念や方法を紹介し，最先端の研究へと導きます．

編集委員

まえがき

　本書では，ノンパラメトリックな統計的推測の中で重要な役割を持つ順位に基づく推測，統計的リサンプリング法及びカーネル法を概説し，利用される代表的な統計量の漸近的な性質を解説する．ノンパラメトリック法の研究を目指す学生への入門的な書物となることを目指し，実務の現場でこれらの手法を利用している研究者にも，理論的背景を理解してもらう一助になれるように構成したつもりである．

　統計的推測においては正規分布などの特定の分布を仮定して，信頼区間や統計的仮説検定を構成するパラメトリックなものが主流である．しかしデータの順位を利用する方法も開発されており，特に分布を特定できない状況では有用な手法として定着している．また 1960 年代以降，分布を特定しないノンパラメトリックな推測の理論的な研究が進展し，パラメトリックな推測法に比べて遜色ないことが明らかにされた．また 1940 年代にその萌芽が見られる，ジャックナイフ法やそれを拡張したブートストラップ法などの統計的リサンプリング法の研究が 1980 年代以降盛んになり，汎用性のある手法として定着している．

　他方，1950 年代に密度関数のノンパラメトリックな推定方法としてカーネル法が提案され，1960 年代にはカーネル回帰法が Nadaraya (1964) と Watson (1964) により構築されている．その後ハザード関数，分布関数，密度比などの推定に拡張され，漸近正規性も示されている．カーネル法は滑らかな推測結果を与える手法として評価されて，さらにパラメトリックな手法との結合によるセミパラメトリックな推測法も様々な角度から提案されており，有用な手法としての地位を確立している．

　ノンパラメトリック法の研究では標本数を止めて手法の良さを評価するのが難しいので，標本数を大きくしたときの漸近理論を構築して比較することにな

る．統計量は確率変数の関数であるから，確率論の大数の法則と中心極限定理が重要な役割を持つ．しかし実際の統計的推測においては，標本数を意識した理論が必要になり，統計研究の漸近理論は独自の発展をしてきた．確率論では，収束することを証明することが目的となり，収束の話はどんどん抽象化され，一般の空間での収束などの形で数学的に深化されている．しかし統計的推測においては，絶えず現実へのフィードバックを念頭に置かねばならず，漸近理論が本当にうまく働くかをシミュレーションで検証したり，あるいは近似のオーダーを改良する工夫を施してきた．その成果として，分布の近似を標本数に依存した関数で近似するエッジワース展開，コーニッシュ・フィッシャー展開などが研究され，かなり複雑な統計量についてもこれらの展開が適用できるようになってきている．

　順位統計量などのノンパラメトリック推測で利用される統計量のクラスに対しては，条件付き期待値を利用した方法で漸近正規性を示すことができる．さらに，中心極限定理の精密化であるエッジワース展開の研究も行われ，Lai & Wang (1993) により漸近 U-統計量の漸近展開へと拡張された．統計的推測ではより重要な役割を持つスチューデント化統計量も漸近 U-統計量とバイアスの和として表されることが示されて，その漸近表現を利用して，標本数の逆数までのエッジワース展開を求めることができる．ここでは順序統計量の一次結合のクラスである L-統計量について主として議論するが，他の統計量についても同様に漸近 U-統計量であることを示すことができる．

　第1章では漸近理論を展開するときに必要となる確率論の大数の法則，中心極限定理とその精密化についての準備を行っている．第2章ではパラメトリックな統計的推測について簡単に復習して，対応するノンパラメトリック法の理解を助けるように構成されている．第3章では医学データなどによく利用される順位に基づく推測法を解説する．この手法は分布に依存しないもので，ノンパラメトリック推測の原点というべきものである．第4章では近年盛んに研究されている統計的リサンプリング法についてその基本的な考え方を説明している．特に，ジャックナイフ法を適用することによるバイアスの改良と解析的に導出が困難な分散の推定量の構築法について例題を中心に考察していく．第5章ではカーネル法による確率密度関数及び分布関数の推定から始めて，密度比

やハザード関数などの比の形の推定量について紹介し，それらの漸近バイアスと分散について考察する．またこれらを利用したノンパラメトリック回帰や，順位統計量の連続化を議論する．第6章では，漸近的に正規分布に従う統計量について，近似精度の改良であるエッジワース展開を議論する．その上で標準偏差に推定量を代入したスチューデント化統計量の正規近似の改良を与える．これらの結果は U-統計量，V-統計量，L-統計量など多くの統計量に適用可能な汎用性のある結果である．

　最後に本書の執筆を勧めてくださった東京大学・吉田朋広教授に深く感謝します．また図の作成や，計算のチェックをしてもらった九州大学・森山卓助教（現在鳥取大学）にも感謝の意を表したいと思います．

　本書によりノンパラメトリック推測法の有用性を認識し，理解が深まれば幸いです．

2019年9月　　　　　　　　　　　　　　　　　　　　　　　前園 宜彦

目 次

まえがき .... *iii*

第1章 確率論の準備 *1*

1.1 確率変数　*1*

1.2 多次元分布　*6*

1.3 期待値　*8*

1.4 多次元分布の収束　*35*

第2章 統計的推測 *41*

2.1 統計的推定　*41*

2.2 統計的仮説検定　*46*

2.3 検定の漸近相対効率　*52*

第3章 順位に基づく統計的推測 *59*

3.1 順位検定　*59*

3.2 実験計画法に対する順位検定　*87*

3.3 その他のノンパラメトリック検定　*99*

第4章 統計的リサンプリング法 *113*

4.1 ジャックナイフ法　*113*

4.2 ブートストラップ法　*122*

第5章 カーネル法に基づくノンパラメトリック推測 *137*

5.1 密度関数のカーネル推定　*137*

5.2 多次元密度関数の推定　*145*

5.3 分布関数のカーネル推定　*149*

viii　　　　　　　　　　　　目　次

　5.4　密度比の推定　*151*

　5.5　ハザード関数の推定　*160*

　5.6　ノンパラメトリック回帰　*162*

　5.7　カーネル法の順位検定の連続化への応用　*171*

第6章　漸近正規統計量 *178*

　6.1　中心極限定理の精密化　*178*

　6.2　*U*-統計量　*188*

　6.3　漸近 *U*-統計量　*201*

参考文献 *234*

索　引 *239*

第1章 ◇ 確率論の準備

　本章では統計的推測の理論的な基礎となっている確率空間と確率変数について復習する．まずコルモゴロフ流の確率空間を定義し，期待値・分散などのモーメントと関連する数学的な不等式を説明する．その後確率変数の収束について紹介する．基本となるのは大数の法則と中心極限定理である．これらは確率論の一部なので，確率論に詳しい読者は第2章以降に進んでも構わない．

1.1　確率変数

　統計的推測において扱われるのは数値化されたデータである．組み合わせ等を使った確率であっても，数値化を行うことによりコンピュータへの入力も簡単になる．このときに重要な概念が確率変数である．ここでは確率変数とその分布，及び関連する性質を解説する．

1.1.1　確率空間

　まず考える対象となる確率空間を定義する．確率論では対象となる集合を**事象 (event)** と呼び，事象の集まりである族に対して次の**σ-加法族**あるいは**可算加法族 (sigma field)** の仮定をおく．

> 　**定義 1.1**　（可算加法族）　次の条件を満たす集合の族 $\mathcal{A}$ を可算加法族あるいは σ-加法族と呼ぶ．
> (1) $A \in \mathcal{A}$ ならば 余事象 $A^{c} \in \mathcal{A}$
> (2) 全事象 Ω に対して $\Omega \in \mathcal{A}$
> (3) 事象 $A_1, A_2, \ldots, A_n, \ldots \in \mathcal{A}$ ならば $\bigcup_{n=1}^{\infty} A_n \in \mathcal{A}$

　この加算加法族 $\mathcal{A}$ に対して確率 $P(\cdot)$ を次で定義する．

2　　　　　　　　　　第1章　確率論の準備

┃┃ **定義 1.2** ┃┃（コルモゴロフ (Kolmogorov) の公理）　次の条件を満たすとき
$P(\cdot)$ は $(\Omega, \mathcal{A})$ 上の確率という.
(1) 任意の $A \in \mathcal{A}$ に対して $P(A) \geq 0$ である.
(2) 全事象 Ω に対して $P(\Omega) = 1$ である.
(3) 排反な事象 $A_1, A_2, \ldots, A_n, \ldots \in \mathcal{A}$, すなわち任意の $i \neq j$ に対して
$A_i \cap A_j = \emptyset$ が成り立つとき $P(\bigcup_{n=1}^{\infty} A_n) = \sum_{n=1}^{\infty} P(A_n)$ が成り立つ.

　　これらを集めた $(\Omega, \mathcal{A}, P)$ を**確率空間** (probability space) と呼ぶ. これ
はコルモゴロフによって確率を数学的に定式化したものである. $\Omega = A \cup A^c$
だから (2) 及び (3) より $1 = P(\Omega) = P(A) + P(A^c)$ となる. よって (1) よ
り $0 \leq P(A) \leq 1$ が成り立つ. 確率にはこのほかの定義の方法もあるが, 現
在広く受け入れられているのはコルモゴロフ流の確率である. 確率空間は**測度
空間** (measurable space) の特別なものになっているので, 測度論を学習し
た人には容易に受け入れられる定義である. 統計的推測ではデータの背後に,
ある確率空間を考えて, Ω からの関数を想定し, 関数のとった値をデータの値
とみなすことで解釈してしていく. この関数を**確率変数** (random variable)
と呼び, 確率変数の実現値と見なしたデータの値に基づいて確率構造を明らか
にしていくのが統計的推測である. 確率変数の厳密な数学的定義は次で与えら
れる.

┃┃ **定義 1.3** ┃┃　関数 $X = X(\omega) : \Omega \rightarrow \mathbb{R}$ が任意の $x \in \mathbb{R}$ に対して
$\{\omega \in \Omega \mid X(\omega) \leq x\} \in \mathcal{A}$ を満たすとき, X を確率変数と呼ぶ.

　　もっと一般的には確率変数は**可測関数** (measurable function) と呼ばれる
ものの特別な場合である. 数学的な定義は上記のものであるが, 直感的には次
のように考える方がわかりやすい. すなわち X のとり得る値に対して確率が
対応する変数が確率変数で, 確率変数のとり得る値とその確率を一緒にして**確
率分布** (probability distribution)（あるいは単に**分布** (distribution)）と
いう. これは**離散型確率変数** (discrete random variable) と呼ばれ

$$P\Big(\{\omega \mid X(\omega) = x_k\}\Big) = P(X = x_k) = p_k \quad (k = 1, 2, \ldots, n, \ldots)$$

である. $P(X = x_k) = p_k$ を**確率関数 (probability function)** と呼ぶ.

表 1.1 離散型確率分布

X の値	x_1	x_2	$\cdots$	x_n	$\cdots$	計
確率	p_1	p_2	$\cdots$	p_n	$\cdots$	1

確率変数は大文字で表し，とり得る値を小文字で表すことが多い．上の例のようにとり得る値がとびとびの高々可算個のとき，離散型確率変数と呼ぶ．統計的推測では，不良品の個数，単位時間当たりの観測度数などの計数的なデータを処理するときに仮定されるモデルである．

離散型確率変数の代表的な例は下記のものである．

表 1.2 離散型分布

分布	確率	とり得る値
一様分布（離散型）	$P(X = k) = \frac{1}{n}$	$k = 1, 2, \ldots, n$
二項分布 $B(n, p)$	$P(X = k) = {}_nC_k p^k (1 - p)^{n-k}$	$k = 0, 1, \ldots, n$
ポアソン分布 $Po(\lambda)$	$P(X = k) = e^{-\lambda} \frac{\lambda^k}{k!}$	$k = 0, 1, 2, \ldots$
幾何分布	$P(X = k) = q^{k-1} p$	$k = 0, 1, 2, \ldots$

ただし $p + q = 1$, p, $q > 0$, $\lambda > 0$ である.

二項分布 $B(n, p)$ において

$$np = \lambda \ (\text{一定})$$

として $n \to \infty$ とすると，ポアソン分布に近づくことが知られている．

計量的なデータに対しては**連続型確率変数 (continuous random variable)** が利用される．連続型確率変数 X は，定数 a, b $(a \leq b)$ に対して，$a \leq X \leq b$ となる確率が

$$P(a \leq X \leq b) = P\Big(\{\omega \mid a \leq X(\omega) \leq b\}\Big) = \int_a^b f(x)\,dx$$

4　　　　　　　　第1章　確率論の準備

で与えられる．ただし $f(x)$ は**確率密度関数 (probability density function)**
（または単に**密度関数 (density function)**）と呼ばれ

$$f(x) \geq 0 \quad (-\infty < x < \infty), \qquad \int_{-\infty}^{\infty} f(x)\,dx = 1$$

を満たす．

連続型確率変数の代表的な例は下記のものである．

表1.3　連続型分布

分布	密度関数	定義域	母数
一様分布 $U(a,b)$	$\frac{1}{b-a}$	$a < x < b$	$a < b$
指数分布 $Ex(\alpha)$	$\frac{1}{\alpha}e^{-\frac{1}{\alpha}x}$	$0 < x$	$0 < \alpha$
ガンマ分布 $Ga(\alpha,\beta)$	$\frac{1}{\Gamma(\alpha)}x^{\alpha-1}e^{-x/\beta}$	$0 < x$	$0 < \alpha,\ \beta$
ベータ分布 $Be(\alpha,\beta)$	$\frac{1}{B(\alpha,\beta)}x^{\alpha-1}(1-x)^{\beta-1}$	$0 < x < 1$	$0 < \alpha,\ \beta$
コーシー分布	$\frac{a}{\pi\{a^2+(x-\mu)^2\}}$	$\mathbb{R}$	$\mu,\ 0 < a$
ロジスティック分布	$\frac{e^{-x}}{(1+e^{-x})^2}$	$\mathbb{R}$	
正規分布 $N(\mu,\sigma^2)$	$\frac{1}{\sqrt{2\pi}\sigma}\exp\left\{-\frac{(x-\mu)^2}{2\sigma^2}\right\}$	$\mathbb{R}$	$\mu,\ 0 < \sigma^2$
χ^2-分布	$\frac{1}{2^{n/2}\Gamma(\frac{n}{2})}x^{n/2-1}e^{-x/2}$	$0 < x$	n:正の整数
t-分布	$\frac{1}{n^{1/2}B\left(\frac{n}{2},\frac{1}{2}\right)}\left(1+\frac{x^2}{n}\right)^{-(n+1)/2}$	$\mathbb{R}$	$0 < n$

ここで $\Gamma(\cdot)$ はガンマ関数で

$$\Gamma(\alpha) = \int_0^{\infty} e^{-x}x^{\alpha-1}\,dx$$

である．また $B(a,b)$ はベータ関数で

$$B(a,b) = \int_0^1 x^{a-1}(1-x)^{b-1}\,dx$$

と定義される．なお定義域外の密度関数の値は0とする．

1.1.2 分布関数

$\{\omega \in \Omega \mid X(\omega) \le x\} \in \mathcal{A}$ であるから, 確率変数に対して関数

$$F(x) = P(X \le x) = P(\{\omega | X(\omega) \le x\})$$

が定義され, これを**分布関数 (distribution function)** と呼ぶ. 分布関数 $F(\cdot)$ について, 次の数学的性質が成り立つ.

定理 1.4   分布関数について次が成り立つ.

(1) $F(\cdot)$ は単調非減少関数である.

(2) $F(\cdot)$ は右連続, すなわち $\lim_{h \to +0} F(x+h) = F(x+0) = F(x)$ である.

(3) $\lim_{x \to -\infty} F(x) = 0,$ $\lim_{x \to \infty} F(x) = 1$ が成り立つ.

証明   (1) $x_1 \le x_2$ に対して $A = \{\omega | X(\omega) \le x_1\}, B = \{\omega | X(\omega) \le x_2\}$ とおくと $A \subset B$ であるから $F(x_1) \le F(x_2)$ となる.

(2) 単調減少列 $x_1 \ge x_2 \ge \cdots \ge x_n \ge \cdots \ge x = \lim_{n \to \infty} x_n$ に対して $A_n = \{\omega | X(\omega) \le x_n\}$ とおくと $\{A_n\}$ は単調減少な事象列だから極限と確率の入れ替えができて (伊藤 (1963) を参照)

$$\lim_{n \to \infty} A_n = \bigcap_{n=1}^{\infty} A_n = A_0 = \{\omega | X(\omega) \le x\}$$

となり

$$F(x+0) = \lim_{n \to \infty} P(A_n) = P(\lim_{n \to \infty} A_n) = F(x)$$

が成り立つ.

(3) (2) と同様に $B_n = \{\omega | X(\omega) \le -n\}, C_n = \{\omega | X(\omega) \le n\}$ とおくと, 単調な事象列だから

$$\lim_{x \to -\infty} F(x) = \lim_{n \to \infty} P(B_n) = P(\lim_{n \to \infty} B_n) = P(\emptyset) = 0,$$

$$\lim_{x \to \infty} F(x) = \lim_{n \to \infty} P(C_n) = P(\lim_{n \to \infty} C_n) = P(\Omega) = 1$$

が成り立つ.

6   第1章　確率論の準備

分布関数に関連して重要なものは 100α パーセント点 (percentile) q_α, すなわち

$$q_\alpha = \inf\{x \mid F(x) \geq \alpha\}$$

である. $\alpha = 0.25$, 0.5, 0.75 のときは**四分位点 (inter-quartile)** と呼ばれており，分布の広がりを表す尺度に利用されている. また $q_{0.5}$ は分布の中央値と呼ばれ，分布を特徴付ける 1 つの指標で，後述する**メディアン (median)** で推定される値である.

1.2　多次元分布

複数の確率変数を成分とする $\boldsymbol{X} = (X_1, X_2, \cdots, X_k)^T$ (T は転置を表す) を**確率ベクトル (random vector)** と呼ぶ. 同時分布関数は $\boldsymbol{x} = (x_1, x_2, \ldots, x_k)^T \in \mathbb{R}^k$ に対して

$$F(\boldsymbol{x}) = P(X_1 \leq x_1, X_2 \leq x_2, \ldots, X_k \leq x_k)$$

と定義される. この分布は**多次元分布 (multivariate distribution)** と呼ばれ，よく知られている代表的な分布は次の 2 つである.

[多項分布 (multinomial distribution)]
1 回の試行で $A_1, A_2, \ldots, A_k$ の事象が考えられ

$$A_i \cap A_j = \emptyset \ \ (i \neq j), \quad \bigcup_{i=1}^{k} A_i = \Omega$$

とする. 各事象の起こる確率を $p_i = P(A_i) \ \ (i = 1, 2, \ldots, k)$ とおく. この試行を独立に n 回繰り返し，X_i を n 回のうち A_i の起こった回数とすると $(i = 1, 2, \ldots, k)$

$$P(X_1 = x_1, X_2 = x_2, \ldots, X_k = x_k) = \frac{n!}{x_1! \, x_2! \cdots x_k!} p_1^{x_1} p_2^{x_2} \cdots p_k^{x_k}$$

となる. ただし $x_i \geq 0 \ (i = 1, 2, \ldots, k)$, $\sum_{i=1}^{k} x_i = n$, $\sum_{i=1}^{k} p_i = 1$ である. この分布を多項分布と呼ぶ. $k = 2$ のときこれは二項分布である.

1.2 多次元分布

[多次元正規分布 (multivariate normal distribution)]

k 次元確率ベクトル $\boldsymbol{X}$ に対して，同時確率密度関数が

$$f(\boldsymbol{x}) = \frac{1}{\sqrt{|\Sigma|}(2\pi)^{k/2}} \exp\Big\{-\frac{1}{2}(\boldsymbol{x} - \boldsymbol{\mu})^T \Sigma^{-1}(\boldsymbol{x} - \boldsymbol{\mu})\Big\}$$

で与えられるとき，この分布を k 次元正規分布 $N_k(\boldsymbol{\mu}, \Sigma)$ と呼ぶ．ただし記号は

$$\boldsymbol{x} = \begin{pmatrix} x_1 \\ x_2 \\ \vdots \\ x_k \end{pmatrix}, \quad \boldsymbol{\mu} = \begin{pmatrix} \mu_1 \\ \mu_2 \\ \vdots \\ \mu_k \end{pmatrix}, \quad \Sigma = \begin{pmatrix} \sigma_{11} & \sigma_{12} & \cdots & \sigma_{1k} \\ \sigma_{21} & \sigma_{22} & \cdots & \sigma_{2k} \\ \vdots & \vdots & \ddots & \vdots \\ \sigma_{k1} & \sigma_{k2} & \cdots & \sigma_{kk} \end{pmatrix}$$

の定数ベクトルおよび定数行列である．また Σ は対称行列で，その固有値 $\lambda_1, \lambda_2, \ldots, \lambda_k$ はすべて正の正定値行列ある．このとき行列式は $|\Sigma| = \prod_{i=1}^{k} \lambda_i > 0$ を満たす．また A を $p \times k$ の行列で $\operatorname{rank} A = p$ とする $(p \leq k)$. このとき p 次元定数ベクトル $\boldsymbol{b}$ に対して

$$A\boldsymbol{X} + \boldsymbol{b} \quad \sim \quad N_p\Big(A\boldsymbol{\mu} + \boldsymbol{b}, A\Sigma A^T\Big)$$

が成り立つ．当然周辺分布も正規分布になる．

1.2.1 確率変数の独立

$X_1, X_2, \ldots, X_n$ が互いに**独立 (independent)** であるとは，任意の $x_1, x_2, \ldots, x_n$ に対して

$$P(X_1 = x_1, X_2 = x_2, \ldots, X_n = x_n)$$

$$= P(X_1 = x_1)\, P(X_2 = x_2) \cdots P(X_n = x_n)$$

が成り立つことである．連続型のときは $f_{X_1, X_2, \ldots, X_n}(x_1, x_2, \ldots, x_n)$ を同時密度関数，$f_{X_i}(x_i)$ を X_i の周辺密度関数とすると，任意の $x_1, x_2, \ldots, x_n$ に対して

$$f_{X_1, X_2, \cdots, X_n}(x_1, x_2, \cdots, x_n) = f_{X_1}(x_1) f_{X_2}(x_2) \cdots f_{X_n}(x_n)$$

が成り立つとき, $X_1, X_2, \ldots, X_n$ は互いに独立と定義する. 統計ではデータ $x_1, x_2, \ldots, x_n$ を互いに独立に同じ分布に従う確率変数の実現値とみなして推測することが基本となる. この $X_1, X_2, \ldots, X_n$ を**無作為標本 (random sample)** と呼ぶ.

1.3 期待値

統計的推測では, 得られたデータ $x_1, x_2, \ldots, x_n$ を確率変数 $X_1, X_2, \ldots, X_n$ のとり得る値の一つ（実現値）と考えて, 確率変数の分布についての推測を行う形で定式化される. 確率分布は分布関数 $F(\cdot)$ が分かれば特定できることになるが, 関数を特定するためにはすべての x に対して $F(x)$ の値が分からないといけない. これは有限個のデータに基づく統計的推測においては不可能である. 具体的には**母集団分布 (population distribution)** $F(\cdot)$ に正規分布, ガンマ分布などの分布系を仮定して, 分布を規定して母数 (μ, σ^2) や (α, β) について推測を行う**パラメトリック法 (parametric method)** がある. 他方, 分布系にこだわらない立場から利用される指標は, **モーメント**（積率）**(moment)**, 特に**平均 (mean)**, **分散 (variance)** 及び次節で述べる**相関係数 (correlation coefficient)** である. これらを定義するためには離散型と連続型の確率変数について分ける方法もあるが, ここでは**ルベーグ・スティルチェス積分 (Lebesgue Stieltjes integral)**（伊藤 (1963) を参照）を使って定義する.

┃┃ **定義 1.5** ┃┃ (1) $\varphi(\cdot)$ を**可測関数 (measurable function)** とするとき, $\varphi(X)$ の**期待値 (expectation)** は

$$E[\varphi(X)] = \int_{-\infty}^{\infty} \varphi(x) dF(x)$$

と定義される.

(2) 確率変数 X に対して r-**次のモーメント (r-th moment)** は, ルベーグ・スティルチェス積分を使って

$$E(X^r) = \int_{-\infty}^{\infty} x^r dF(x)$$

と定義される.

$r = 1$ のときは**平均 (mean)** であり，**分散 (variance)** は $V(X) = E(X^2) - [E(X)]^2$ となる．r-次のモーメントは積分であるから必ずしも存在するとは限らない．代表的な分布の平均および分散は次で与えられる．

表 1.4 代表的な分布の平均と分散

分布	平均 $E(X)$	分散 $V(X)$
離散型一様分布	$\frac{n+1}{2}$	$\frac{n^2-1}{12}$
二項分布 $B(n,p)$	np	$np(1-p)$
ポアソン分布 $Po(\lambda)$	λ	λ
連続型一様分布 $U(a,b)$	$\frac{a+b}{2}$	$\frac{(b-a)^2}{12}$
指数分布 $Ex(\alpha)$	α	α^2
ベータ分布 $Be(\alpha,\beta)$	$\frac{\alpha}{\alpha+\beta}$	$\frac{\alpha\beta}{(\alpha+\beta)^2(\alpha+\beta+1)}$
正規分布 $N(\mu,\sigma^2)$	μ	σ^2
自由度 n の χ^2-分布	n	$2n$

[共分散]

次に 2 次元以上の確率分布を特徴付けるのに必要な**共分散 (covariance)** を定義する．2 つの確率変数 (X,Y) に対して，$\mu_x = E(X)$, $\mu_y = E(Y)$ とおくとき

$$\mathrm{Cov}(X,Y) = E[(X - \mu_x)(Y - \mu_y)] = E[(X - E(X))(Y - E(Y))]$$

を X と Y の共分散と呼ぶ．$\mathrm{Cov}(X,Y) > 0$ のときは，X が大きければ Y も大きくなる確率が大という関係を表し，$\mathrm{Cov}(X,Y) < 0$ のときは逆に X が大きければ Y は小さくなる確率が大という関係を表す．確率変数 (X,Y) に対して次の定理が成り立つ．証明は期待値の線形性を利用すればよい．

定理 1.6 (X,Y) を 2 つの確率変数とする．このとき次が成り立つ．

10　　　　　　　　第 1 章　確率論の準備

(1) $\mathrm{Cov}(X, Y) = \mathrm{Cov}(Y, X) = E(XY) - E(X)E(Y)$

(2) 定数 $a,\ b$ に対して $\mathrm{Cov}(aX, bY) = ab\,\mathrm{Cov}(X, Y)$

(3) $V(X + Y) = V(X) + V(Y) + 2\,\mathrm{Cov}(X, Y)$

(4) X と Y が独立ならば

　　(i) $E(XY) = E(X)E(Y)$

　　(ii) $\mathrm{Cov}(X, Y) = 0$

　　(iii) $V(X + Y) = V(X) + V(Y)$

　　が成り立つ.

(5) (X, Y, Z) を 3 次元確率ベクトルとするとき

$$\mathrm{Cov}(X + Y, Z) = \mathrm{Cov}(X, Z) + \mathrm{Cov}(Y, Z)$$

　　が成り立つ.

　X と Y の関係をみるときには, 定数倍について不変な相関係数 $\rho(X, Y)$

$$\rho(X, Y) = \frac{\mathrm{Cov}(X, Y)}{\sqrt{V(X)V(Y)}}$$

を利用することが多い. すなわち $a, b > 0$ に対して $\rho(aX, bY) = \rho(X, Y)$ が成り立つ. したがって尺度の変換に対して相関係数は不変となる. またコーシー・シュヴァルツの不等式を使うと次が成り立つ.

定理 1.7　　相関係数は $-1 \le \rho(X, Y) \le 1$ である.

　定数 a, b に対して, $Y = aX + b$ の線形の関係があるときだけ $|\rho(X, Y)| = 1$ となる.

　確率変数の期待値に関連した, いくつかの不等式をあげておく.

定理 1.8　　(1) (チェビシェフの不等式 (Chebyshev's inequality)) 確率変数 X に対して, 平均 $\mu = E(X)$, 分散 $\sigma^2 = V(X)$ が存在するとき, 定数 $c > 0$ に対して

$$P(|X - \mu| \geq c) \leq \frac{\sigma^2}{c^2}$$

が成り立つ.

(2) （マルコフの不等式 (Markov's inequality)）確率変数 X と定数 $c > 0$ に対して

$$P(|X| \geq c) \leq \frac{E(|X|)}{c}$$

が成り立つ.

(3) （イェンセンの不等式 (Jensen's inequality)）凸関数 $g(x)$ と確率変数 X に対して

$$E(|X|) < \infty, \quad E(|g(X)|) < \infty$$

ならば

$$g\Big(E(X)\Big) \leq E[g(X)]$$

が成り立つ.

(4) （コーシー・シュヴァルツの不等式 (Cauchy-Schwarz's inequality)）確率変数 X, Y に対して

$$E(X^2) < \infty, \quad E(Y^2) < \infty$$

ならば

$$E(|XY|) \leq \left\{ E(X^2)E(Y^2) \right\}^{1/2}$$

が成り立つ.

(5) （ヘルダーの不等式 (Hölder's inequality)）確率変数 X, Y と $p > 0, q > 0, \frac{1}{p} + \frac{1}{q} = 1$ となる定数に対して，$E(|X|^p) < \infty, E(|Y|^q) < \infty$ ならば

$$E(|XY|) \leq \{E(|X|^p)\}^{1/p} \{E(|Y|^q)\}^{1/q}$$

が成り立つ.

(6) （ミンコフスキーの不等式 (Minkowski's inequality)）確率変数 X, Y

12　　　　　　　　第1章　確率論の準備

と $r \geq 1$ なる定数に対して，$E(|X|^r) < \infty, E(|Y|^r) < \infty$ ならば

$$\{E(|X+Y|^r)\}^{1/r} \leq \{E(|X|^r)\}^{1/r} + \{E(|Y|^r)\}^{1/r}$$

が成り立つ．

(7) （リヤプノフの不等式 (**Lyapunov's inequality**)）確率変数 X と定数 $0 < s < r$ に対して $E(|X|^r) < \infty$ ならば

$$\{E(|X|^s)\}^{1/s} \leq \{E(|X|^r)\}^{1/r}$$

が成り立つ．

証明　(1) $Y = (X - \mu)^2$ とおいて (2) のマルコフの不等式を適用すればよい．
(2) 積分範囲を $\mathbb{R} = \{x \mid |x| < c\} \cup \{x \mid |x| \geq c\}$ と分けると

$$E(|X|) = \int_{\mathbb{R}} |x| dF(x) = \int_{|x|<c} |x| dF(x) + \int_{|x|\geq c} |x| dF(x)$$

$$\geq \int_{|x|\geq c} |x| dF(x) \geq c \int_{|x|\geq c} dF(x) = cP(|X| \geq c)$$

となる．両辺を c で割れば求める不等式である．
(3) 凸関数の性質より，$\alpha, \beta > 0, \alpha + \beta = 1$ に対して

$$g(\alpha x + \beta y) \leq \alpha g(x) + \beta g(y) \tag{1.1}$$

がすべての x, y について成り立つ．ここで $x_0 < x_1 < x_2$ に対して $\alpha = \frac{x_2 - x_1}{x_2 - x_0}, \beta = \frac{x_1 - x_0}{x_2 - x_0}, x = x_0, y = x_2$ とおくと，$\alpha + \beta = 1$ で $\alpha x + \beta y = x_1$ となり式 (1.1) の両辺に $(x_2 - x_0)$ をかけると

$$(x_2 - x_0)g(x_1) \leq (x_2 - x_1)g(x_0) + (x_1 - x_0)g(x_2) \tag{1.2}$$

となる．この式 (1.2) の両辺に $x_0 g(x_0)$ を加え $x_2 g(x_0)$ を移項して変形すると

$$(x_2 - x_0)g(x_1) - (x_2 - x_0)g(x_0)$$

$$\leq (x_1 - x_0)g(x_2) - (x_1 - x_0)g(x_0), \tag{1.3}$$

となり

$$\frac{g(x_1) - g(x_0)}{x_1 - x_0} \leq \frac{g(x_2) - g(x_0)}{x_2 - x_0}$$

が成り立つ．したがって $\frac{g(x)-g(x_0)}{x-x_0}$ は $x \to +x_0$ のとき単調減少である．さらに式 (1.3) の両辺に $(x_0 - x_1)[g(x_1) - g(x_0)]$ を加えて変形すると

$$(x_2 - x_0)g(x_1) - (x_2 - x_0)g(x_0) + (x_0 - x_1)[g(x_1) - g(x_0)]$$

$$\leq (x_1 - x_0)g(x_2) - (x_1 - x_0)g(x_0) + (x_0 - x_1)[g(x_1) - g(x_0)],$$

となり

$$(x_2 - x_1)[g(x_1) - g(x_0)] \leq (x_1 - x_0)[g(x_2) - g(x_1)],$$

$$\frac{g(x_0) - g(x_1)}{x_0 - x_1} \leq \frac{g(x_2) - g(x_1)}{x_2 - x_1}$$

が成り立つ．$x_{-1} < x_0 < x_1$ に置き換えて考えると

$$\frac{g(x_{-1}) - g(x_0)}{x_{-1} - x_0} \leq \frac{g(x_1) - g(x_0)}{x_1 - x_0}$$

となる．したがって $x \to +x_0$ のとき $\frac{g(x)-g(x_0)}{x-x_0}$ は下に有界で減少関数であるから，右微分 $g'_+(x_0)$ が存在する．同様にして左微分 $g'_-(x_0)$ が存在し $\frac{g(x)-g(x_0)}{x-x_0}$ は単調増加関数であるから

$$\lim_{x \to -x_0} \frac{g(x) - g(x_0)}{x - x_0} \leq \lim_{x \to +x_0} \frac{g(x) - g(x_0)}{x - x_0}$$

が成り立ち $g'_-(x_0) \leq g'_+(x_0)$ である．したがって $g'_-(x_0) \leq L \leq g'_+(x_0)$ なる L に対して，すべての x で

$$g(x) \geq g(x_0) + L(x - x_0)$$

となる．$X = x, x_0 = E(X)$ と考えると

$$E[g(X)] \geq E[g\big(E(X)\big)] + LE[X - E(X)],$$

$$E[g(X)] \geq g\Big(E(X)\Big)$$

となり不等式が得られる.

(4) $t \in \mathbb{R}$ に対して確率変数 $t|X| + |Y|$ を考える. 期待値の性質より

$$0 \leq E(t|X| + |Y|)^2 = E(X^2)t^2 + 2tE(|XY|) + E(Y^2)$$

がすべての t について成り立つ. $E(X^2) = 0$ のときは X は常に (正確には殆どいたるところ a.s.) 0 だから, 両辺とも 0 となり等号が成立する. $E(X^2) > 0$ のときは t の 2 次式として恒等的に 0 以上だから判別式が負となる. よって

$$[E(|XY|)]^2 - E(X^2)E(Y^2) \leq 0$$

となり不等式が得られる.

(5) $E(|X|^p) = 0$ または $E(|Y|^q) = 0$ のときは, どちらかが確率 1 で 0 だから等号が成り立つ. $E(|X|^p) > 0, E(|Y|^q) > 0$ のとき

$$U = \frac{|X|}{[E(|X|^p)]^{1/p}}, \quad V = \frac{|Y|}{[E(|Y|^q)]^{1/q}}$$

とおく. ここで $x \geq 0, y \geq 0$ に対して

$$x^{1/p}y^{1/q} \leq \frac{x}{p} + \frac{y}{q}$$

の不等式が成り立つから, $x = U^p, y = V^q$ として

$$E(UV) \leq \frac{1}{p}E(U^p) + \frac{1}{q}E(V^q) = 1$$

となり求めるヘルダーの不等式が得られる.

(6) $r = 1$ のときは $|x + y| \leq |x| + |y|$ より成り立つ. $r > 1$ のとき $\frac{1}{r} + \frac{1}{q} = 1$ となる q を考えてヘルダーの不等式を使うと

$$E(|X + Y|^r) \leq E[(|X| + |Y|)|X + Y|^{r-1}]$$

$$= E(|X||X + Y|^{r-1}) + E(|Y||X + Y|^{r-1})$$

$$\leq [E(|X|^r)]^{1/r}[E(|X+Y|^{q(1-r)})]^{1/q}$$

$$+[E(|Y|^r)]^{1/r}[E(|X+Y|^{q(1-r)})]^{1/q}$$

となる. ここで $1 - \frac{1}{r} = \frac{1}{q}, q(r-1) = r$ だから両辺を

$$[E(|X+Y|^{q(r-1)})]^{1/q} = [E(|X+Y|^r)]^{1-1/r}$$

で割れば求める不等式である.

(7) $W = |X|^s$ とおくと $\frac{r}{s} \geq 1$ だから関数 $g(t) = |t|^{r/s}$ は凸関数である. したがってイェンセンの不等式より

$$[E(|X|^s)]^{r/s} = g\big(E(W)\big) \leq E[g(W)] = E(|X|^r)$$

となり r 乗根をとれば求める不等式である. ∎

このリヤプノフの不等式を使うと, 次数の高いモーメントが存在すれば, それより次数の低いモーメントが存在することが保証される.

系 1.9 $p > q > 0$ に対して $E(|X|^p) < \infty$ ならば $E(|X|^q) < \infty$ である.

1.3.1 積率母関数と特性関数

確率分布について議論するときに有用な**積率母関数** (moment generating function) と**特性関数** (characteristic function) について簡単にまとめておく.

║ **定義 1.10** ║ (1) 確率変数 X と $t \in \mathbb{R}$ に対して

$$m(t) = E(e^{tX})$$

が存在するとき, $m(t)$ を X の積率母関数と呼ぶ.

(2) 確率変数 X と $t \in \mathbb{R}$ に対して

$$\varphi(t) = E(e^{itX}) = E[\cos(tX)] + iE[\sin(tX)] \quad (i \text{ は虚数単位})$$

を X の特性関数と呼ぶ.

16　　　　　　　　　第 1 章　確率論の準備

　積率母関数は存在する範囲等に制限があるが，特性関数はどんな確率変数で
あっても，すべての t に対して必ず存在する．積率母関数が求まると，k 次の
微分に対して

$$m^{(k)}(0) = m^{(k)}(t)|_{t=0} = E(X^k)$$

が成り立つ．すなわち k 次のモーメント（積率）が，積率母関数の k 次の微分
の原点での値となる．これが積率母関数と呼ばれる理由である．また特性関数
と確率分布は 1 対 1 に対応しており，確率分布の性質を議論するときに便利な
道具となる．特に確率分布の収束を調べるときは有用である．

● **例 1.11**　X を標準正規分布 $N(0,1)$ に従う確率変数とすると

$$\begin{aligned}
E(e^{itX}) &= \int_{-\infty}^{\infty} e^{itx} \frac{1}{\sqrt{2\pi}} e^{-x^2/2} dx \\
&= \int_{-\infty}^{\infty} \frac{1}{\sqrt{2\pi}} \exp\left\{-\frac{(x-it)^2}{2} + \frac{(it)^2}{2}\right\} dx \\
&= e^{-t^2/2} \int_{-\infty}^{\infty} \frac{1}{\sqrt{2\pi}} \exp\left\{-\frac{(x-it)^2}{2}\right\} dx \\
&= e^{-t^2/2} \int_{-\infty}^{\infty} \frac{1}{\sqrt{2\pi}} e^{-y^2/2} dy \\
&= e^{-t^2/2}
\end{aligned}$$

が特性関数である．一般の正規分布 $N(\mu, \sigma^2)$ の特性関数は，$Y = \sigma X + \mu$ と
おくと $Y \sim N(\mu, \sigma^2)$ だから

$$E(e^{itY}) = E(\exp\{it\mu + it\sigma X\}) = \exp\{it\mu\} E(\exp\{it\sigma X\})$$

$$= \exp\left\{it\mu - \frac{t^2 \sigma^2}{2}\right\}$$

となる．

　特性関数の性質をまとめておく．

$\boxed{\text{定理 1.12}}$　　特性関数は次の性質をもつ．

(1) $|\varphi(t)| \le \varphi(0) = 1$ である.

(2) $\varphi(t)$ は t に関して一様連続である.

(3) $\overline{\varphi(t)} = \varphi(-t)$ 即ち共役複素数は $\varphi(-t)$ である.

(4) $E(|X|^k) < \infty$ であれば $t \to 0$ のとき

$$\varphi(t) = \sum_{r=0}^{k} \frac{\varphi^{(r)}(0)}{r!} + o(t^k) = \sum_{r=0}^{k} \frac{(it)^r E(X^r)}{r!} + o(t^k)$$

と展開できる.

(5) X, Y を独立な確率変数で,その特性関数を $\varphi_X(t), \varphi_Y(t)$ とするとき,和 $X + Y$ の特性関数は $\varphi_{X+Y}(t) = \varphi_X(t)\varphi_Y(t)$ である.

証明　(1) と (3) は定義より明らかである.

(2) 任意の実数 t, h に対して

$$|\varphi(t+h) - \varphi(t)|^2 = \left| \int_{-\infty}^{\infty} (e^{i(t+h)x} - e^{itx}) dF(x) \right|^2$$

$$\le \int_{-\infty}^{\infty} |e^{i(t+h)x} - e^{itx}|^2 dF(x) = \int_{-\infty}^{\infty} |1 - e^{ihx}|^2 dF(x)$$

となる. ここで

$$|1 - e^{ihx}|^2 = (1 - e^{ihx})\overline{(1 - e^{ihx})} = 2[1 - \cos(hx)]$$

が成り立つから

$$|\varphi(t+h) - \varphi(t)|^2 \le 2 \int_{-\infty}^{\infty} [1 - \cos(hx)] dF(x)$$

である. さらに

$$\int_{-\infty}^{\infty} (1 - e^{ihx}) dF(x)$$

$$= \left[\left\{ \int_{-\infty}^{\infty} [1 - \cos(hx)] dF(x) \right\}^2 + \left\{ \int_{-\infty}^{\infty} \sin(hx) dF(x) \right\}^2 \right]^{1/2}$$

$$\geq \int_{-\infty}^{\infty} [1 - \cos(hx)] dF(x)$$

であるから

$$|\varphi(t+h) - \varphi(t)|^2 \leq 2\left|\int_{-\infty}^{\infty} (1 - e^{ihx}) dF(x)\right| = 2|1 - \varphi(h)|$$

が成り立つ. $\varphi(t)$ は連続だから $h \to 0$ のとき 0 に収束し,その収束は t に無関係だから,一様連続である.

(4) 関数 e^{itX} をテーラー展開すると,確率変数 Θ が存在して

$$E(e^{itX}) = \sum_{j=0}^{k-1} \frac{(it)^j}{j!} E(X^j) + \frac{(it)^k}{k!} \{E(X^k) + \varepsilon_k(t)\}$$

が成り立つ. ただし

$$\varepsilon_k(t) = E[X^k \{\cos(\Theta tX) + i\sin(\Theta tX) - 1\}]$$

である. ここで

$$|\varepsilon_k(t)| \leq E[|X^k| \{|\cos(\Theta tX) + i\sin(\Theta tX) - 1|\}] \leq 3E(|X|^k)$$

だから,ルベーグの優収束定理 (**Lebesgue dominate convergence theorem**) (伊藤 (1963) を参照) より

$$\lim_{t \to 0} \varepsilon_k(t) = 0$$

となり求める等式が成り立つ.

(5) X と Y は独立だから e^{itX} と e^{itY} は独立である. したがって独立な確率変数の積の期待値はそれぞれの期待値の積であるから

$$\varphi_{X+Y}(t) = E[e^{it(X+Y)}] = E(e^{itX}e^{itY}) = E(e^{itX})E(e^{itY}) = \varphi_X(t)\varphi_Y(t)$$

となり,等式が成り立つ. ∎

特性関数はすべての確率変数に対して存在し，2つの確率変数 X_1, X_2 の特性関数 $\varphi_{X_1}(t)$ と $\varphi_{X_2}(t)$ が関数として等しいならば，X_1 と X_2 の分布は等しい．また特性関数からその分布を構成することができる．

定理 1.13 （反転公式 (inversion formula)）

確率変数 X の特性関数を $\varphi(\cdot)$ とし，分布関数を $F(\cdot)$ とおく．$a, b(a < b)$ を $F(\cdot)$ の連続点とすると

$$F(b) - F(a) = \lim_{T \to \infty} \frac{1}{2\pi} \int_{-T}^{T} \frac{e^{-ita} - e^{-itb}}{it} \varphi(t) dt$$

が成り立つ．

証明 清水 (1976) を参照． ■

積率母関数 $m(t)$ が原点の近傍で存在すれば，特性関数は $\varphi(t) = m(it)$ となる．

1.3.2 条件付き分布

確率変数 X, Y の同時確率密度関数を $f(x, y)$，X の周辺確率密度関数を $g(x)$ とする．$X = x$ が与えられたときの Y の**条件付き確率密度関数 (conditional density function)** は

$$h(y|x) = \frac{f(x, y)}{g(x)}$$

で与えられる．この条件付き分布についての期待値を**条件付き期待値 (conditional expectation)** と呼び

$$E(Y|x) = E(Y|X = x) = \int_{-\infty}^{\infty} y h(y|x) dy$$

と定義する．これは x の関数であるから，この x に確率変数 X を代入した $E(Y|X)$ は確率変数であり，その分布や期待値が考えられる．

離散型の場合も同様で

$$p_{ij} = P(X = x_i, Y = y_j), \quad (i, j = 1, 2, \ldots)$$

を同時分布，$p_{i\cdot} = \sum_{j=1}^{\infty} p_{ij}$ を X の周辺分布とすると条件付き期待値は

$$E(Y|X = x_i) = \sum_{j=1}^{\infty} y_j \frac{p_{ij}}{p_{i\cdot}}$$

となる．確率変数 X を代入した $E(Y|X)$ も連続のときと同じで確率変数となる．条件付き期待値は厳密には測度論の**ラドン・ニコディムの定理 (Radon-Nikodym's theorem)**（伊藤 (1963) を参照）を使って定義すべきであるが，ここでは離散型と連続型の場合のみ定義しておく．

条件付き期待値に対して次の定理が成り立つ．

定理 1.14　(1) $E(|Y|) < \infty$ のとき

$$E_X[E(Y|X)] = E(Y) \tag{1.4}$$

が成り立つ．

(2) 関数 $\varphi(x), \psi(x, y)$ に対して $E[|\varphi(X)\psi(X,Y)|] < \infty$ ならば

$$E[\varphi(X)\psi(X,Y)|X = x] = \varphi(x)E[\psi(x,Y)|X = x] \quad \text{a.s.} \tag{1.5}$$

が成り立つ．

証明　離散型のときも同様なので，連続型の場合を証明する．

(1) 条件付き期待値の定義より

$$\begin{aligned}
E_X[E(Y|X)] &= \int_{-\infty}^{\infty} \left(\int_{-\infty}^{\infty} y h(y|x) dy \right) g(x) dx \\
&= \iint_{\boldsymbol{R}^2} y \frac{f(x,y)}{g(x)} g(x) dx dy = \iint_{\boldsymbol{R}^2} y f(x,y) dx dy \\
&= E(Y)
\end{aligned}$$

が成り立つ.

(2) 定義より

$$E[\varphi(X)\rho(X,Y)|X=x] = \int_{-\infty}^{\infty} \varphi(x)\rho(x,y)h(y|x)dy$$

$$= \varphi(x)\int_{-\infty}^{\infty} \rho(x,y)h(y|x)dy = \varphi(x)E[\rho(x,Y)|X=x]$$

となる. ∎

1.3.3 確率変数の収束と中心極限定理

統計的推測の良さを理論的に検証するときには，標本数を大きくしたときの漸近的な性質で議論することが多い．最初に行われる推測はデータを正規分布に従う確率変数の実現値と見なして行うが，現実のデータは正規分布に従うとは限らない．しかし統計的推測で使われる統計量の多くは，標準化したときに標本数を大きくすると，近似的に正規分布に従うことが示される．このような標本数を大きくするときの統計量の性質を調べるためには，確率変数の収束についての知識が必要である．

まず2つの確率変数の差とその分布関数の差との関係を表す不等式を述べておく．

補題 1.15 確率変数 X,Y とその分布関数 $F(\cdot), G(\cdot)$ を考える．任意の $\varepsilon > 0, \delta > 0$ に対して

$$P(|X-Y| \geq \varepsilon) \leq \delta$$

ならば

$$|F(x)-G(x)| \leq [F(x+\varepsilon)-F(x-\varepsilon)] + \delta$$

が成り立つ．

証明 $\Omega = \{|X-Y| \geq \varepsilon\} \cup \{|X-Y| < \varepsilon\}$ と分解すると

$$P(Y \leq x) = P(Y \leq x, |X-Y| \geq \varepsilon) + P(Y \leq x, |X-Y| < \varepsilon)$$

となる．ここで $Y \leq x$ かつ $|X-Y| < \varepsilon$ ならば $X < x+\varepsilon$ だから

$$P(Y \leq x) \leq P(|X - Y| \geq \varepsilon) + P(X \leq x + \varepsilon) \leq \delta + P(X \leq x + \varepsilon)$$

が成り立ち，$G(x) \leq F(x+\varepsilon) + \delta$ となる．また X と Y の役割を入れ替えて x を $x - \varepsilon$ と考えると，$F(x - \varepsilon) \leq G(x) + \delta$ となる．よって

$$F(x - \varepsilon) - \delta \leq G(x) \leq F(x + \varepsilon) + \delta$$

が得られる．また分布関数は単調増加関数だから

$$F(x - \varepsilon) \leq F(x) \leq F(x + \varepsilon)$$

である．辺々引いて整理すると求める不等式が得られる．∎

次に統計的推測でよく利用される確率変数列 $\{X_n\}_{n=1,2,\dots}$ の収束の定義を紹介する．

|| **定義1.16** || (1) 確率変数列 $\{X_n\}_{n=1,2,\dots}$ が確率変数 X に**確率1で収束 (convergence with probability 1)**，または**概収束 (almost sure convergence)** するとは

$$P(\lim_{n \to \infty} X_n = X) = 1$$

が成り立つときを言い，$X_n \xrightarrow{\text{a.s.}} X$ と表す．

(2) 確率変数列 $\{X_n\}_{n=1,2,\dots}$ が確率変数 X に**確率収束 (convergence in probability)** するとは，任意の $\varepsilon > 0$ に対して

$$\lim_{n \to \infty} P(|X_n - X| < \varepsilon) = 1$$

が成り立つときを言い，$X_n \xrightarrow{P} X$ と表す．

(3) 確率変数列 $\{X_n\}_{n=1,2,\dots}$ と確率変数 X の分布関数をそれぞれ $\{F_n(\cdot)\}_{n=1,2,\dots}$ および $F(\cdot)$ とする．このとき $F(\cdot)$ のすべての連続点 x に対して

$$\lim_{n \to \infty} F_n(x) = F(x)$$

が成り立つとき，$\{X_n\}_{n=1,2,\dots}$ は X に**法則収束 (convergence in law)** すると言い，$X_n \xrightarrow{L} X$ と表す．

余事象の確率より

$$\lim_{n \to \infty} P(|X_n - X| < \varepsilon) = 1 \iff \lim_{n \to \infty} P(|X_n - X| \geq \varepsilon) = 0$$

であるから，確率収束の定義には何通りかある．また $\{X_n\}_{n=1,2,\ldots}$ が X に概収束することと，任意の $\varepsilon > 0$ に対して

$$\lim_{n \to \infty} P\left(\sup_{m \geq n} |X_m - X| \geq \varepsilon\right) = 0$$

が成り立つことは同値である．なぜならば

$$A = \left\{\omega \mid \lim_{n \to \infty} X_n(\omega) = X(\omega)\right\}$$

とおくと $P(A) = 1$ である．任意の $\varepsilon > 0$ を考える．このとき

$$A_n = \bigcap_{m=n}^{\infty} \{\omega \mid |X_m(\omega) - X(\omega)| < \varepsilon\}$$

とおくと A_n は単調増大列で

$$\lim_{n \to \infty} A_n = \bigcup_{n=1}^{\infty} A_n$$

である．任意の $\omega \in A$ に対して n が存在して $m \geq n$ ならば $|X_m(\omega) - X(\omega)| < \varepsilon$ を満たす．したがって $\omega \in A_n$ となる n が存在する．すなわち $A \subset \bigcup_{n=1}^{\infty} A_n$ となる．よって

$$\lim_{n \to \infty} P(A_n) = P\left(\bigcup_{n=1}^{\infty} A_n\right) = 1$$

が成り立つ．余事象を考えると

$$A_n^{\mathrm{c}} = \bigcup_{m=n}^{\infty} \{\omega \mid |X_m(\omega) - X(\omega)| \geq \varepsilon\}$$

24   第1章 確率論の準備

となり

$$\lim_{n \to \infty} P(A_n^c) = \lim_{n \to \infty} P(\sup_{m \geq n} |X_m(\omega) - X(\omega)| \geq \varepsilon) = 0$$

が得られる. 逆も同様であるから同値になる.

　さらに概収束と確率収束の収束先は定数 c であっても意味をもつので, 定数への収束も同様に定義される.

　また法則収束と同値な次のヘリー・ブレイの定理 (Helly-Bray's theorem) はよく知られている.

定理 1.17 (ヘリー・ブレイの定理)

　$\{X_n\}_{n=1,2,\ldots}$ の分布関数列を $\{F_n(\cdot)\}_{n=1,2,\ldots}$, 確率変数 X の分布関数を $F(\cdot)$ とするとき, 次の同値性が成り立つ.

$$X_n \xrightarrow{L} X \iff \quad \text{すべての有界で連続な関数 } g(\cdot) \text{ に対して}$$
$$\lim_{n \to \infty} \int_{-\infty}^{\infty} g(x)dF_n(x) = \int_{-\infty}^{\infty} g(x)dF(x)$$

証明 Rao (1973) を参照. ∎

　さらに中心極限定理の証明で利用される次の定理を用意しておく.

定理 1.18 (連続定理 (continuity theorem))

　$\{\varphi_n(\cdot)\}_{n=1,2,\ldots}$ を確率変数列 $\{X_n\}_{n=1,2,\ldots}$ の特性関数とし, $\varphi(\cdot)$ は関数とする. このとき次の (1) と (2) は同値である.
(1) 任意の $t \in \mathbb{R}$ に対して

$$\varphi_n(t) \to \varphi(t)$$

が成り立ち, $\varphi(\cdot)$ が $t = 0$ で連続である.
(2) $\varphi(\cdot)$ は特性関数で, 対応する確率変数を X とするとき

$$X_n \xrightarrow{L} X$$

が成り立つ.

証明 Rao (1973) を参照. ∎

　すべての連続点での分布関数の収束を示すのは煩雑で，不可能であることも多い．そのときにはこの連続定理を利用して特性関数の収束を示すのがよく利用される方法である．

　収束の強さに対して次の関係がある．

定理 1.19 確率変数列 $\{X_n\}_{n=1,2,\ldots}$ と確率変数 X に対して

$$X_n \xrightarrow{\text{a.s.}} X \implies X_n \xrightarrow{P} X \implies X_n \xrightarrow{L} X$$

の関係が成り立つ．

証明 $\left\{\omega \big| |X_n - X| \geq \varepsilon\right\} \subset \left\{\omega \big| \sup_{m \geq n} |X_m - X| \geq \varepsilon\right\}$ より

$$0 = \lim_{n \to \infty} P(\sup_{m \geq n} |X_m - X| \geq \varepsilon) \geq \lim_{n \to \infty} P(|X_n - X| \geq \varepsilon)$$

となるから成り立つ．後半について考える．x を $F(\cdot)$ の連続点とする．X_n が X に確率収束するから，任意の $\varepsilon > 0, \delta > 0$ に対して十分大きな n をとると

$$P(|X_n - X| \geq \varepsilon) \leq \delta$$

とできる．ここで補題 1.15 より，十分大きな n に対して

$$|F(x) - F_n(x)| \leq [F(x + \varepsilon) - F(x - \varepsilon)] + \delta$$

となる．ε, δ は任意で x は連続点であるから X_n は X に法則収束する． ∎

　これらの収束については様々な性質が研究されている．それらをまとめておく．

定理 1.20 $g(\cdot)$ を連続関数とすると，次が成り立つ．

$$(1) \quad X_n \xrightarrow{\text{a.s.}} X \implies g(X_n) \xrightarrow{\text{a.s.}} g(X).$$

$$(2) \quad X_n \xrightarrow{P} X \quad \Longrightarrow \quad g(X_n) \xrightarrow{P} g(X).$$

$$(3) \quad X_n \xrightarrow{L} X \quad \Longrightarrow \quad g(X_n) \xrightarrow{L} g(X).$$

証明 (1) 事象 A を $\lim_{n\to\infty} X_n(\omega) = X(\omega)$ なる ω の全体とすると，$P(A) = 1$ である．$g(x)$ は連続だから $\omega \in A$ に対して $\lim_{n\to\infty} g(X_n(\omega)) = g(X(\omega))$ となり成立する．

(2) 任意の $\varepsilon > 0, \eta > 0$ に対して，有界な区間 I と $\delta > 0$ 及び $n \geq n_0$ を

$$P(X \in I) \geq 1 - \frac{\eta}{2}, \quad P(|X_n - X| \leq \delta) > 1 - \frac{\eta}{2}$$

を満たし，$|X_n - X| < \delta, X \in I$ ならば $|g(X_n) - g(X)| \leq \varepsilon$ となるようにとることができる．よって

$$P(|g(X_n) - g(X)| \leq \varepsilon) \geq P(|X_n - X| < \delta, X \in I)$$

$$\geq P(|X_n - X| < \delta) - P(X \notin I) \geq 1 - \eta$$

が成り立つ．したがって $g(X_n) \xrightarrow{P} g(X)$ となる．

(3) $\varphi_n(t), \varphi(t)$ を $g(X_n), g(X)$ の特性関数，F_n, F を分布関数とすると

$$\varphi_n(t) = E[\exp\{itg(X_n)\}]$$

$$= \int_{-\infty}^{\infty} \cos(tg(x))dF_n(x) + i \int_{-\infty}^{\infty} \sin(tg(x))dF_n(x).$$

$\cos(tg(x)), \sin(tg(x))$ は有界連続関数だから，ヘリー・ブレイの定理 1.17 より

$$\lim_{n\to\infty} \int_{-\infty}^{\infty} \cos(tg(x))dF_n(x) = \int_{-\infty}^{\infty} \cos(tg(x))dF(x),$$

$$\lim_{n\to\infty} \int_{-\infty}^{\infty} \sin(tg(x))dF_n(x) = \int_{-\infty}^{\infty} \sin(tg(x))dF(x).$$

となる．したがって $\lim_{n\to\infty} \varphi_n(t) = \varphi(t)$ となり，定理 1.18 より成り立つ．∎

注意 1.21　$P(X \in C) = 1$ となる可測集合 C の上で $g(\cdot)$ が連続となるときにも上記の定理は成り立つ.

確率収束と法則収束の組み合わせについては,統計的推測で有用な次の**スラツキーの定理 (Slutsky's theorem)** が成り立つ.

定理 1.22　（スラツキーの定理）

$\{X_n\}_{n=1,2,\ldots}, \{Y_n\}_{n=1,2,\ldots}$ を確率変数列,X を確率変数とする. このとき次が成り立つ.

(1) $X_n - Y_n \xrightarrow{P} 0,\ X_n \xrightarrow{L} X \implies Y_n \xrightarrow{L} X$.

(2) $X_n \xrightarrow{P} X,\ Y_n \xrightarrow{P} Y \implies X_n + Y_n \xrightarrow{P} X + Y$.

(3) $X_n \xrightarrow{L} X$ かつ $Y_n \xrightarrow{P} c$ と仮定する. ただし c は定数. このとき

   (i) $X_n + Y_n \xrightarrow{L} X + c$.

   (ii) $c = 0$ のとき $X_n Y_n \xrightarrow{P} 0$.

   (iii) $X_n Y_n \xrightarrow{L} cX$.

   (iv) $\dfrac{X_n}{Y_n} \xrightarrow{L} \dfrac{X}{c}\ \ (c \neq 0)$

となる.

証明　(1) $F_n(\cdot), F(\cdot)$ をそれぞれ Y_n, X の分布関数とする. x を $F(\cdot)$ の連続点とし,$Z_n = X_n - Y_n$ とおくと $\varepsilon > 0$ に対して

$$F_n(x) = P(Y_n \leq x) = P(X_n \leq x + Z_n)$$

$$= P(X_n \leq x + Z_n, |Z_n| < \varepsilon) + P(X_n \leq x + Z_n, |Z_n| \geq \varepsilon)$$

$$\leq P(X_n \leq x + \varepsilon) + P(|Z_n| \geq \varepsilon)$$

となる. ここで $\limsup$ をとると

$$\limsup_{n \to \infty} F_n(x) \leq F(x + \varepsilon)$$

が得られる. 同様にして

$$P(X_n \leq x - \varepsilon) - F_n(x)$$

$$= P(X_n \leq x - \varepsilon) - P(X_n \leq x - \varepsilon, Y_n \leq x)$$

$$- P(Y_n \leq x, X_n > x - \varepsilon)$$

$$\leq P(X_n \leq x - \varepsilon, Y_n \leq x) + P(X_n \leq x - \varepsilon, Y_n > x)$$

$$- P(Y_n \leq x, X_n \leq x - \varepsilon)$$

$$= P(X_n \leq x - \varepsilon, Y_n > x)$$

$$\leq P(Y_n - X_n > \varepsilon)$$

が成り立つ. よって

$$\liminf_{n \to \infty} F_n(x) \geq F(x - \varepsilon)$$

となる. 以上より ε は任意だから

$$\lim_{n \to \infty} F_n(x) = F(x)$$

が示される.

(2) 任意の $\varepsilon > 0$ に対して

$$P(|X_n + Y_n - (X + Y)| \geq \varepsilon)$$

$$\leq P(|X_n - X| + |Y_n - Y| \geq \varepsilon)$$

$$= P\left(|X_n - X| + |Y_n - Y| \geq \varepsilon, \ |Y_n - Y| \geq \frac{\varepsilon}{2}\right)$$

$$+ P\left(|X_n - X| + |Y_n - Y| \geq \varepsilon, \ |Y_n - Y| < \frac{\varepsilon}{2}\right)$$

$$\leq P\left(|Y_n - Y| \geq \frac{\varepsilon}{2}\right) + P\left(|X_n - X| \geq \varepsilon - |Y_n - Y|, \ |Y_n - Y| < \frac{\varepsilon}{2}\right)$$

$$\leq P\left(|Y_n - Y| \geq \frac{\varepsilon}{2}\right) + P\left(|X_n - X| \geq \frac{\varepsilon}{2}\right)$$

が成り立つ. 条件より最後の項は 0 に収束する.

(3) の (i) $X_n + c \overset{L}{\longrightarrow} X + c$ であるから

$$(X_n + Y_n) - (X_n + c) = Y_n - c \overset{P}{\longrightarrow} 0$$

となり，(1) より成り立つ．

(ii) 任意の $\varepsilon > 0, k > 0$ に対して

$$P(|X_nY_n| \geq \varepsilon) = P\Big(|X_nY_n| \geq \varepsilon, |Y| < \frac{\varepsilon}{k}\Big) + P\Big(|X_nY_n| \geq \varepsilon, |Y| \geq \frac{\varepsilon}{k}\Big)$$

$$\leq P(|X_n| \geq k) + P\Big(|Y_n| \geq \frac{\varepsilon}{k}\Big)$$

となる．したがって

$$\limsup_{n\to\infty} P(|X_nY_n| \geq \varepsilon) \leq P(|X| \geq k)$$

となり，k は任意だから $\lim_{n\to\infty} P(|X_nY_n| \geq \varepsilon) = 0$ が得られる．

(iii) $cX_n \xrightarrow{L} cX, (Y_n - c) \xrightarrow{P} 0$ が成り立つから，(ii) より

$$X_nY_n - cX_n = X_n(Y_n - c) \xrightarrow{P} 0$$

となる．よって (1) より証明される．

(iv) $c \neq 0$ であるから，$g(x) = 1/x$ は点 $x = c$ の周りで連続である．よって定理 1.20 の注意 1.21 より

$$\frac{1}{Y_n} \xrightarrow{P} \frac{1}{c}$$

だから (iii) より結果が得られる． ∎

　統計的推測で重要な性質である，推定量の一致性及び統計量の漸近正規性を標本平均を中心に述べる．この二つの法則の研究は長い歴史があるが，ここでは簡便な形で述べておく．

定理 1.23 （コルモゴロフの大数の法則 (**Kolmogorov's strong law of large number**)）

　$X_1, X_2, \ldots, X_n$ を互いに独立で同じ分布に従う確率変数とする．もし $E(|X_i|) < \infty$ ならば

$$\overline{X} \xrightarrow{\text{a.s.}} \mu$$

が成り立つ．ここで $\overline{X} = \dfrac{1}{n} \sum_{i=1}^{n} X_i$, $\mu = E(X_i)$ である．

証明 Rao (1973) を参照. ■

確率収束については, $V(X_i)$ が存在すれば, チェビシェフの不等式を使って簡単に証明できるが, 平均の存在の下での概収束の証明については様々な準備が必要なのでここでは省略する.

定理 1.24 (中心極限定理 (central limit theorem))

$X_1, X_2, \ldots, X_n$ を互いに独立で同じ分布に従う確率変数とする. もし $E(X_j^2) < \infty$ ならば

$$\frac{\overline{X} - E(\overline{X})}{\sqrt{V(\overline{X})}} = \frac{\sqrt{n}(\overline{X} - \mu)}{\sigma} \xrightarrow{L} G$$

が成り立つ. ここで $\mu = E(X_j), \sigma^2 = V(X_j) > 0$ で, G は標準正規分布 $N(0,1)$ に従う確率変数である.

証明 $\varphi(\cdot)$ を $X_j - \mu$ の特性関数とすると 定理 1.12 の (4) より $t \to 0$ のとき

$$\varphi(t) = \sum_{r=0}^{2} \frac{(it)^r E[(X_j - \mu)^r]}{r!} + o(t^2)$$

$$= 1 - \frac{\sigma^2 t^2}{2} + o(t^2)$$

となる. ここで

$$\frac{\sqrt{n}(\overline{X} - \mu)}{\sigma} = \sum_{j=1}^{n} \frac{1}{\sqrt{n}\sigma}(X_j - \mu)$$

だから, $\varphi_n(\cdot)$ を $\frac{\sqrt{n}(\overline{X} - \mu)}{\sigma}$ の特性関数とすると, 定理 1.12 の (5) より

$$\varphi_n(t) = E\left[\exp\left\{it \sum_{j=1}^{n} \frac{1}{\sqrt{n}\sigma}(X_j - \mu)\right\}\right]$$

$$= \prod_{j=1}^{n} E\left[\exp\left\{\frac{it}{\sqrt{n}\sigma}(X_j - \mu)\right\}\right] = \left(\varphi\left(\frac{t}{\sqrt{n}\sigma}\right)\right)^n$$

$$= \left(1 - \frac{t^2}{2n} + o(n^{-1})\right)^n$$

が成り立つ．したがって

$$\lim_{n\to\infty} \varphi_n(t) = e^{-\frac{t^2}{2}}$$

となり，定理 1.18 の連続定理と 例 1.11 より

$$\frac{\sqrt{n}(\overline{X} - \mu)}{\sigma} \xrightarrow{L} G$$

が示せる． ■

　同一分布の仮定を緩めた一般的な中心極限定理は次の形で与えられている．

定理 1.25 （リンデベルグ・フェラーの定理 (Lindeberg-Feller's theorem)）

　$X_1, X_2, \ldots, X_n, \ldots$ を互いに独立な確率変数で，それぞれの分布関数を $F_n(\cdot)$ とする．さらに $\mu_i = E(X_i), \sigma_i^2 = V(X_i)$ が存在するとする．$Y_n = \sum_{i=1}^n X_i, s_n^2 = \sum_{i=1}^n \sigma_i^2$ とおくとき，次の (1) と (2) は同値である．
(1) 任意の $\varepsilon > 0$ に対して

$$\lim_{n\to\infty} \frac{1}{s_n^2} \sum_{i=1}^n \int_{\{|x-\mu_i|\geq \varepsilon s_n\}} (x - \mu_i)^2 dF_i(x) = 0$$

が成り立つ．

(2)

$$\lim_{n\to\infty} \max_{1\leq i\leq n} \frac{\sigma_i^2}{s_n^2} = 0 \quad かつ \quad \frac{Y_n - E(Y_n)}{s_n} \xrightarrow{L} G$$

が成り立つ．ただし G は標準正規分布に従う確率変数とする．

証明 Petrov (1995) を参照． ■

　この定理を使って，二標本問題に表れる統計量の漸近正規性が示せる．

32　　　第 1 章　確率論の準備

● **例 1.26**　$X_1, X_2, \ldots, X_m$ を $E(X_i) = \mu_x$, $V(X_i) = \sigma_x^2$ が存在する無作為標本とし，$Y_1, Y_2, \ldots, Y_n$ を $E(Y_j) = \mu_y$, $V(Y_j) = \sigma_y^2$ が存在する無作為標本とする．$N = m + n$ とおくとき，$0 < \lambda = \lim_{N \to \infty} \frac{m}{N} < 1$ と仮定する．このとき

$$\frac{\overline{X} - \overline{Y} - (\mu_x - \mu_y)}{\sqrt{\sigma_x^2/m + \sigma_y^2/n}} \xrightarrow{L} G$$

が成り立つ．ただし G は標準正規分布に従う確率変数とする．

証明　$Z_i = X_i\ (1 \le i \le m)$, $Z_{m+j} = Y_j\ (1 \le j \le n)$ とおくと，リンデベルグ・フェラーの定理において

$$s_N^2 = \sum_{i=1}^{N} V(Z_i) = m\sigma_x^2 + n\sigma_y^2$$

となり $N \to \infty$ のとき

$$s_n = N^{1/2} \sqrt{\frac{m}{N}\sigma_x^2 + \frac{n}{N}\sigma_y^2} \to \infty$$

である．分散が存在するから，任意の $\varepsilon > 0$ に対して

$$\lim_{N \to \infty} \int_{\{|u - \mu_x| \ge \varepsilon s_N\}} (u - \mu_x)^2 dF_X(u) = 0$$

$$\lim_{N \to \infty} \int_{\{|v - \mu_y| \ge \varepsilon s_N\}} (v - \mu_y)^2 dF_Y(v) = 0$$

が成り立つ．ただし $F_x(\cdot)$, $F_y(\cdot)$ は X_i, Y_j の分布関数である．したがって

$$\lim_{N \to \infty} \frac{1}{s_N^2} \left\{ m \int_{\{|u - \mu_x| \ge \varepsilon s_N\}} (u - \mu_x)^2 dF_x(u) \right.$$

$$\left. + n \int_{\{|v - \mu_y| \ge \varepsilon s_N\}} (v - \mu_y)^2 dF_y(v) \right\} = 0$$

となる．以上より漸近正規性が成り立つ．　■

最後に 定理 1.22 と 定理 1.24 を利用してスチューデントの **t-統計量 (Student's t-statistic)** の漸近正規性を示す. スチューデントの t-統計量は

$$T = \frac{\sqrt{n}(\overline{X} - \mu)}{\sqrt{V}}$$

で与えられる. ただし

$$V = \frac{1}{n-1} \sum_{i=1}^{n} (X_i - \overline{X})^2$$

は分散 σ^2 の不偏推定量である. この T に対して次に示すように漸近正規性が成り立つ.

定理 1.27 $X_1, X_2, \ldots, X_n$ が互いに独立で同じ分布に従い, $E(X_i^2) < \infty$ とする. このとき次が成り立つ.

(1) $\mu = E(X_i), \sigma^2 = V(X_i) > 0$ とすると

$$V \xrightarrow{P} \sigma^2, \quad \sqrt{V} \xrightarrow{P} \sigma$$

である.

(2) G を標準正規分布 $N(0,1)$ に従う確率変数とすると, $\sigma^2 > 0$ のとき

$$\frac{\sqrt{n}(\overline{X} - \mu)}{\sqrt{V}} \xrightarrow{L} G$$

となる.

証明 (1) 平方和の書き換えを行うと

$$V = \frac{1}{n-1} \sum_{i=1}^{n} X_i^2 - \frac{n}{n-1} (\overline{X})^2$$

と変形できる. 定理 1.23 の大数の法則と 定理 1.20 より

$$\frac{1}{n-1} \sum_{i=1}^{n} X_i^2 \xrightarrow{P} E(X_i^2), \quad \frac{n}{n-1} (\overline{X})^2 \xrightarrow{P} \mu^2$$

が成り立つ. したがって

$$V \xrightarrow{P} E(X_i^2) - \mu^2 = \sigma^2$$

が得られる. さらに 定理 1.20 を使って

$$\sqrt{V} \xrightarrow{P} \sigma$$

となる.

(2) T を書き換えると

$$T = \frac{\sqrt{n}(\overline{X} - \mu)}{\sigma} \times \frac{\sigma}{\sqrt{V}}$$

となるから, スラツキーの定理より漸近正規性が成り立つ. ■

1.3.4 マルチンゲールのモーメント

確率論の道具としても重要で, 統計的推測の理論研究のときにも役に立つマルチンゲール (martingale) について述べ, そのモーメントの評価を与えておく. マルチンゲールは, 第6章で扱う Hoeffding (1961) による U-統計量のフォワード・マルチンゲール (forward martingale) への分解, 即ち H-分解において重要な役割を果たす.

‖ **定義 1.28** ‖ 確率変数列 $\{Y_n\}_{n=0,1,2,\ldots}$ に対して

$$E[Y_n | Y_0, Y_1, Y_2, \ldots, Y_{n-1}] = Y_{n-1} \quad \text{a.s.}$$

が成り立つとき, (フォワード) マルチンゲールであるという.

マルチンゲールはこれまでの情報をすべて利用したときの期待値が, その直前までの変数の値 Y_{n-1} に一致するということで, 公正なゲームを構成するときのモデルによく利用される. これは数理ファイナンスにおいてもよく利用される道具である.

1.4 多次元分布の収束

● **例 1.29** $X_1, X_2, \ldots, X_n, \ldots$ を互いに独立な確率変数列で $E(X_n) = 0, n = 1, 2, \ldots$ とする. $S_n = \sum_{i=1}^{n} X_i$ とおくと

$$E[S_n|S_1, S_2, \ldots, S_{n-1}] = E[S_n|X_1, X_2, \ldots, X_{n-1}]$$

$$= \sum_{i=1}^{n-1} X_i + E[X_n] = \sum_{i=1}^{n-1} X_i = S_{n-1}$$

となる. したがって $\{S_n\}_{n=1,2,\ldots}$ はマルチンゲールである.

このマルチンゲールに対して von Bahr & Esséen (1965) と Dharmadhikari et al. (1968) により次の絶対モーメントの評価が得られている.

定理 1.30 $\{Y_n\}_{n=0,1,2,\ldots}$ はマルチンゲールで, $X_k = Y_k - Y_{k-1}, (k = 1, 2, \ldots)$ とおく. このとき次が成り立つ.

(1) $1 \leq r < 2$ に対して $E(|X_k|^r) < \infty (1 \leq k \leq n)$ ならば

$$E(|Y_n|^r) \leq 2 \sum_{k=1}^{n} E(|X_k|^r) \tag{1.6}$$

が成り立つ.

(2) $2 \leq r$ に対して $E(|X_k|^r) < \infty (1 \leq k \leq n)$ ならば

$$E(|Y_n|^r) \leq C_r n^{r/2-1} \sum_{k=1}^{n} E(|X_k|^r) \tag{1.7}$$

が成り立つ. ただし $C_r = [8(r-1)\max(1, 2^{r-3})]^r$ である.

証明 von Bahr & Esséen (1965) と Dharmadhikari et al. (1968) を参照. ■

1.4 多次元分布の収束

多次元の確率収束は成分ごとの収束を示せばよいことはすぐに理解できる.

分布関数の収束は本節で述べる線形結合による法則収束で特徴づけられる. 収束先の分布に再生性があれば, 議論は容易になる.

1.4.1 確率ベクトルの期待値

$\boldsymbol{X}^T = (X_1, X_2, \ldots, X_p)$ ($\boldsymbol{X}^T$ は $\boldsymbol{X}$ の転置を表す) の確率ベクトルについての期待値及び分散共分散行列は次で定義される.

│║ **定義 1.31** ║│ 確率ベクトル $\boldsymbol{X}$ に対して, 期待値は

$$E(\boldsymbol{X}) = \begin{pmatrix} E(X_1) \\ E(X_2) \\ \vdots \\ E(X_p) \end{pmatrix}$$

と定義される. 分散共分散行列は

$$V(\boldsymbol{X}) = \mathrm{Cov}(\boldsymbol{X}, \boldsymbol{X}) = E[\{\boldsymbol{X} - E(\boldsymbol{X})\}^T \{\boldsymbol{X} - E(\boldsymbol{X})\}]$$

$$= \Big(E[\{X_i - E(X_i)\}\{X_j - E(X_j)\}] \Big) = \Big(\mathrm{Cov}(X_i, X_j) \Big)$$

$$= \begin{pmatrix} \sigma_{11} & \sigma_{12} & \cdots & \sigma_{1p} \\ \sigma_{21} & \sigma_{22} & \cdots & \sigma_{2p} \\ \vdots & \vdots & \ddots & \vdots \\ \sigma_{p1} & \sigma_{p2} & \cdots & \sigma_{pp} \end{pmatrix} = \Sigma$$

と定義する. 一般に確率ベクトル及び確率行列の期待値は, 各成分についての期待値を並べたものとする.

この定義に従うと次の性質が成り立つ.

│ **定理 1.32** │ $A : k \times p$, $B : \ell \times p$ を定数行列とする. このとき次が成り立つ.

1.4 多次元分布の収束　　　37

(1)　$V(A\boldsymbol{X}) = A\Sigma A^T$,　(2)　$\mathrm{Cov}(A\boldsymbol{X}, B\boldsymbol{X}) = A\Sigma B^T$.

証明　(2) の (i,j) 成分に相当する等式である．2 つの p 次元定数ベクトル

$$\boldsymbol{a}^T = (a_1, a_2, \ldots, a_p), \boldsymbol{b}^T = (b_1, b_2, \ldots, b_p)$$

に対して成り立つことを示す．

$$\mathrm{Cov}(\boldsymbol{a}^T\boldsymbol{X}, \boldsymbol{b}^T\boldsymbol{X}) = \mathrm{Cov}\left(\sum_{i=1}^p a_i X_i, \sum_{j=1}^p b_j X_j\right) = \sum_{i=1}^p \sum_{j=1}^p a_i b_j \mathrm{Cov}(X_i, X_j)$$

$$= \sum_{i=1}^p \sum_{j=1}^p a_i b_j \sigma_{ij} = \boldsymbol{a}^T\Sigma\boldsymbol{b}$$

となり，これをすべての成分について考えれば定理が得られる．　∎

　この性質を使えば分散共分散行列が非負定値行列であることが示せる．

‖ **定義 1.33** ‖　A を $p \times p$ 対称行列とする．任意のベクトル $\boldsymbol{a} \in \mathbb{R}^p$ に対して 2 次形式が

$$\boldsymbol{a}^T A \boldsymbol{a} \geq 0$$

を満たすとき，A を**非負定値行列 (nonnegative definite)** と呼び，$\boldsymbol{a} \neq \boldsymbol{0}$ のときに正である時は**正定値行列 (positive definite)** と呼ぶ．

　定理 1.32 より任意のベクトル $\boldsymbol{a} \in \mathbb{R}^p$ に対して

$$0 \leq V(\boldsymbol{a}^T\boldsymbol{X}) = \boldsymbol{a}^T\Sigma\boldsymbol{a}$$

であるから，分散共分散行列は非負定値行列となる．

⏐ **定理 1.34** ⏐　非負定値行列 Σ に対して次のことが成り立つ．
(1) ある直交行列 Q が存在して

$$QBQ^T = \begin{pmatrix} \lambda_1 & 0 & \cdots & 0 \\ 0 & \lambda_2 & \cdots & 0 \\ \vdots & \vdots & \ddots & \vdots \\ 0 & 0 & \cdots & \lambda_p \end{pmatrix}$$

となる. ただし $\lambda_1 \geq \lambda_2 \geq \cdots \geq \lambda_p \geq 0$ で, これらは Σ の固有値である.

(2) $BB = \Sigma$ なる非負定値行列 B が存在する. この B を $\Sigma^{1/2}$ と表す.

(3) Σ が非負定値かつ正則行列ならば, Σ^{-1} も正定値行列である.

証明 (1) 対称行列は直交行列 Q によって対角化できるから, すべての固有値が正であることを示せばよい.

$$\boldsymbol{e}_i^T = (0, 0, \ldots, 0, 1, 0, \ldots, 0)$$

となる第 i 成分だけが 1 で他は 0 の単位ベクトルを考える. このときベクトル $Q^T \boldsymbol{e}_i$ に対して, Σ が非負定値行列だから

$$\boldsymbol{e}_i^T Q \Sigma Q^T \boldsymbol{e}_i = \boldsymbol{e}_i^T \begin{pmatrix} \lambda_1 & 0 & \cdots & 0 \\ 0 & \lambda_2 & \cdots & 0 \\ \vdots & \vdots & \ddots & \vdots \\ 0 & 0 & \cdots & \lambda_p \end{pmatrix} \boldsymbol{e}_i = \lambda_i \geq 0$$

が成り立つ.

(2) (1) の対角化を利用して

$$B = Q \begin{pmatrix} \sqrt{\lambda_1} & 0 & \cdots & 0 \\ 0 & \sqrt{\lambda_2} & \cdots & 0 \\ \vdots & \vdots & \ddots & \vdots \\ 0 & 0 & \cdots & \sqrt{\lambda_p} \end{pmatrix} Q^T$$

とおくと, $BB = \Sigma$ が成り立つ.

(3) 任意のベクトル $\boldsymbol{a} \in \mathbb{R}^p$ に対して

$$\boldsymbol{a}^T \Sigma^{-1} \boldsymbol{a} = \boldsymbol{a}^T \Sigma^{-1} \Sigma \Sigma^{-1} \boldsymbol{a}$$

となる．ここで $\boldsymbol{b} = \Sigma^{-1}\boldsymbol{a}$ とおくと，対称行列の逆行列はやはり対称行列であるから，$\boldsymbol{b} \in \mathbb{R}^p$ より

$$0 \le \boldsymbol{b}^T \Sigma \boldsymbol{b} = \boldsymbol{a}^T \Sigma^{-1} \boldsymbol{a}$$

が成り立つ．したがって Σ^{-1} も正定値行列となる． ∎

この正定値行列の性質は多変量解析と呼ばれる統計の分野では，基本となるもので，このほかにもいろいろな性質が調べられている．

1.4.2 多次元中心極限定理

多次元の分布収束は 1 次元と同じように，すべての連続点 $\boldsymbol{x} \in \mathbb{R}^p$ で同時分布関数が収束することで定義される．これに関して次の定理が証明されている．

$\boxed{\text{定理 1.35}}$ **(Varadarajan (1958), Wald and Wolfowitz (1944))**

$F_n(\cdot)$ を p-次元確率ベクトル列 $\boldsymbol{X}_n = (X_n^{(1)}, \ldots, X_n^{(p)})^T$ の分布関数とする．さらに定数ベクトル $\boldsymbol{\lambda} \in \mathbb{R}^p$ に対して $F_{\lambda n}(\cdot)$ を $\lambda_1 X_n^{(1)} + \cdots + \lambda_p X_n^{(p)}$ の分布関数とし，$\boldsymbol{X}$ を分布 $F(\cdot)$ に従う確率ベクトルとする．このとき

$$\boldsymbol{X}_n \xrightarrow{L} \boldsymbol{X} \iff F_n \xrightarrow{L} F$$

$$\iff \text{任意の} \boldsymbol{\lambda} \in \mathbb{R}^p \text{に対して} F_{\lambda n} \xrightarrow{L} F_\lambda$$

が成り立つ．ただし $F_{\lambda n}(\cdot), F_\lambda(\cdot)$ はそれぞれ $\boldsymbol{\lambda}^T \boldsymbol{X}_n, \boldsymbol{\lambda}^T \boldsymbol{X}$ の分布関数である．

この定理を使うと，標本平均ベクトルについての中心極限定理が示せる．$\boldsymbol{X}_1, \boldsymbol{X}_2, \ldots, \boldsymbol{X}_n$ を互いに独立で同じ分布に従う p-次元確率ベクトルで，$E(\boldsymbol{X}_i) = \boldsymbol{\mu}, V(\boldsymbol{X}_i) = \Sigma$ とする．このとき

$$\sqrt{n}(\overline{\boldsymbol{X}} - \boldsymbol{\mu}) \xrightarrow{L} N_p(\boldsymbol{0}, \Sigma) \quad \left(\text{ただし,} \ \ \overline{\boldsymbol{X}} = \frac{1}{n}\sum_{i=1}^n \boldsymbol{X}_i \right)$$

が成り立つ. これは

$$\boldsymbol{\lambda}^T \sqrt{n}(\overline{\boldsymbol{X}} - \boldsymbol{\mu}) = \frac{1}{\sqrt{n}} \sum_{i=1}^{n} \boldsymbol{\lambda}^T (\boldsymbol{X}_i - \boldsymbol{\mu})$$

となり $\boldsymbol{\lambda}^T(\boldsymbol{X}_1 - \boldsymbol{\mu})$, $\boldsymbol{\lambda}^T(\boldsymbol{X}_2 - \boldsymbol{\mu}), \ldots, \boldsymbol{\lambda}^T(\boldsymbol{X}_n - \boldsymbol{\mu})$ は互いに独立で同じ分布にしたがう確率変数で, 平均 0 で分散 $\boldsymbol{\lambda}^T \Sigma \boldsymbol{\lambda}$ である. したがって中心極限定理より

$$\boldsymbol{\lambda}^T \sqrt{n}(\overline{\boldsymbol{X}} - \boldsymbol{\mu}) \xrightarrow{L} N(0, \boldsymbol{\lambda}^T \Sigma \boldsymbol{\lambda})$$

が得られる. また正規分布の性質より $\boldsymbol{G}$ が p-次元正規分布 $N_p(\boldsymbol{0}, \Sigma)$ にしたがうとき

$$\boldsymbol{\lambda}^T \boldsymbol{G} \quad \sim \quad N(0, \boldsymbol{\lambda}^T \Sigma \boldsymbol{\lambda})$$

となるから定理 1.35 より多次元の中心極限定理が成り立つ.

第 2 章 ◇ 統計的推測

本章では主としてパラメトリックな統計的推測法の基礎を復習し，ノンパラメトリックな統計的推測との関連を理解することを目指す．具体的には点推定，区間推定および統計的仮説検定について一般論を紹介し，その後正規母集団を仮定した統計的推定と統計的仮説検定を概説する．

2.1 統計的推定

統計的推測は点推定と区間推定を合わせた統計的推定及び母集団についての仮説を検証する統計的仮説検定がある．基礎となるのは点推定で，区間推定と仮説検定は点推定の成果を利用して構築されることが多い．

2.1.1 点推定

統計的推測は母集団分布 $F_\theta(\cdot)$ からの無作為標本 $X_1, X_2, \ldots, X_n$ に基づいて，分布を特徴づける**母数 (parameter)**（パラメータ）θ に対する推測を行う形で定式化される．母集団分布を特徴付ける母数 θ は通常平均，分散などの定数である．これらを母数であることを明確にするときには**母平均 (population mean)**，**母分散 (population variance)** と呼ぶ．考えられる母数の全体を Θ で表し，**母数空間 (parameter space)** と呼ぶ．**推定 (estimation)** は 1 点だけを決める**点推定**と，ある幅をもたせて推定する**区間推定 (confidence interval)** がある．

点推定は，$X_1, X_2, \ldots, X_n$ を無作為標本とするとき，確率変数の関数である**推定量 (estimator)** $T = T(X_1, X_2, \ldots, X_n)$ を決めて，実際のデータの値 $x_1, x_2, \ldots, x_n$ を代入した実現値 $t = T(x_1, x_2, \ldots, x_n)$（**推定値 (estimate)** と呼ぶ）を母数 θ と見なすという形で行われる．一番よく利用されるのが母平均 $E(X_1) = \mu$ に対する点推定量としての**標本平均 (sample mean)**

$$\overline{X} = \frac{1}{n}(X_1 + X_2 + \cdots + X_n) = \frac{1}{n}\sum_{i=1}^{n} X_i$$

である．標本平均の期待値と分散は次の式で与えられる．

$$E(\overline{X}) = \mu, \quad V(\overline{X}) = \frac{\sigma^2}{n} \quad (V(X_1) = \sigma^2)$$

母分散 $\sigma^2 = V(X_1)$ の推定量としては2つの**標本分散** (sample variance)

$$\frac{1}{n}\sum_{i=1}^{n}(X_i - \overline{X})^2, \quad \frac{1}{n-1}\sum_{i=1}^{n}(X_i - \overline{X})^2$$

が利用される．

いくつもある推定量の良さを判断するには規準が必要になる．推定の良さの規準には，**不偏性** (unbiasedness)，**一致性** (consistency)，**最尤性** (maximum likelihood)，**平均二乗誤差** (mean squared error) などがある．推定量 $T = T(X_1, X_2, \ldots, X_n)$ の期待値が母数 θ に一致するとき，すなわち $E(T) = \theta$ が成り立つとき，T を**不偏推定量**と呼ぶ．標本平均 $\overline{X}$ は母平均 μ の不偏推定量である．また母平均 μ が未知のときは，**不偏標本分散** (unbiased sample variance)

$$V = \frac{1}{n-1}\sum_{i=1}^{n}(X_i - \overline{X})^2$$

が σ^2 の不偏推定量である．$(X_1, Y_1)^T, \ldots, (X_n, Y_n)^T$ を2次元母集団分布からの無作為標本とする．このとき**不偏標本共分散** (unbiased sample covariance)

$$\frac{1}{n-1}\sum_{i=1}^{n}(X_i - \overline{X})(Y_i - \overline{Y})$$

は共分散 $\mathrm{Cov}(X, Y)$ の不偏推定量である．

母数 θ の推定量 $T = T(X_1, X_2, \ldots, X_n)$ の良さは**損失関数** (loss function) を定義し，その期待値である**危険関数** (risk function) での比較をおこなう

形で定式化される．一番よく利用されるのは**二乗損失関数** (squared loss function) およびその期待値である**平均二乗誤差** (mean squared error)

$$E[(T - \theta)^2]$$

である．もし推定量 T が不偏推定量ならば，平均二乗誤差は T の分散となる．分散は平均の周りのバラツキの度合いを表すから，分散が小さいほど θ の周りの値をとる確率が大きくなる．したがって同じ不偏推定量であれば分散が小さいほど良い推定量ということになる．不偏でないときでも平均二乗誤差が小さいほど良い推定であるとされる．簡単な変形から

$$E[(T - \theta)^2] = E[\{T - E(T) + E(T) - \theta\}^2] = V(T) + [E(T) - \theta]^2$$

となる．$E(T) - \theta$ を推定量 T の**バイアス**（偏差，**bias**）と呼ぶ．良い推定量はバイアスが小さく，分散も小さいということになる．もちろんこれらの期待値は未知母数 θ に依存するので $E_\theta(T)$, $V_\theta(T)$ などのように明示することもある．

推定量の良さの規準の1つである一致性は，標本数 n を大きくした時に，推定したい母数 θ に収束することで定義される．一番よく使われるのは，確率収束である．すなわち推定量 $T = T(X_1, X_2, \ldots, X_n)$ に対して

$$\lim_{n \to \infty} P(|T - \theta| < \varepsilon) = 1$$

が任意の $\varepsilon > 0$ について成り立つとき，T は母数 θ の**一致推定量** (consistent estimator) であるといい，$T \xrightarrow{P} \theta$ と表す．大数の法則より標本平均 $\overline{X}$ は母平均 $\mu = E(X_i)$ の一致推定量である．コルモゴロフの大数の法則より，$\overline{X}$ は母平均 $\mu = E(X_i)$ に概収束する．概収束の方が強い結果であるが，確率収束はモーメントでの評価を使って簡単に示せる場合が多いので，統計的推測では確率収束を一致性の定義として使うのが普通である．

得られたデータ $x_1, x_2, \ldots, x_n$ は $X_1, X_2, \ldots, X_n$ の実現値で与えられて止まっているとする．このとき**尤度関数** (likelihood function)

$$L(\theta) = \prod_{i=1}^{n} f_\theta(x_i)$$

を考える。ただし θ は未知母数で，$f_\theta(\cdot)$ は密度関数である。離散型のときは $f_\theta(\cdot)$ を確率関数で置き換えて定義する。この尤度関数を最大にする $\hat{\theta}_n$（ハットと読む）を θ の推定値とする。すなわち

$$L(\hat{\theta}_n) = \max_\theta L(\theta)$$

となる $\hat{\theta}_n$ を θ とみなす。これを**最尤法 (maximum likelihood method)** と呼び，推定された値を**最尤推定値 (maximum likelihood estimate)** という。実際に求めるときは，**対数尤度関数 (log likelihood function)**

$$\ell(\theta) = \log L(\theta) \quad (\log \text{ は自然対数})$$

の最大値を考えると便利である。対数は単調な変換であるから，同じ $\hat{\theta}_n$ で最大値をとり，$\ell(\theta)$ の微分は簡単で，極値を与える点を求めるのが容易になる。最尤推定値は見方を変えると実現値 $x_1, x_2, \ldots, x_n$ の関数となっている。最尤推定値の実現値を確率変数に置き換えたもの $\hat{\theta}_n = \hat{\theta}_n(X_1, X_2, \ldots, X_n)$ が**最尤推定量 (maximum likelihood estimator)** である。最尤推定値は得られたデータに対して，統計モデルの下で標本を得る確率が一番高くなるように母数 θ を推定する方法である。未知の母数がいくつかある場合の最尤推定量も同じようにして定義することができる。

最尤推定量の列 $\{\hat{\theta}_n\}_{n=1,2,\ldots}$ に対して適当な条件の下で

$$\sqrt{n}(\hat{\theta}_n - \theta) \xrightarrow{L} N\left(0, \frac{1}{I_X(\theta)}\right)$$

が成り立つ。ただし $I_X(\theta)$ は**フィッシャーの情報量 (Fisher amount of information)**

$$I_X(\theta) = E_\theta\left[\left(\frac{\partial}{\partial \theta} \log f_\theta(X_i)\right)^2\right]$$

である。したがって $X_1, X_2, \ldots, X_n$ を無作為標本とすると $\hat{\theta}_n$ の漸近分散は $\frac{1}{n I_X(\theta)}$ となり，漸近的な意味で一番小さい分散を持つ**漸近有効推定量 (best asymptotic estimator)** となっている。

2.1.2 区間推定

$X_1, X_2, \ldots, X_n$ を母集団分布 $F_\theta(\cdot)$ からの無作為標本とする. このとき未知母数 θ に依存しない $X_1, X_2, \ldots, X_n$ の関数である2つの**統計量 (statistic)** $T_1 = T_1(X_1, X_2, \ldots, X_n)$, $T_2 = T_2(X_1, X_2, \ldots, X_n)(T_1 < T_2)$ を

$$1 - \alpha = P(T_1 < \theta < T_2)$$

を満たすように作る. ただし $0 < \alpha < 1$ (通常 $\alpha = 0.05$ または 0.01) は前もって与えられる定数である. 実際に得られたデータの値 $x_1, x_2, \ldots, x_n$ に対して, T_1, T_2 の実現値 $t_1 = T_1(x_1, x_2, \ldots, x_n)$, $t_2 = T_2(x_1, x_2, \ldots, x_n)$ を求め

母数 θ は区間 (t_1, t_2) の中にある. すなわち $t_1 < \theta < t_2$

と推測する. これが**区間推定 (interval estimation)** である. このとき区間 (t_1, t_2) を母数 θ の**信頼係数 (confidence coefficient)** $1 - \alpha$ の**信頼区間 (confidence interval)** と呼ぶ.

[正規母集団の区間推定]

$X_1, X_2, \ldots, X_n$ を正規母集団 $N(\mu, \sigma^2)$ からの無作為標本とし, 実現値を $x_1, x_2, \ldots, x_n$ とする. 母分散 σ^2 が未知のとき母分散の不偏推定量 $V = \sum_{i=1}^{n}(X_i - \overline{X})^2/(n-1)$ を使うと $(\overline{X} - \mu)/\sqrt{V/n}$ は自由度 $n-1$ の t-分布にしたがう. よって $t(n-1; \frac{\alpha}{2})$ を t-分布の上側 $\frac{\alpha}{2}$-点とすると

$$1 - \alpha = P\left(-t\left(n-1; \frac{\alpha}{2}\right) < \frac{\sqrt{n}\overline{X} - \mu}{\sqrt{V}} < t\left(n-1; \frac{\alpha}{2}\right)\right)$$

$$= P\left(\overline{X} - t\left(n-1; \frac{\alpha}{2}\right)\sqrt{\frac{V}{n}} < \mu < \overline{X} + t\left(n-1; \frac{\alpha}{2}\right)\sqrt{\frac{V}{n}}\right)$$

が成り立つから, 信頼係数 $1 - \alpha$ の母平均 μ の信頼区間は

$$\overline{x} - t\left(n-1; \frac{\alpha}{2}\right)\sqrt{\frac{v}{n}} < \mu < \overline{x} + t\left(n-1; \frac{\alpha}{2}\right)\sqrt{\frac{v}{n}}$$

で与えられる. ただし $\overline{x}, v$ は $\overline{X}, V$ の実現値である.

母分散の信頼区間は分散の推定量をもとにして構成できる．平方和

$$S = \sum_{i=1}^{n} (X_i - \overline{X})^2$$

を使って構成する．正規分布の性質より $\frac{S}{\sigma^2}$ は自由度 $n-1$ の χ^2-分布にしたがう．$\chi^2(n-1; 1-\frac{\alpha}{2})$, $\chi^2(n-1; \frac{\alpha}{2})$ をそれぞれ χ^2-分布の上側 $(1-\frac{\alpha}{2})$-点，上側 $\frac{\alpha}{2}$-点とすると

$$1 - \alpha = P\left(\frac{S}{\chi^2(n-1; \alpha/2)} < \sigma^2 < \frac{S}{\chi^2(n-1; 1-\alpha/2)} \right)$$

が成り立つので，実現値 s に対して，母分散 σ^2 の信頼係数 $1-\alpha$ の信頼区間は

$$\frac{s}{\chi^2(n-1; \alpha/2)} < \sigma^2 < \frac{s}{\chi^2(n-1; 1-\alpha/2)}$$

で与えられる．

正規母集団以外のときは，被覆確率の評価が正確にできないので，分布を特徴付ける母数について正確な信頼区間は求まらないことが多い．しかし近似的な信頼区間は構成可能である．

2.2 統計的仮説検定

統計的仮説検定 (statistical hypothesis testing) は，得られたデータをもとに，データが従っている母集団分布についての疑わしい仮説を確率的に判断する方法である．θ を母集団分布を特徴付ける母数とし，母数全体を $\boldsymbol{\Theta}$ で表す．$\boldsymbol{\Theta} = \boldsymbol{\Theta}_0 \cup \boldsymbol{\Theta}_1$ かつ $\boldsymbol{\Theta}_0 \cap \boldsymbol{\Theta}_1 = \emptyset$ とする．

疑わしいと思われる否定したい**帰無仮説 (null hypothesis)** $H_0 : \theta \in \boldsymbol{\Theta}_0$ と，帰無仮説が棄却されたときに採択する**対立仮説 (alternative hypothesis)** $H_1 : \theta \in \boldsymbol{\Theta}_1$ を設定する．まずデータのみに依存し，帰無仮説の下での分布が特定できる**検定統計量 (test statistic)** を構成する．次に対立仮説が正

しい時に出現しやすい方にずれる領域での確率（**有意確率 (significance probability)**）を帰無仮説の下で求め，この確率が**有意水準 (significance level)**（通常 0.05 または 0.01）以下のときに帰無仮説 H_0 を棄却する．これが統計的仮説検定の概略である．1 点のみからなる仮説を**単純仮説 (simple hypothesis)**，複数の場合を**複合仮説 (composite hypothesis)** と呼ぶ．またデータの実現値を代入したときの検定統計量に対して，棄却される領域を**棄却域 (rejection region)** と呼び，棄却域の補集合を**受容域 (acceptance region)** と呼ぶ．

検定を数学的に扱い易くするには，**検定関数 (test function)** に拡張すると便利である．関数 $0 \leq \varphi(\boldsymbol{x}) \leq 1$ に対して，データ $\boldsymbol{x}$ が得られたとき，確率 $\varphi(\boldsymbol{x})$ で帰無仮説 H_0 を棄却するという検定方式を考える．これを**確率化検定 (randomized test)** と呼ぶ．通常の検定では $\varphi(\boldsymbol{x})$ を棄却領域 D の定義関数とおくことになる．

[検定の誤りと検出力]

統計的仮説検定においては，確率的に変動するものが対象であるから次の 2 種類の誤りが考えられる．

第 1 種の誤り (type I error)：帰無仮説 H_0 が正しいにもかかわらず H_0 を棄却する誤り

第 2 種の誤り (type II error)：対立仮説 H_1 が正しいにもかかわらず H_0 を棄却しない誤り

検定 $\varphi(\boldsymbol{x})$ について第 1 種の誤りを犯す確率は $\theta \in \boldsymbol{\Theta}_0$ に対して $E_\theta[\varphi(\boldsymbol{X})]$ となる．この上限

$$\sup_{\theta \in \boldsymbol{\Theta}_0} E_\theta[\varphi(\boldsymbol{X})]$$

を検定 $\varphi(\boldsymbol{X})$ の**大きさ (size)** と呼ぶ．

仮説検定は第 1 種の誤りをおかす確率を有意水準で制御している．他方，第 2 種の誤りの確率については，**検出力 (power)** と呼ばれる形で評価される．検出力は H_1 が正しいときに正しく H_0 を棄却する確率である．したがって第 2 種の誤りの確率を γ とおくと，検出力は $\beta = 1 - \gamma$ となる．検定関数 $\varphi(\boldsymbol{X})$

を使うと検出力は

$$\beta(\theta; \varphi) = E_\theta[\varphi(\boldsymbol{X})], \ \theta \in \boldsymbol{\Theta}_1$$

となる.

確率関数や密度関数の分布系が特定されるとき, **最強力検定 (most powerful test)** は尤度の比で求められる. 帰無仮説 $H_0 : \theta = \theta_0$ vs. 対立仮説 $H_1 : \theta = \theta_1$ についての単純仮説同士の検定について, 次の **Neyman-Pearson の基本補題 (Neyman-Pearson's fundamental lemma)** が成り立つ.

定理 2.1 (Neyman-Pearson の基本補題)

単純仮説同士の検定におい最強力検定は検定関数

$$\varphi(\boldsymbol{X}) = \begin{cases} 1, & \frac{f_{\theta_1}(\boldsymbol{X})}{f_{\theta_0}(\boldsymbol{X})} > k \\ c, & \frac{f_{\theta_1}(\boldsymbol{X})}{f_{\theta_0}(\boldsymbol{X})} = k \\ 0, & \frac{f_{\theta_1}(\boldsymbol{X})}{f_{\theta_0}(\boldsymbol{X})} < k \end{cases}$$

で与えられる. ただし c, k は

$$E_{\theta_0}[\varphi(\boldsymbol{X})] = \alpha$$

を満たすように決められる定数である.

証明 稲垣 (2003) を参照. ∎

最尤推定は望ましい性質を持っているし, 単純仮説同士の検定では最強力検定が尤度比で与えられるので, 一般的な設定のときも **尤度比検定 (likelihood ratio test)** が利用されることが多い. 確率ベクトル $\boldsymbol{X} = (X_1, \ldots, X_n)$ の確率 (密度) 関数を $f_\theta(x_1, \ldots, x_n), \theta \in \boldsymbol{\Theta}$ とする. $\boldsymbol{\Theta}_0 \neq \emptyset$, $\boldsymbol{\Theta}_1 \neq \emptyset$ の母数空間の部分集合に対して

帰無仮説 $H_0 : \theta \in \boldsymbol{\Theta}_0$ vs. 対立仮説 $H_1 : \theta \in \boldsymbol{\Theta}_1 (= \boldsymbol{\Theta} - \boldsymbol{\Theta}_0)$

の検定問題を考える. 標本の実現値 $\boldsymbol{x} = (x_1, \ldots, x_n)$ に対して

$$\lambda(\boldsymbol{x}) = \frac{\sup_{\theta \in \Theta_0} f_\theta(x_1, \ldots, x_n)}{\sup_{\theta \in \Theta} f_\theta(x_1, \ldots, x_n)}$$

とおく. このとき $0 \le \lambda(\boldsymbol{x}) \le 1$ となり, 有意水準を満たすように決めた定数 c, k に対して

$$\varphi(\boldsymbol{x}) = \begin{cases} 1, & \lambda(\boldsymbol{x}) < c \\ k, & \lambda(\boldsymbol{x}) = c \\ 0, & \lambda(\boldsymbol{x}) > c \end{cases}$$

の検定関数を使う検定が尤度比検定と呼ばれる. ここで c, k は

$$\sup_{\theta \in \Theta_0} E_\theta[\varphi(\boldsymbol{X})] = \alpha$$

を満たすように決める.

尤度比検定統計量 $\lambda(\boldsymbol{X})$ は一般に複雑であり, 帰無仮説 H_0 の下での分布を求めることは困難なことが多い. しかし近似的な検定は構成できる. 母数空間 $\boldsymbol{\Theta}$ は $\mathbb{R}^p$ の開部分集合 $(\dim \boldsymbol{\Theta} = p)$ で, 帰無仮説 $\boldsymbol{\Theta}_0$ はそのうちの q 個が特定の値 $\theta_0^1, \theta_0^2, \ldots, \theta_0^q$ をとるとする. すなわち

$$\boldsymbol{\Theta}_0 = \{\theta = (\theta^1, \ldots, \theta^q, \theta^{q+1}, \ldots, \theta^p) \in \boldsymbol{\Theta} | \theta^1 = \theta_0^1, \theta^2 = \theta_0^2, \ldots, \theta^q = \theta_0^q\}$$

とする. このとき尤度比検定について, 次の一般的な性質が成り立ち, χ^2-分布を利用して近似的な検定ができる.

定理 2.2 $X_1, X_2, \ldots, X_n$ を確率 (密度) 関数 $f(x; \theta)$ を持つとする. このとき帰無仮説 H_0 の下で

$$-2\log \lambda(\boldsymbol{X}) \overset{L}{\longrightarrow} \text{自由度 } q \text{ の} \chi^2 \text{分布}$$

が成り立つ.

証明 稲垣 (2003) を参照. ∎

2.2.1 正規母集団に対する仮説検定

検定の具体例として, 正規母集団を挙げておく. $X_1, X_2, \ldots, X_n$ を正規母集団 $N(\mu, \sigma^2)$ からの無作為標本とし, μ, σ^2 は未知とする. これに対して次の検定問題について考える.

(1) 帰無仮説 $H_0 : \mu = \mu_0$ (μ_0は既知の値) vs. 対立仮説 $H_1 : \mu \neq \mu_0$ の両側検定は $\boldsymbol{\Theta} = \{(\mu, \sigma^2) \mid \mu \in \mathbb{R}, \ \sigma^2 > 0\}$, $\boldsymbol{\Theta}_0 = \{(\mu_0, \sigma^2) \mid \sigma^2 > 0\}$, $\boldsymbol{\Theta}_1 = \{(\mu, \sigma^2) \mid \mu(\neq \mu_0) \in \mathbb{R}, \ \sigma^2 > 0\}$ となる. 検定統計量としては

$$|T_0| = \frac{\sqrt{n}|\overline{X} - \mu_0|}{\sqrt{V}}$$

が良い検定となる. ただし $\overline{X} = \sum_{i=1}^n X_i$, $V = \sum_{i=1}^n (X_i - \overline{X})^2/(n-1)$ である. T_0 は H_0 が正しい時, 自由度 $n-1$ の t-分布に従うから, $t(n-1; \alpha/2)$ を t-分布の上側 $\frac{\alpha}{2}$-点とすると

$$\frac{\sqrt{n}|\overline{x} - \mu_0|}{\sqrt{v}} > t\left(n-1; \frac{\alpha}{2}\right)$$

のとき帰無仮説 H_0 を棄却する検定となる. ただし, $\overline{x}$, v は $\overline{X}$, V の実現値である. 正規母集団を仮定した母平均の検定には t-分布を使った検定がよく利用されており, これらを総称して **t-検定 (t-test)** と呼ぶ.

(2) 帰無仮説 $H_0 : \sigma^2 = \sigma_0^2$ (σ_0^2は既知の値) vs. 対立仮説 $H_1 : \sigma^2 \neq \sigma_0^2$ の尤度比検定は

$$\frac{1}{\sigma_0^2} \sum_{i=1}^n (x_i - \overline{x})^2 < k_1' \quad \text{または} \quad \frac{1}{\sigma_0^2} \sum_{i=1}^n (x_i - \overline{x})^2 > k_2'$$

のとき棄却する検定になる. H_0 が正しい時

$$\frac{1}{\sigma_0^2} \sum_{i=1}^n (X_i - \overline{X})^2$$

は自由度 $n-1$ の χ^2-分布に従うことを使って検定できる.

2.2 統計的仮説検定

[等分散の下での母平均の差の検定]

$X_1, X_2, \ldots, X_m$ を正規母集団 $N(\mu_1, \sigma_1^2)$ からの無作為標本とし，$Y_1, Y_2, \ldots,$ Y_n を正規母集団 $N(\mu_2, \sigma_2^2)$ からの無作為標本とする．なお $(X_1, X_2, \ldots, X_m)$ と $(Y_1, Y_2, \ldots, Y_n)$ は独立とする．このとき帰無仮説 $H_0 : \mu_1 = \mu_2$ の検定を考える．母分散は等しいが未知（$\sigma_1^2 = \sigma_2^2 = \sigma^2$，$\sigma^2$ は未知）のときの検定統計量は

$$T_0 = \frac{\overline{X} - \overline{Y}}{\sqrt{\left(\frac{1}{m} + \frac{1}{n}\right) V}}$$

となる．ただし共通の母分散 σ^2 の不偏推定量 V は

$$V = \frac{1}{m + n - 2} \left\{ \sum_{i=1}^{m} (X_i - \overline{X})^2 + \sum_{i=1}^{n} (Y_i - \overline{Y})^2 \right\}$$

で与えられる．H_0 が正しいとき，T_0 は自由度 $m + n - 2$ の t-分布にしたがう．T_0 の実現値 $t_0 = (\overline{x} - \overline{y}) / \sqrt{\left(\frac{1}{m} + \frac{1}{n}\right) v}$ を使って，1つの母集団分布の母平均のときと同じように，片側検定 $H_1 : \mu_1 > \mu_2$ のときは，$t_0 \geq t(m + n - 2; \alpha)$ のとき有意水準 α で帰無仮説 H_0 を棄却する検定が利用できる．

[対応のあるデータ]

$Y_1, Y_2, \ldots, Y_n$ と $Z_1, Z_2, \ldots, Z_n$ の無作為標本に対して，統計モデルとして

$$\begin{aligned} Y_i &= \mu_1 + \alpha_i + \varepsilon_i \\ Z_i &= \mu_2 + \alpha_i + \varepsilon_i' \end{aligned} \qquad (i = 1, 2, \ldots, n)$$

の構造を仮定する．ここで α_i は i 番目に共通の要素の影響を表す母数で，$\varepsilon_i, \varepsilon_i'$ は $E(\varepsilon_i) = E(\varepsilon_i') = 0$ を満たし，互いに独立で同じ正規分布に従うと仮定する．母数 μ_1 と母数 μ_2 の比較，すなわち帰無仮説 $H_0 : \mu_1 = \mu_2$ の検定を考える．α_i の影響を取り除くためには，$X_i = Y_i - Z_i$ をもとにすればよい．このとき X_i は正規分布 $N(\mu_1 - \mu_2, \sigma_x^2)$ にしたがう．ただし分散

$$\sigma_x^2 = V(\varepsilon_i) + V(\varepsilon_i')$$

52 第2章 統計的推測

は未知である．検定統計量としては

$$T_0 = \frac{\sqrt{n}\overline{X}}{\sqrt{V_x}}$$

を使えばよい．ここで

$$\overline{X} = \frac{1}{n}\sum_{i=1}^{n} X_i, \quad V_x = \frac{1}{n-1}\sum_{i=1}^{n}(X_i - \overline{X})^2$$

である．T_0 は帰無仮説 H_0 の下で，自由度 $n-1$ の t-分布に従う．

[信頼区間と検定]

多くの場合信頼区間は，仮説検定で棄却されないような母数の領域全体となる．たとえば実現値 $x_1, x_2, \ldots, x_n, \overline{x}, v$ に対して，母平均 μ の信頼係数 $1-\alpha$ 両側信頼区間を

$$I = \left(\overline{x} - t\left(n-1; \frac{\alpha}{2}\right)\sqrt{\frac{v}{n}}, \ \overline{x} + t\left(n-1; \frac{\alpha}{2}\right)\sqrt{\frac{v}{n}} \right)$$

とおく．また検定において帰無仮説 $H_0 : \mu = \mu_0$ vs. 対立仮説 $H_1 : \mu \neq \mu_0$ を考えると

$$\mu_0 \in I \iff \text{有意水準 } \alpha \text{ で帰無仮説 } H_0 \text{を棄却しない}$$

$$\mu_0 \notin I \iff \text{有意水準 } \alpha \text{ で帰無仮説 } H_0 \text{を棄却する}$$

の関係がある．

2.3 検定の漸近相対効率

統計的推測の比較では，正規分布等の具体的な分布を仮定したパラメトリックな検定のときは，標本数 n が小さいときでも，非心分布を用いて検出力による理論的比較が可能な場合もある．しかし分布の仮定をなるべく緩めるノンパラメトリックな推測では，n が小さいときの理論的比較は難しく，標本数 n が

2.3 検定の漸近相対効率 53

大きい時の漸近的な比較を行うことになる．仮説検定においては **ピットマンの漸近相対効率 (Pitman asymptotic relative efficiency)**，**バハードゥールの漸近相対効率 (Bahadur asymptotic relative efficiency)** 等いくつかの漸近的な比較の規準が提案されている．本章では ピットマンの漸近相対効率を考える．

$X_1, X_2, \ldots, X_n$ を分布 $F_\theta(\cdot)$ からの無作為標本とし，帰無仮説 $H_0 : \theta = \theta_0$ と対立仮説 $H_1 : \theta > \theta_0$ の検定問題を考える．この問題に対する検定統計量 $S_n = S_n(X_1, X_2, \ldots, X_n)$ を対立仮説が正しいとき，大きな値をとる確率が大きくなるように構成する．このとき有意水準を $0 < \alpha < 1$ とし

$$P_{\theta_0}(S_n \geq s_{n;\alpha}) = \alpha$$

なる棄却点 $s_{n;\alpha}$ をまず決める．そして実現値（無作為標本の実際の値）$x_1, x_2, \ldots, x_n$, $s_n = S_n(x_1, x_2, \ldots, x_n)$ に対して，$s_n \geq s_{n;\alpha}$ のとき有意水準 α で帰無仮説 H_0 を棄却し，$s_n < s_{n;\alpha}$ のとき棄却しないというのが統計的仮説検定である．この検定の良さは検出力

$$P_\theta(S_n \geq s_{n;\alpha}) \qquad (\theta > \theta_0)$$

で比較することになる．検出力は対立仮説が正しいとき，正しく棄却する確率であるからこの値が大きいほど良い検定ということになる．しかしこの検出力を明示的に求めることは少数の例外を除いて不可能である．

検出力を明示的に求めることができないときは，$n \to \infty$ のときの漸近的な比較を行う．この代表的なものが以下に定義する ピットマンの漸近相対効率である．H_0 と H_1 の検定問題に対して 2 つの検定統計量の列 $\{S_n\}$, $\{T_n\}$ を考える．ここで実現値 s_n, t_n に対して $s_n \geq s_{n;\alpha}$, $t_n \geq t_{n;\alpha}$ のときに H_0 を棄却するものとする．さらに帰無仮説に近づく対立仮説の母数列 $\{\theta_i\}_{i=1,2,\ldots}$, すなわち，$\theta_i > \theta_0$ で

$$\lim_{i \to \infty} \theta_i = \theta_0$$

を考える．このとき S_n, T_n は

$$\lim_{n \to \infty} P_{\theta_0}(S_n \geq s_{n;\alpha}) = \lim_{n \to \infty} P_{\theta_0}(T_n \geq t_{n;\alpha}) = \alpha$$

$0 < \alpha < 1$ を満たし，正の自然数列 $\{m_i\}$, $\{n_i\}$ $(i = 1, 2, \ldots)$ に対して

$$\lim_{i \to \infty} P_{\theta_i}(S_{m_i} \geq s_{m_i;\alpha}) = \lim_{i \to \infty} P_{\theta_i}(T_{n_i} \geq t_{n_i;\alpha}) = \beta$$

$0 < \alpha < \beta < 1$ が成り立つとする．このとき，

$$ARE(S|T) = \lim_{i \to \infty} \frac{n_i}{m_i}$$

が α, β に無関係ならば，この値を S_n の T_n に対する ピットマンの漸近相対効率と呼ぶ．これは同じ検出力を持つための標本数の比の極限であるから，$ARE(S|T)$ が 1 より大きいとき，S のほうが T より良いと判断される．

　この漸近相対効率を定義通りに求めるのは煩雑で難しい．しかし検定統計量が次の条件を満たしていると，比較的簡単に求めることができる．

(P1) $\{S_{m_i}\}$, $\{T_{n_i}\}$ に関連した数列

$$\{\mu_{S_{m_i}}(\theta)\}, \quad \{\mu_{T_{n_i}}(\theta)\}, \quad \{\sigma^2_{S_{m_i}}(\theta)\}, \quad \{\sigma^2_{T_{n_i}}(\theta)\}$$

が存在して，標準化統計量

$$\frac{S_{m_i} - \mu_{S_{m_i}}(\theta_i)}{\sigma_{S_{m_i}}(\theta_i)}, \qquad \frac{T_{n_i} - \mu_{T_{n_i}}(\theta_i)}{\sigma_{T_{n_i}}(\theta_i)}$$

が $i \to \infty$ のとき，$H_1 : \theta = \theta_i$ の下で連続な分布関数 $H(\cdot)$ を持つ同じ分布に収束する．

(P2) 条件 (P1) が帰無仮説 $H_0 : \theta = \theta_0$ のときも成り立つ．すなわち

$$\frac{S_{m_i} - \mu_{S_{m_i}}(\theta_0)}{\sigma_{S_{m_i}}(\theta_0)}, \qquad \frac{T_{n_i} - \mu_{T_{n_i}}(\theta_0)}{\sigma_{T_{n_i}}(\theta_0)}$$

が $i \to \infty$ のとき，連続な分布関数 $H(\cdot)$ を持つ同じ分布に収束する．

(P3) $\qquad \dfrac{d\mu_{S_{m_i}}(\theta)}{d\theta} = \mu'_{S_{m_i}}(\theta), \qquad \dfrac{d\mu_{T_{n_i}}(\theta)}{d\theta} = \mu'_{T_{n_i}}(\theta)$

が存在し，$\theta = \theta_0$ で連続である．また $\mu'_{S_{m_i}}(\theta_0)$, $\mu'_{T_{n_i}}(\theta_0)$ が 0 ではない．

$$\text{(P4)} \qquad \lim_{i \to \infty} \frac{\mu'_{S_{m_i}}(\theta_i)}{\mu'_{S_{m_i}}(\theta_0)} = \lim_{i \to \infty} \frac{\mu'_{T_{n_i}}(\theta_i)}{\mu'_{T_{n_i}}(\theta_0)} = 1,$$

$$\lim_{i \to \infty} \frac{\sigma_{S_{m_i}}(\theta_i)}{\sigma_{S_{m_i}}(\theta_0)} = \lim_{i \to \infty} \frac{\sigma_{T_{n_i}}(\theta_i)}{\sigma_{T_{n_i}}(\theta_0)} = 1$$

が成り立つ.

$$\text{(P5)} \qquad \lim_{n \to \infty} \frac{\mu'_{S_n}(\theta_0)}{\sqrt{n \sigma_{S_n}^2(\theta_0)}} = e(S), \qquad \lim_{n \to \infty} \frac{\mu'_{T_n}(\theta_0)}{\sqrt{n \sigma_{T_n}^2(\theta_0)}} = e(T)$$

なる正の定数 $e(S)$, $e(T)$ が存在する.

この $e(S)$, $e(T)$ を**効率 (efficacy)** と呼び，これを使って漸近相対効率が次のように求まる.

定理 2.3 $\{S_n\}_{n=1,2,\dots}$, $\{T_n\}_{n=1,2,\dots}$ が条件 (P1)～(P5) を満たすとすると，ピットマンの漸近相対効率は

$$ARE(S|T) = \left[\frac{e(S)}{e(T)} \right]^2$$

となる.

証明 条件 (P3) より

$$\mu_{S_{m_i}}(\theta_i) = \mu_{S_{m_i}}(\theta_0) + (\theta_i - \theta_0)\mu'_{S_{m_i}}(\theta_i^*), \quad \theta_0 < \theta_i^* < \theta_i \tag{2.1}$$

$$\mu_{T_{n_i}}(\theta_i) = \mu_{T_{n_i}}(\theta_0) + (\theta_i - \theta_0)\mu'_{T_{n_i}}(\theta_i^{**}), \quad \theta_0 < \theta_i^{**} < \theta_i \tag{2.2}$$

が成り立つ. また h_α を $H(\cdot)$ の上側 α-点とする. このとき

$$\lim_{i \to \infty} P_{\theta_0}\left(\frac{S_{m_i} - \mu_{S_{m_i}}(\theta_0)}{\sigma_{S_{m_i}}(\theta_0)} \geq h_\alpha \right) = \alpha,$$

$$\lim_{i \to \infty} P_{\theta_i}\left(\frac{S_{m_i} - \mu_{S_{m_i}}(\theta_i)}{\sigma_{S_{m_i}}(\theta_i)} \geq h_\alpha \right) = \alpha$$

が成り立つ．ここで検定統計量は $\theta_i \to \theta_0$ のときに，有界な検出力を持つから

$$\lim_{i \to \infty} P_{\theta_i}\left(\frac{S_{m_i} - \mu_{S_{m_i}}(\theta_0)}{\sigma_{S_{m_i}}(\theta_0)} \geq h_\alpha \right) = \beta$$

$0 < \beta < 1$ が成り立つ．ここで

$$\lim_{i \to \infty} P_{\theta_i}\left(\frac{S_{m_i} - \mu_{S_{m_i}}(\theta_i)}{\sigma_{S_{m_i}}(\theta_i)} \times \frac{\sigma_{S_{m_i}}(\theta_i)}{\sigma_{S_{m_i}}(\theta_0)} \geq h_\alpha + \frac{\mu_{S_{m_i}}(\theta_0) - \mu_{S_{m_i}}(\theta_i)}{\sigma_{S_{m_i}}(\theta_0)} \right) = \beta$$

と変形できて，条件 (P4) より $\lim_{n \to \infty} \frac{\sigma_{S_{m_i}}(\theta_i)}{\sigma_{S_{m_i}}(\theta_0)} = 1$ であるから，H_{θ_i} の下で

$$\frac{S_{m_i} - \mu_{S_{m_i}}(\theta_i)}{\sigma_{S_{m_i}}(\theta_i)} \times \frac{\sigma_{S_{m_i}}(\theta_i)}{\sigma_{S_{m_i}}(\theta_0)} \xrightarrow{L} H$$

となる．よって極限

$$h_\alpha + \lim_{i \to \infty} \frac{\mu_{S_{m_i}}(\theta_0) - \mu_{S_{m_i}}(\theta_i)}{\sigma_{S_{m_i}}(\theta_0)}$$

が存在する．同様に

$$h_\alpha + \lim_{i \to \infty} \frac{\mu_{T_{n_i}}(\theta_0) - \mu_{T_{n_i}}(\theta_i)}{\sigma_{T_{n_i}}(\theta_0)}$$

が存在し，同じ漸近検出力 $\beta(\alpha < \beta)$ を持つから

$$\lim_{i \to \infty} \frac{\mu_{S_{m_i}}(\theta_0) - \mu_{S_{m_i}}(\theta_i)}{\sigma_{S_{m_i}}(\theta_0)} = \lim_{i \to \infty} \frac{\mu_{T_{n_i}}(\theta_0) - \mu_{T_{n_i}}(\theta_i)}{\sigma_{T_{n_i}}(\theta_0)} < 0$$

となる．したがって比をとると

$$\lim_{i \to \infty} \left[\left\{ \frac{\mu_{S_{m_i}}(\theta_0) - \mu_{S_{m_i}}(\theta_i)}{\sigma_{S_{m_i}}(\theta_0)} \right\} \middle/ \left\{ \frac{\mu_{T_{n_i}}(\theta_0) - \mu_{T_{n_i}}(\theta_i)}{\sigma_{T_{n_i}}(\theta_0)} \right\} \right] = 1$$

となる．この式に (2.1), (2.2) を代入して条件 (P4) より

$$1 = \lim_{i \to \infty} \left[\left\{ \frac{\mu'_{S_{m_i}}(\theta_i^*)}{\sigma_{S_{m_i}}(\theta_0)} \right\} \middle/ \left\{ \frac{\mu'_{T_{n_i}}(\theta_i^{**})}{\sigma_{T_{n_i}}(\theta_0)} \right\} \right]$$

が成り立つ. ただし $\theta_i^*, \theta_i^{**}$ は θ_0 と θ_i の間の数である. よって

$$1 = \lim_{i \to \infty} \left[\left\{ \sqrt{\frac{m_i}{n_i}} \right\} \left\{ \frac{\mu'_{S_{m_i}}(\theta_i^*)}{\sqrt{m_i}\,\sigma_{S_{m_i}}(\theta_0)} \right\} \bigg/ \left\{ \frac{\mu'_{T_{n_i}}(\theta_i^{**})}{\sqrt{n_i}\,\sigma_{T_{n_i}}(\theta_0)} \right\} \right]$$

となり, 条件 (P5) より

$$ARE(S|T) = \lim_{i \to \infty} \frac{n_i}{m_i} = \frac{[e(S)]^2}{[e(T)]^2}$$

が得られ, 定理が成り立つ. ∎

　この漸近相対効率は**漸近検出力 (asymptotic power)** の見地からの解釈も可能である. z_α を標準正規分布の上側 α-点とし, 標準化統計量 $\frac{S_n - E_\theta(S_n)}{\sigma_{S_n}(\theta)}$ が漸近的に標準正規分布に従うとする. このとき, 帰無仮説に近づく対立仮説の系列 $H_n : \theta = \theta_n = \theta_0 + \frac{\delta}{\sqrt{n}}$ $(\delta > 0)$ を考える. z_α を標準正規分布の上側 α-点とするとき

$$\alpha = \lim_{n \to \infty} P_{\theta_0}\left(\frac{S_n - E_{\theta_0}(S_n)}{\sigma_{S_n}(\theta_0)} \geq z_\alpha \right)$$

である. さらに

$$E_{\theta_n}(S_n) = E_{\theta_0}(S_n) + (\theta_n - \theta_0)\frac{dE_\theta(S_n)}{d\theta}\bigg|_{\theta = \theta_0} + O([\theta_n - \theta_0]^2)$$

$$= E_{\theta_0}(S_n) + \frac{\delta}{\sqrt{n}}\frac{dE_\theta(S_n)}{d\theta}\bigg|_{\theta = \theta_0} + O(n^{-1})$$

が成り立ち

$$\frac{S_n - E_{\theta_0}(S_n)}{\sigma_{S_n}(\theta_0)} \geq z_\alpha,$$

$$\frac{S_n - E_{\theta_n}(S_n)}{\sigma_{S_n}(\theta_n)} \geq z_\alpha \times \frac{\sigma_{S_n}(\theta_0)}{\sigma_{S_n}(\theta_n)} - \frac{E_{\theta_n}(S_n) - E_{\theta_0}(S_n)}{\sigma_{S_n}(\theta_0)} \times \frac{\sigma_{S_n}(\theta_0)}{\sigma_{S_n}(\theta_n)}$$

と変形できるから, 条件 (P4), (P5) より

$$\lim_{n \to \infty} \frac{\sqrt{n}[E_{\theta_n}(S_n) - E_{\theta_0}(S_n)]}{\sigma_{S_n}(\theta_n)} \times \frac{\sigma_{S_n}(\theta_0)}{\sigma_{S_n}(\theta_n)} = \delta e(S)$$

となる．よって漸近検出力は

$$\lim_{n \to \infty} P_{\theta_n} \Big(\frac{S_n - E_{\theta_0}(S_n)}{\sigma_{S_n}(\theta_0)} \geq z_\alpha \Big) = 1 - \Phi \Big(z_\alpha - \delta e(S) \Big)$$

で与えられる．同様に T_n の漸近検出力は $1 - \Phi \Big(z_\alpha - \delta e(T) \Big)$ となり，$e(S)$ と $e(T)$ の値で検定の比較ができて，ピットマンの漸近相対効率での比較と同等になる．

この他にもバハードゥール，チャーノフなどの漸近相対効率（Serfling(1980) 参照）が提案されているが，一番よく利用されるのはピットマンの漸近相対効率である．

第3章 ◇ 順位に基づく統計的推測

　　データの値を使うのではなく，その値をデータの中での順位に置き換えたり，符号を利用したりするノンパラメトリックな手法について解説する．順位に基づく推測は頑健推測の極限のようなもので，ノンパラメトリック推測の起源となるものである．この手法は母集団分布がどのようなものであっても適用できるもので，正規分布などの母集団分布を仮定することが難しいときに有効なものになる．

3.1 順位検定

　直観的にはデータを順位に置き換えると，データの持つ情報をかなり捨てることになると考えられる．しかし1940年代からの研究により t-検定と比較してもそんなに効率は下がらない，すなわち検出力は悪くないことが示されている．また仮定する母集団分布が正規分布でないときには，t-検定よりも検出力が高いことが多いことが示されている．一番重要なのは母集団分布についての仮定が不要で，どのような分布であっても有意確率が信頼できることである．

3.1.1 順序統計量

　$X_1, X_2, \ldots, X_n$ を互いに独立で同じ分布 $F(\cdot)$ にしたがう確率変数とする．これらの確率変数を小さい方から並べ替えたもの

$$X_{1:n} \leq X_{2:n} \leq \cdots \leq X_{n:n}$$

を**順序統計量 (order statistics)** と呼ぶ．この順序統計量を使うと $[a]$ を a を超えない最大の整数とするとき，$100p$ パーセント点の直観的な推定量としては $X_{[np]:n}$ が利用できる．これは分位点の推定にも利用され，第4章で議論される**ブートストラップ法 (bootstrap method)** による信頼区間の構成でも基本となるものである．$X_{k:n}$ の分布関数および確率密度関数は $F(\cdot)$ を使っ

て次のようになる.

定理 3.1 (1) k 番目の順序統計量の分布関数は

$$F_k(x) = P(X_{k:n} \leq x) = \sum_{\ell=k}^{n} \binom{n}{\ell} [F(x)]^{\ell} [1 - F(x)]^{n-\ell}$$

となる.

(2) $F(\cdot)$ が確率密度関数 $f(\cdot)$ を持つ連続型のときは $X_{k:n}$ の密度関数は

$$f_k(x) = k \binom{n}{k} [F(x)]^{k-1} [1 - F(x)]^{n-k} f(x)$$

である.

証明 (1) 先ず次の同値関係が成り立つことに注意する.

$$\{\omega \mid X_{\ell:n} \leq x < X_{\ell+1:n}\}$$

$$= \{\omega \mid \ell = \#[X_i \leq x; i = 1, \ldots, n]\} \cap \{\omega \mid n - \ell = \#[X_i > x; i = 1, \ldots, n]\}$$

ここで $\#[\cdot]$ は条件を満たす個数を表し,$X_{n+1:n} = \infty$ とする.したがって $P(X_{\ell:n} \leq x < X_{\ell+1:n})$ は $p = P(X \leq x) = F(x)$ の二項分布 $B(n, p)$ で ℓ 回成功する確率となるから

$$P(X_{\ell:n} \leq x < X_{\ell+1:n}) = \binom{n}{\ell} [F(x)]^{\ell} [1 - F(x)]^{n-\ell}$$

となる.よって分布関数は

$$F_k(x) = P(X_{k:n} \leq x) = \sum_{\ell=k}^{n} P(X_{\ell:n} \leq x < X_{\ell+1:n})$$

$$= \sum_{\ell=k}^{n} \binom{n}{\ell} [F(x)]^{\ell} [1 - F(x)]^{n-\ell}$$

で与えられる.

(2) (1) の分布関数を微分すると

$$f_k(x) = n[F(x)]^{n-1}f(x) + \sum_{\ell=k}^{n-1} \binom{n}{\ell}\{\ell[F(x)]^{\ell-1}[1-F(x)]^{n-\ell}$$
$$-(n-\ell)[F(x)]^{\ell}[1-F(x)]^{n-\ell-1}\}f(x)$$

$$= \binom{n}{k}k[F(x)]^{k-1}[1-F(x)]^{n-k}f(x) + n[F(x)]^{n-1}f(x)$$

$$+ \sum_{\ell=k+1}^{n-1} \binom{n}{\ell}\ell[F(x)]^{\ell-1}[1-F(x)]^{n-\ell}f(x)$$

$$- \sum_{j=k}^{n-2} \binom{n}{j}(n-j)[F(x)]^{j}[1-F(x)]^{n-j-1}f(x)$$

$$- n[F(x)]^{n-1}f(x)$$

$$= \binom{n}{k}k[F(x)]^{k-1}[1-F(x)]^{n-k}f(x)$$

$$+ \sum_{j=k}^{n-2} \binom{n}{j+1}(j+1)[F(x)]^{j}[1-F(x)]^{n-j-1}f(x)$$

$$- \sum_{j=k}^{n-2} \binom{n}{j}(n-j)[F(x)]^{j}[1-F(x)]^{n-j-1}f(x)$$

となる. ここで

$$\binom{n}{j+1}(j+1) - \binom{n}{j}(n-j) = 0$$

が成り立つから (2) が成り立つ. ∎

分布関数 $F(\cdot)$ に対して, U を一様分布 $U(0,1)$ にしたがう確率変数とすると, $F^{-1}(U)$ は分布 $F(\cdot)$ にしたがう. よって $U_{1:n} \leq U_{2:n} \leq \cdots \leq U_{n:n}$ を一様分布からの順序統計量とすると $F^{-1}(U_{1:n}) \leq F^{-1}(U_{2:n}) \leq \cdots \leq F^{-1}(U_{n:n})$ と $X_{1:n} \leq X_{2:n} \leq \cdots \leq X_{n:n}$ は同じ同時分布を持つことになる. したがって

一様分布からの順序統計量についての性質が重要となる．ベータ関数 $B(\alpha, \beta)$ を使うと

$$k \binom{n}{k} = \frac{1}{B(k, n-k+1)}$$

であるから $U_{k:n}$ の密度関数は

$$f_k(u) = \frac{1}{B(k, n-k+1)} u^{k-1}(1-u)^{n-k} I(0 < u < 1)$$

のベータ分布となる．したがって

$$E(U_{k:n}) = \frac{k}{n+1}, \qquad V(U_{k:n}) = \frac{k(n-k+1)}{(n+1)^2(n+2)}$$

である．

またガンマ分布及びベータ分布の性質から次の関係式がなりたつ．

定理3.2　(1) $Y_1, Y_2, \ldots, Y_{n+1}$ を互いに独立で，母数 $\theta = 1$ の同じ指数分布 $Ex(1)$ にしたがう確率変数とする．このとき $A_n = \sum_{\ell=1}^{k} Y_\ell$, $B_n = \sum_{\ell=k+1}^{n+1} Y_\ell$ はそれぞれ $Ga(k,1)$, $Ga(n-k+1,1)$ のガンマ分布にしたがう．

(2)
$$\frac{A_n}{A_n + B_n}$$

は $Be(k, n-k+1)$ のベータ分布にしたがう．

証明　(1) 指数分布の特性関数は $(1-it)^{-1}$ であるから A_n および B_n の特性関数はそれぞれ $(1-it)^{-k}$ と $(1-it)^{-(n-k+1)}$ である．これらはガンマ分布 $Ga(k,1)$, $Ga(n-k+1,1)$ の特性関数である．

(2) $S = A_n/(A_n + B_n), T = A_n + B_n$ とおくと $X = ST$, $Y = T(1-S)$ となる．A_n と B_n は独立だから同時確率密度関数 $f(\cdot, \cdot)$ は

$$f(x, y) = \frac{1}{\Gamma(k)\Gamma(n-k+1)} x^{k-1} y^{n-k} \exp(-(x+y))$$

である．したがって変数変換の公式より U, V の同時確率密度関数は

$$g(s,t) = f(st, t(1-s)) \left\| \begin{matrix} \frac{\partial x}{\partial s} & \frac{\partial x}{\partial t} \\ \frac{\partial y}{\partial s} & \frac{\partial y}{\partial t} \end{matrix} \right\|$$

$$= \frac{1}{\Gamma(k)\Gamma(n-k+1)} t^n s^{k-1} (1-s)^{n-k} \exp(-t)$$

となる．よって S の分布は

$$g(s) = \int_0^\infty g(s,t)dt = \frac{1}{\Gamma(k)\Gamma(n-k+1)} s^{k-1}(1-s)^{n-k} \int_0^\infty t^n \exp(-t)dt$$

$$= \frac{1}{\Gamma(k)\Gamma(n-k+1)} s^{k-1}(1-s)^{n-k} \Gamma(n+1)$$

$$= \frac{1}{B(k, n-k+1)} s^{k-1}(1-s)^{n-k}$$

で与えられるベータ分布 $Be(k, n-k+1)$ である． ■

　上の定理より $U_{k:n}$ は $A_n/(A_n + B_n)$ と同じ分布である．このことを使うと標本パーセント点の漸近正規性を示すことができる．$100p$ パーセント点の推定量としては，標本パーセント点

$$\hat{\xi}_{pn} = \begin{cases} X_{np:n} & , \ np \ \text{が整数} \\ X_{[np]+1:n}, & np \ \text{が整数ではない} \end{cases}$$

がある．ただし $[a]$ は a を超えない最大整数を表すガウス記号である．この標本パーセント点については漸近正規性を示せる．

定理3.3　$F(\cdot)$ は密度関数 $f(\cdot)$ をもつ連続型の分布で，$0 < p < 1$ とし $f(F^{-1}(p)) > 0$ であると仮定する．$k = [np] + 1$ に対して，$n \to \infty$ のとき

$$\sqrt{n} f(F^{-1}(p)) \frac{X_{k:n} - F^{-1}(p)}{\sqrt{p(1-p)}} \xrightarrow{L} N(0,1)$$

が成り立つ．ただし $\xrightarrow{L} N(0,1)$ は標準正規分布に法則収束することを表す．

証明 $X_{k:n}$ と $F^{-1}(U_{k:n})$ の分布は同じであるから，まず最初に一様分布からの順序統計量について考える．指数分布とベータ分布の関係より $\sqrt{n}(U_{k:n}-p)$ と

$$\frac{\sqrt{n}\{A_n - p(A_n + B_n)\}}{A_n + B_n} = \frac{n^{-1/2}\{A_n - p(A_n + B_n)\}}{(A_n + B_n)/n}$$

は同じ分布となる．ここで分子について変形すると

$$\frac{1}{\sqrt{n}}\{A_n - p(A_n + B_n)\}$$

$$= \frac{1}{\sqrt{n}}[(1-p)(A_n - k) - p\{B_n - (n - k + 1)\} - (np - k + p)]$$

となる．A_n は独立で同一分布にしたがう確率変数の和であるから

$$\frac{1}{\sqrt{k}}(A_n - k) \xrightarrow{L} N(0,1)$$

が成り立つ．ここで A_n, B_n は k に依存しており，k は n と共に大きくなる数列であることに注意する．このとき $\lim_{n\to\infty} \frac{k}{n} = p$ であるから

$$\frac{1-p}{\sqrt{n}}(A_n - k) \xrightarrow{L} N(0, p(1-p)^2)$$

となる．同様に

$$\frac{p}{\sqrt{n}}\{B_n - (n - k + 1)\} \xrightarrow{L} N(0, p^2(1-p))$$

である．A_n と B_n は独立であるから $p(1-p)^2 + p^2(1-p) = p(1-p)$ と $n^{-1/2}(np - k + p) \to 0$ より

$$\frac{1}{\sqrt{n}}[(1-p)(A_n - k) - p\{B_n - (n - k + 1)\}] \xrightarrow{L} N(0, p(1-p))$$

が成り立つ．他方 $E(Y_i) = 1$ であるから，大数の法則より

$$\frac{A_n + B_n}{n} \xrightarrow{P} 1$$

となる．したがってスラツキーの定理 1.22 より

$$\sqrt{n}(U_{k:n} - p) \xrightarrow{L} N(0, p(1-p))$$

が得られる．

最後にテーラー展開より

$$F^{-1}(U_{k:n}) = F^{-1}(p) + (U_{k:n} - p)\{f(F^{-1}(C_n))\}^{-1}$$

となる．ここで C_n は $U_{k:n}$ と p の間の確率変数である．$f(F^{-1}(C_n)) \xrightarrow{P} f(F^{-1}(p))$ より定理が成り立つ．∎

正規母集団 $N(\mu, \sigma^2)$ のときのメディアン $\widetilde{X}$ について考えてみると

$$F^{-1}(0.5) = \mu, \qquad f(\mu) = \frac{1}{\sqrt{\pi}\sigma}$$

となるから

$$\sqrt{n}(X_{n/2:n} - \mu) \xrightarrow{L} N\left(0, \frac{\pi\sigma^2}{2}\right)$$

が成り立つ．$\sqrt{n}(\overline{X} - \mu) \xrightarrow{L} N(0, \sigma^2)$ だから，母平均 μ の推定量としては $\overline{X}$ の方が優れていることになる．

3.1.2 二標本問題

まず順位に基づく推測手法を理解するために二標本問題を考察する．$X_1, X_2, \ldots, X_m$ を互いに独立で同じ分布 $F(\cdot)$ にしたがう確率変数，$Y_1, Y_2, \ldots, Y_n$ を互いに独立で同じ分布 $G(\cdot)$ にしたがう確率変数とする．このとき 2 つの母集団分布は同じ平均を持つという帰無仮説の検定を考える．すなわちそれぞれの母平均を μ_x, μ_y とすると，帰無仮説 $H_0 : \mu_x = \mu_y$ に対して対立仮説 $H_1 : \mu_x < \mu_y$ の検定問題である．順位に基づく検定ではもう少し一般化して検定を構成することができる．ここでは帰無仮説 $H_0 : F \equiv G$ に対して対立仮説 $H_1 : G < F$，すなわち任意の x に対して $G(x) \leq F(x)$ かつ $G(x_0) < F(x_0)$ となる x_0 が少なくとも 1 点は存在するという一般化した検定

問題を考える. この対立仮説のことを Y が X より確率的に大きいと呼ぶこともある. $X_i = \mu_x + \varepsilon_i$, $Y_j = \mu_y + \varepsilon'_j$ で ε_i, ε'_j が互いに独立で同じ分布にしたがう時, $X_i - \mu_x$ と $Y_j - \mu_y$ は同じ分布にしたがうから,

$$\mu_x < \mu_y \iff G < F$$

の関係がある. $G < F$ は関数として F が大きな値をとることで, 確率変数としては Y が X よりも大きい値をとる確率が大ということになる. S_i $(i = 1, 2, \ldots, m)$ を X_i の全体 $\{X_1, X_2, \ldots, X_m, Y_1, Y_2, \ldots, Y_n\}$ の中での小さい方からの順位とし, 同様に R_j $(j = 1, 2, \ldots, n)$ を Y_j の全体 $\{X_1, X_2, \ldots, X_m, Y_1, Y_2, \ldots, Y_n\}$ の中での小さい方からの順位とする. 対立仮説が正しい時には Y の方が大きな値をとる確率が大となるから

$$W = \sum_{j=1}^{n} R_j$$

も大きな値をとりやすくなる. したがって R_j, W の実現値 r_j, $w = \sum_{j=1}^{n} r_j$ に対して, 帰無仮説の下での有意確率

$$P_0(W \geq w)$$

を求めて, 有意確率が小さい時に帰無仮説を棄却するという検定を行うことができる. ここで $P_0(\cdot)$ は帰無仮説 H_0 の下での確率を表す. この検定を**ウィルコクソンの順位和検定 (Wilcoxon's rank sum test)** と呼ぶ. 帰無仮説の下での W の分布は母集団分布 $F \equiv G$ に依存しない. したがって母集団分布が正規分布でなくても検定の妥当性は保証されることになる. これが順位検定の最大の利点となる.

定理3.4 母集団分布 $F(\cdot)$ が密度関数を持つと仮定すると

$$P_0(R_i = r_i, \ i = 1, \ldots, m, \ S_j = s_j, \ j = 1, \ldots, n) = \frac{1}{(m+n)!}$$

となる. ただし, $r_1, \ldots, r_m, s_1, \ldots, s_n$ は $1, \ldots, m+n$ の順列の1つである.

証明　帰無仮説 H_0 の下では，$X_1, X_2, \ldots, X_m, Y_1, Y_2, \ldots, Y_n$ は互いに独立で同じ分布 $F(\cdot)$ にしたがう確率変数となる．密度関数を持つことより，同じ値をとる確率は 0 であることに注意する．このとき全ての順列は同じ確率で起こることになるから，確率は $1/(m+n)!$ となる． ∎

● **例3.5**　2つのライン A, B で同じ化学製品を生産している．2つのラインによって化合物の有効成分に違いがあるかどうかを調べることになった．B のラインの方が母平均が大きいと思われる．有意水準 5% で検定する．

ライン $A(x) : 8.52,\ 7.65,\ 8.54,\ 8.18,\ 9.53,\ 8.04,\ 7.26,\ 7.84,\ 7.15,\ 7.64$

ライン $B(y) : 8.15,\ 8.76,\ 8.57,\ 8.69,\ 7.83,\ 8.80,\ 9.52,\ 9.76,\ 9.83$

帰無仮説 $H_0 : F \equiv G$ vs. 対立仮説 $H_1 : G < F$ の検定を考える．データを順位に置き換えると

表3.1　順位

ライン A(x)	10,	4,	11,	9,	17,	7,	2,	6,	1,	3
順位 (x)	$s_1,$	$s_2,$	$s_3,$	$s_4,$	$s_5,$	$s_6,$	$s_7,$	$s_8,$	s_9	s_{10}
ライン B(y)	8,	14,	12,	13,	5,	15,	16,	18,	19	
順位 (y)	$r_1,$	$r_2,$	$r_3,$	$r_4,$	$r_5,$	$r_6,$	$r_7,$	$r_8,$	r_9	

となる．したがって実現値は $w = 120$ となり，有意確率は数表より（例えば，柳川 (1982) の付表を参照）$P_0(W \geq 120) = 0.007$ であるから，有意水準 1% で帰無仮説 H_0 は棄却される．

　対応するパラメトリックな検定は等分散のときの母平均の差の検定となる．検定統計量は

$$T_0 = \frac{\overline{X} - \overline{Y}}{\sqrt{\left(\frac{1}{m} + \frac{1}{n}\right) V}}$$

で与えられる．ただし

$$V = \frac{1}{m+n-2} \left\{ \sum_{i=1}^{m} (X_i - \overline{X})^2 + \sum_{j=1}^{n} (Y_j - \overline{Y})^2 \right\}$$

である．データに対する検定統計量 T_0 の実現値は $t_0 = -2.621$ となり，有意水準 1% で帰無仮説 H_0 は棄却される．

有意確率は $F(\cdot), G(\cdot)$ に依存せずに求めることができるが，この計算は m, n が大きくなるとともに，幾何級数的に困難になる．このため標本数が大きい時は正規分布での近似を利用することが多い．同順位は組み合わせを使って処理しなければならず難しいので，以下の議論では簡単のために $F(\cdot), G(\cdot)$ は連続型の確率分布とする．このとき同順位の起こる確率は 0 となるために，理論的な性質を議論するときには無視できる．まず正規近似のために帰無仮説 H_0 の下での統計量の平均と分散を求めておく．理論的な性質の議論を容易にするために，ウィルコクソン検定と同値な**マン・ホイットニー検定 (Mann-Whitney test)** を考える．マン・ホイットニー検定統計量は

$$M = \sum_{i=1}^{m} \sum_{j=1}^{n} \omega(X_i, Y_j)$$

と定義される．ただし

$$\omega(x, y) = \begin{cases} 1, & x < y \\ 0, & x \geq y \end{cases}$$

である．このとき W と M は同値な検定となる．

定理 3.6　$F(\cdot)$, $G(\cdot)$ が連続型分布のとき

$$W = M + \frac{n(n+1)}{2} \qquad \text{a.s.}$$

が成り立つ．

証明　密度関数が存在することを仮定しているので，$Y_i = Y_j (i \neq j)$ となる確率は無視して議論することができることに注意する．$Y_{1:n} < Y_{2:n} < \cdots < Y_{n:n}$ を $Y_1, Y_2, \ldots, Y_n$ の順序統計量とし，$Y_{j:n}$ に対応する順位を $R_{(j)}$ とすると

$$R_{(j)} = \sum_{i=1}^{m} \omega(X_i, Y_{j:n}) + j$$

となる．したがって確率1で

$$W = \sum_{j=1}^{n} R_j = \sum_{j=1}^{n} R_{(j)} = \sum_{j=1}^{n} \left\{ \sum_{i=1}^{m} \omega(X_i, Y_{j:n}) + j \right\}$$

$$= \sum_{j=1}^{n} \sum_{i=1}^{m} \omega(X_i, Y_j) + \frac{n(n+1)}{2} = M + \frac{n(n+1)}{2}$$

が成り立つ． ■

この定理から W と M は同値な検定であり

$$\frac{W - E(W)}{\sqrt{V(W)}} = \frac{M - E(M)}{\sqrt{V(M)}} \qquad \text{a.s.}$$

の関係が成り立つことが分かる．したがって M についての理論的性質は W についての理論的性質と同じになる．標準化した M の漸近正規性は，条件付き期待値を利用した**射影法 (projection method)** を使って示すことができる．射影法は順位統計量の漸近正規性を示すときに利用されるもので，Hájek et al. (1999) において解説されている．ここでは

$$E[\omega(X_i, Y_j)|X_i = x] = \int_{-\infty}^{\infty} \omega(x, y)g(y)dy = \int_{x}^{\infty} g(y)dy = 1 - G(x)$$

$$E[\omega(X_i, Y_j)|Y_j = y] = \int_{-\infty}^{\infty} \omega(x, y)f(x)dx = \int_{-\infty}^{y} f(x)dx = F(y)$$

であるから，射影法による M の近似は

$$\widetilde{M} = n \sum_{i=1}^{m} \{1 - G(X_i)\} + m \sum_{j=1}^{n} F(Y_j)$$

で与えられる．これは互いに独立な確率変数の和で表せるからリンデベルグ・フェラーの定理 1.25 が適用できる．すなわち次の定理が成り立つ．

70　　　　　　　　　第3章　順位に基づく統計的推測

定理 3.7　$0 < \lim_{m,n\to\infty} \frac{m}{n} = \lambda < 1$ の極限を考えるとき，次の性質が成り立つ.

(1)　$\displaystyle\lim_{m,n\to\infty} \frac{V(M)}{V(\widetilde{M})} = 1$

(2)　$\displaystyle\lim_{m,n\to\infty} E\left[\frac{M - E(M)}{\sqrt{V(M)}} - \frac{\widetilde{M} - E(\widetilde{M})}{\sqrt{V(\widetilde{M})}} \right]^2 = 0$

(3)　$\dfrac{M - E(M)}{\sqrt{V(M)}} \xrightarrow{L} N(0,1)\,(m,n \to \infty)$

証明　(1) 定義より

$$
\begin{aligned}
V(M) &= \mathrm{Cov}\Big[\sum_{i=1}^{m}\sum_{j=1}^{n}\omega(X_i,Y_j), \sum_{k=1}^{m}\sum_{\ell=1}^{n}\omega(X_k,Y_\ell)\Big]\\
&= m(m-1)n(n-1)\mathrm{Cov}[\omega(X_1,Y_1),\omega(X_2,Y_2)]\\
&\quad + mn(n-1)\mathrm{Cov}[\omega(X_1,Y_1),\omega(X_1,Y_2)]\\
&\quad + m(m-1)n\mathrm{Cov}[\omega(X_1,Y_1),\omega(X_2,Y_1)]\\
&\quad + mn\mathrm{Cov}[\omega(X_1,Y_1),\omega(X_1,Y_1)]\\
&= mn(n-1)\mathrm{Cov}[\omega(X_1,Y_1),\omega(X_1,Y_2)]\\
&\quad + m(m-1)n\mathrm{Cov}[\omega(X_1,Y_1),\omega(X_2,Y_1)]\\
&\quad + mn\mathrm{Cov}[\omega(X_1,Y_1),\omega(X_1,Y_1)]
\end{aligned}
$$

$$(3.1)$$

となる. 他方

$$
V(\widetilde{M}) = mn^2 V[1 - G(X_1)] + m^2 n V[F(Y_1)]
$$

が得られる. $e = E[\omega(X_1,Y_1)]$ とおき，X_1 を与えたとき $\omega(X_1,Y_1)$ と $\omega(X_1,Y_2)$ は独立であることを使うと

$$
\mathrm{Cov}[\omega(X_1,Y_1),\omega(X_1,Y_2)] = E[\omega(X_1,Y_1)\omega(X_1,Y_2)] - e^2
$$

$$= E\{E[\omega(X_1, Y_1)\omega(X_1, Y_2)|X_1]\} - e^2$$

$$= E\{E[\omega(X_1, Y_1)|X_1]E[\omega(X_1, Y_2)|X_1]\} - e^2$$

$$= E\{[1 - G(X_1)]^2\} - e^2$$

$$= V[1 - G(X_1)],$$

$$\mathrm{Cov}[\omega(X_1, Y_1), \omega(X_2, Y_1)] = E[\omega(X_1, Y_1)\omega(X_2, Y_1)] - e^2$$

$$= E\{E[\omega(X_1, Y_1)\omega(X_2, Y_1)|Y_1]\} - e^2$$

$$= E\{[F(Y_1)]^2\} - e^2$$

$$= V[F(Y_1)]$$

となる．したがって (1) が成立する．

(2) 定義より

$$E\left[\frac{M - E(M)}{\sqrt{V(M)}} - \frac{\widetilde{M} - E(\widetilde{M})}{\sqrt{V(\widetilde{M})}}\right]^2 = 2 - 2\frac{\mathrm{Cov}(\widetilde{M}, M)}{\sqrt{V(M)V(\widetilde{M})}}$$

であるから，(1) の結果より

$$\mathrm{Cov}(\widetilde{M}, M) = V(\widetilde{M})$$

を示せばよい．$\{X_i\}_{1 \le i \le m}$ と $\{Y_j\}_{1 \le j \le n}$ は独立であるから

$$\mathrm{Cov}(\widetilde{M}, M) = n \sum_{i=1}^{m} \sum_{j=1}^{m} \sum_{k=1}^{n} \mathrm{Cov}[1 - G(X_i), \omega(X_j, Y_k)]$$

$$+ m \sum_{j=1}^{n} \sum_{i=1}^{m} \sum_{k=1}^{n} \mathrm{Cov}[F(Y_j), \omega(X_i, Y_k)]$$

$$= mn^2 \mathrm{Cov}[1 - G(X_1), \omega(X_1, Y_1)]$$

$$+ m^2 n \mathrm{Cov}[F(Y_1), \omega(X_1, Y_1)]$$

となる．条件付き期待値を考えると

$$E[\{1 - G(X_1)\}\omega(X_1, Y_1)] = E\Big(E[\{1 - G(X_1)\}\omega(X_1, Y_1)|X_1]\Big)$$
$$= E[\{1 - G(X_1)\}^2],$$
$$E[F(Y_1)\omega(X_1, Y_1)] = E\Big(E[F(Y_1)\omega(X_1, Y_1)|X_1]\Big) = E[\{F(Y_1)\}^2]$$

となるから，$\mathrm{Cov}(\widetilde{M}, M) = V(\widetilde{M})$ が成り立つ．

(3) リンデベルグ・フェラーの定理 1.25 を使って示す．簡単のために $m = \lambda n (\lambda > 0)$ とする．このとき

$$U_i = 1 - G(X_i) - E[1 - G(X_i)], \quad W_j = \lambda\{F(Y_j) - E[F(Y_j)]\}$$

とおいて

$$T_n = \frac{1}{n}\left\{\widetilde{M} - E(\widetilde{M})\right\} = \sum_{i=1}^{m} U_i + \sum_{j=1}^{n} W_j$$

の漸近正規性を示せばよい．定理 1.25 の記号に対応させると，U_i と W_j の分散は存在するから

$$s_n^2 = V(T_n) = n[\lambda V(U_1) + V(W_1)]$$

となる．したがって任意の $\varepsilon > 0$ に対して

$$\frac{1}{s_n^2}\Big\{\sum_{i=1}^{m} \int_{\{|u| \geq \varepsilon s_n\}} u^2 dF_U(u) + \sum_{j=1}^{n} \int_{\{|w| \geq \varepsilon s_n\}} w^2 dF_W(w)\Big\}$$
$$= \frac{1}{[\lambda V(U_1) + V(W_1)]}\Big\{\lambda \int_{\{|u| \geq \varepsilon s_n\}} u^2 dF_U(u) + \int_{\{|w| \geq \varepsilon s_n\}} w^2 dF_W(w)\Big\}$$
$$\longrightarrow 0$$

が得られる．ただし $F_U(\cdot)$, $F_W(\cdot)$ は U_i, W_j の分布関数である．リンデベルグ・フェラーの定理 1.25 より

$$\frac{T_n}{s_n} = \frac{\widetilde{M} - E(\widetilde{M})}{\sqrt{V(\widetilde{M})}} \xrightarrow{L} N(0, 1)$$

が成り立つ. (2) の結果とチェビシェフの不等式より

$$\frac{M - E(M)}{\sqrt{V(M)}} - \frac{\widetilde{M} - E(\widetilde{M})}{\sqrt{V(\widetilde{M})}} \xrightarrow{P} 0$$

となる. よってスラツキーの定理 1.22 より漸近正規性が成り立つ. ∎

帰無仮説 $H_0 : F \equiv G$ のときは $t = F(x)$ の変数変換を使って

$$e = \int_{-\infty}^{\infty} \int_{-\infty}^{\infty} \omega(x, y) f(x) f(y) dx dy$$
$$= \int_{-\infty}^{\infty} F(y) f(y) dy = \int_{0}^{1} t dt = \frac{1}{2},$$

$$\mathrm{Cov}[\omega(X_1, Y_1), \omega(X_1, Y_2)]$$
$$= \mathrm{Cov}[\omega(X_1, Y_1), \omega(X_2, Y_1)]$$
$$= E\{[1 - F(X_1)]^2\} - e^2$$
$$= \int_{-\infty}^{\infty} \{1 - F(x)\}^2 f(x) dx - \frac{1}{4}$$
$$= \int_{0}^{1} (1 - t)^2 dt = \frac{1}{3} - \frac{1}{4} = \frac{1}{12}$$

となる. また

$$\mathrm{Cov}[\omega(X_1, Y_1), \omega(X_1, Y_1)] = E[\omega(X_1, Y_1)] - e^2 = \frac{1}{4}$$

が成り立つ. 以上の計算と式 (3.1) より帰無仮説 H_0 の下で

$$E_0(M) = \frac{mn}{2},$$
$$V_0(M) = \frac{1}{12} mn\{n - 1 + m - 1 + 3\} = \frac{mn(m + n + 1)}{12}$$

となる．ただし $E_0(\cdot)$, $V_0(\cdot)$ は帰無仮説の下での期待値および分散を表す．したがって W の実現値 w に対して有意確率の正規近似は

$$P_0(W \geq w)$$

$$= P_0 \left(\frac{W - n(m+n+1)/2 - 1/2}{\sqrt{mn(m+n+1)/12}} \geq \frac{w - n(m+n+1)/2 - 1/2}{\sqrt{mn(m+n+1)/12}} \right)$$

$$\approx 1 - \Phi \left(\frac{w - n(m+n+1)/2 - 1/2}{\sqrt{mn(m+n+1)/12}} \right)$$

で与えられる．ここで $\frac{1}{2}$ は連続補正と呼ばれており，離散型の分布を近似するときは，この補正を行った方が近似が良くなることが知られている．例 3.5 の有意確率の近似は

$$m = 10, \quad n = 9, \quad w = 120, \quad \frac{w - n(m+n+1)/2 - 1/2}{\sqrt{mn(m+n+1)/12}} = 2.409$$

であるから $1 - \Phi(2.409) = 0.006$ となり，正確な有意確率に近いものになっている．

次に順位に基づく信頼区間の構成法について議論する．対象とするのは $G(x) = F(x - \theta)$ の関係が成り立つときで，具体的には $\mu_x = E(X_1)$, $\mu_y = E(Y_1)$ とおくと

$$\mu_y = \int_{-\infty}^{\infty} y f(y - \theta) dy = \int_{-\infty}^{\infty} (t + \theta) f(t) dt = \theta + \mu_x$$

が成り立つから，$\theta = \mu_y - \mu_x$ となる母平均の差についての信頼区間が対応することになる．すなわち分布系が同じとき，母平均の差の信頼区間を構築することになる．簡単のために次の記号を準備する．

$$M(\theta) = \sum_{i=1}^{m} \sum_{j=1}^{n} \omega(X_i, Y_j - \theta).$$

このとき $M(\theta)$ は θ についての単調減少関数であり，$G(x) = F(x - \theta)$ が成り立つときに

$$P(Y_j - \theta \le y) = P(Y \le y + \theta) = G(y + \theta) = F(y)$$

となるから $M(\theta)$ の確率分布はマン・ホィットニー検定統計量 M の帰無仮説 H_0 の下での分布と同じである．ここで M の帰無仮説 H_0 の分布を利用して

$$P_0\Big(M \ge m_{1-\alpha/2}\Big) \ge 1 - \frac{\alpha}{2}, \qquad P_0\Big(M \le m_{\alpha/2}\Big) \le \frac{\alpha}{2}$$

を満たす最大の $m_{1-\alpha/2}$ と最大の $m_{\alpha/2}$ を求める．この値を利用して

$$\theta_L = \arg\max_{\theta}\{M(\theta) \ge m_{1-\alpha/2}\}, \qquad \theta_U = \arg\max_{\theta}\{M(\theta) \le m_{\alpha/2}\}$$

とおくと

$$P(\theta_L < \theta < \theta_U) \ge 1 - \alpha$$

という信頼係数 $1 - \alpha$ 以上の信頼区間が構成できる．これは上記の位置母数モデルが正しければ，分布に依存しない信頼区間になる．

　順位検定はデータの値を使わずに，その順位だけを利用することから，当初推測の精度はかなり落ちると思われていた．しかし 1940 年代以降の研究で，それほど精度は落ちないことが示されている．標本数を固定したときの検出力の理論的な比較は非常に困難なので，標本数を大きくしたときの漸近的な比較を行うのが通例である．次の項ではピットマンの漸近相対効率での比較について議論する．モデルとしてはよりシンプルな一標本問題について考察する．

3.1.3　一標本問題

　$X_1, X_2, \ldots, X_n$ を互いに独立で同じ分布 $F(x - \theta)$ に従う確率変数で，分布は密度関数 $f(x - \theta)$ を持ち θ に対して対称な分布，すなわち $f(-x) = f(x)$ と仮定する．このとき帰無仮説 $H_0 : \theta = 0$ vs. 対立仮説 $H_1 : \theta > 0$ の一標本位置母数検定問題を考える．この検定問題は第 2 章で述べた対応のあるデータに基づく母平均の差の推測から出てきており，分布が対称であるという仮定はここから自然に導かれる．互いに独立な確率変数 $Y_1, Y_2, \ldots, Y_n; Z_1, Z_2, \ldots, Z_n$ に対して

$$Y_i = \mu + \theta + \alpha_i + \varepsilon_i, \qquad Z_i = \mu + \alpha_i + \varepsilon_i'$$

という構造をもつモデルを考える．ただし ε_i, ε_i' $(i = 1, 2, \ldots, n)$ は平均 0 で同じ分布にしたがう確率変数である．このとき α_i は今は関心のない**局外母数**（**撹乱母数, nuisance parameter**）で，関心のあるのは母数 θ とする．α_i の影響を除くために

$$X_i = Y_i - Z_i = \theta + \varepsilon_i - \varepsilon_i'$$

の差を考えると，$\varepsilon_i - \varepsilon_i'$ の分布は原点に対して対称になる．

この検定問題に対しては $F(x - \theta)$ が $N(\theta, \tau)$ のときは t-検定 T が最良になる．それは

$$T_0 = \frac{\sqrt{n}\,\overline{X}}{\sqrt{\sum_{i=1}^{n}(X_i - \overline{X})^2/(n-1)}}$$

で与えられる．

この問題に対するノンパラメトリックな検定統計量としては，**符号検定 (sign test)** とウィルコクソンの**符号付き順位検定 (Wilocoxon's signed rank test)** がよく利用される．符号関数を

$$\mathrm{sign}(x) = \begin{cases} 1, & x > 0 \\ 0, & x = 0 \\ -1, & x < 0 \end{cases}$$

とおくと，符号検定は

$$S = \sum_{i=1}^{n} \mathrm{sign}(X_i)$$

を使って，実現値 s に対して帰無仮説 H_0 の下での有意確率

$$P_0(S \geq s)$$

を評価することになる．この値が小さいと判断されるとき帰無仮説を棄却することになる．帰無仮説 H_0 が正しい時に S の分布は母集団分布に依存しない．ここで

$$\Psi(x) = \begin{cases} 1, & x > 0 \\ 0, & x \leq 0 \end{cases}$$

とおくと，連続型の分布のときは $X_i = 0$ となる確率は 0 であるから

$$S = \sum_{i=1}^{n} \Psi(X_i) - \sum_{i=1}^{n} \Psi(-X_i) \quad \text{a.s.}$$

となる．また

$$\sum_{i=1}^{n} \Psi(X_i) + \sum_{i=1}^{n} \Psi(-X_i) = n \quad \text{a.s.}$$

であるから

$$S + n = 2 \sum_{i=1}^{n} \Psi(X_i) \quad \text{a.s.}$$

の線形関係が成り立つ．したがって検定 S と $\sum_{i=1}^{n} \Psi(X_i)$ は同値な検定となる．今後は

$$S^* = \sum_{i=1}^{n} \Psi(X_i)$$

を考える．帰無仮説 H_0 が正しければ

$$P_0[\Psi(X_i) = 1] = \frac{1}{2}, \quad P_0[\Psi(X_i) = 0] = \frac{1}{2}$$

となるから S^* は二項分布 $B(n, \frac{1}{2})$ にしたがう．

　他方ウィルコクソンの符号付き順位検定は R_i^+ を $\{|X_1|, |X_2|, \ldots, |X_n|\}$ の中での $|X_i|$ の小さい方からの順位とすると

$$W^+ = \sum_{i=1}^{n} R_i^+ \mathrm{sign}(X_i)$$

で与えられる．帰無仮説 H_0 が正しい時に $|X_i|$ と $\mathrm{sign}(X_i)$ は独立になることが示せる．

$\boxed{\text{定理 3.8}}$ $\quad H_0$ が正しい時，$|X_i|$ と $\mathrm{sign}(X_i)$ は独立になる．

証明 同時確率分布を考えると $x > 0$ のとき

$$P_0[|X_i| \leq x, \mathrm{sign}(X_i) = 1] = P_0(0 \leq X_i \leq x) = F(x) - \frac{1}{2}$$

となる. 他方 $F(\cdot)$ の対称性より $P_0[\mathrm{sign}(X_i) = 1] = \frac{1}{2}$ で

$$P_0(|X_i| \leq x) = P_0(-x \leq X_i \leq x) = F(x) - F(-x) = 2F(x) - 1$$

である. したがって

$$P_0[|X_i| \leq x, \mathrm{sign}(X_i) = 1] = P_0(|X_i| \leq x)P_0[\mathrm{sign}(X_i) = 1]$$

が成り立つ. 同様に他の同時確率もそれぞれの確率の積になり, 独立となる. ■

また $F(\cdot)$ が連続型であれば $r_i^+ \in \{1, 2, \ldots, n\}$ に対して

$$P_0\left(R_i^+ = r_i^+, \ i = 1, 2, \ldots, n\right) = \frac{1}{n!}$$

となる. もし同順位が起こる場合は, 組み合わせを使って H_0 の下での検定統計量の分布を求めることができる. したがって帰無仮説が正しい時 S^* も W^+ も**分布に依存しない (distribution-free)** 検定統計量となる.

W^+ についても次の検定統計量と同値であることが分かる. 以下では分布 $F(\cdot)$ は連続型であるとする.

$$M^+ = \sum_{1 \leq i \leq j \leq n} \Psi(X_i + X_j)$$

| 定理 3.9 | $F(\cdot)$ が連続型分布のとき W^+ と M^+ は同値な検定である.

証明 簡単のために以下では確率 1 で成り立つときも a.s. は付けないことにする. ここで

$$W^+ = \sum_{i=1}^{n} R_i^+ \mathrm{sign}(X_i) = \sum_{X_i > 0} R_i^+ - \sum_{X_i < 0} R_i^+$$

が成り立ち，また

$$\sum_{i=1}^{n} R_i^+ = \sum_{i=1}^{n} i = \frac{n(n+1)}{2} = \sum_{X_i>0} R_i^+ + \sum_{X_i<0} R_i^+$$

となるから

$$W^+ + \frac{n(n+1)}{2} = 2\sum_{X_i>0} R_i^+$$

となる．$|X_{(1)}| < |X_{(2)}| < \cdots < |X_{(n)}|$ とおくと

$$\sum_{X_j>0} R_j^+ = \sum_{X_{(j)}>0} j$$

が成り立つ．ここで

$$M^+ = \sum_{1\leq i\leq j\leq n} \Psi(X_i + X_j) = \sum_{1\leq i\leq j\leq n} \Psi(X_{(i)} + X_{(j)})$$

となる．ここで $X_{(j)} < 0$ のとき $\sum_{i=1}^{j} \Psi(X_{(i)} + X_{(j)}) = 0$ となり，$X_{(j)} > 0$ のときは $\sum_{i=1}^{j} \Psi(X_{(i)} + X_{(j)}) = j$ である．したがって

$$M^+ = \sum_{1\leq i\leq j\leq n} \Psi(X_{(i)} + X_{(j)}) = \sum_{X_{(j)}>0} j$$

が成り立つので，W^+ と M^+ は同値な検定となる． ∎

　パラメトリックな検定 T とノンパラメトリックな検定 S^*, M^+ をピットマンの漸近相対効率で比較する．帰無仮説に近づく対立仮説の母数列 $\theta_n = \frac{\delta}{\sqrt{n}}$ $(\delta > 0)$ を考える．このとき $\tau = V(X_1) > 0$ に対して

$$\mu_{T_{m_i}}(\theta) = \sqrt{\frac{m_i}{\tau}}\theta, \qquad \sigma^2_{T_{m_i}}(\theta) = 1, \qquad V = \frac{1}{m_i-1}\sum_{j=1}^{m_i}(X_j - \overline{X})^2$$

とおくと

$$\frac{T_{m_i} - \mu_{T_{m_i}}(\theta_i)}{\sigma^2_{T_{m_i}}(\theta_i)} = \sqrt{\frac{m_i}{V}}\left(\overline{X} - \frac{\delta}{\sqrt{i}}\right) + \sqrt{\frac{m_i}{i}}\delta\left(\frac{1}{\sqrt{V}} - \frac{1}{\sqrt{\tau}}\right)$$

となる. $\lim_{i\to\infty}\sqrt{\frac{m_i}{i}}$ が収束するならば,定理 1.20 より

$$\sqrt{\frac{m_i}{i}}\delta\Big(\frac{1}{\sqrt{V}}-\frac{1}{\sqrt{\tau}}\Big) \xrightarrow{P} 0$$

が成り立つ. また

$$\sqrt{\frac{m_i}{V}}\Big(\overline{X}-\frac{\delta}{\sqrt{i}}\Big) = \sqrt{\frac{m_i}{V}}\Big[\overline{X}-E_{\theta_i}(\overline{X})\Big]$$

だから,定理 1.22 より $\theta=\theta_i$ の下で

$$\frac{T_{m_i}-\mu_{T_{m_i}}(\theta_i)}{\sigma_{T_{m_i}}(\theta_i)} \xrightarrow{L} N(0,1)$$

が成り立つ. H_0 の下でも同様に漸近正規性が示せるから,t-検定は $0 < V(X_1) < \infty$ のとき,条件 (P1)〜(P5) を満たす. よって t-検定 T の効率は

$$e(T)=\frac{1}{\sqrt{\tau}}$$

となる.

検定統計量 S^*,M^+ については非常に緩い条件の下で,ピットマンの漸近相対効率の条件 (P1)〜(P5) を満たすことが示せる. 直接計算より次の定理が成り立つ.

定理 3.10 次の等式が成り立つ.

$$E_\theta(S^*)=nF(\theta),$$

$$V_0(S^*)=\frac{n}{4},$$

$$E_\theta(M^+)=\frac{n(n-1)}{2}\int_{-\infty}^{\infty}F(x+2\theta)f(x)dx+nF(\theta),$$

$$V_0(M^+)=\frac{n(n+1)(2n+1)}{24}.$$

3.1 順位検定

証明 まず $E_\theta[\Psi(X_i)]$ を求める. $F(x)$ が対称な分布より $F(-x) = 1 - F(x)$ であるから

$$E_\theta[\Psi(X_i)] = \int_0^\infty f(x - \theta)dx = \Big[F(x - \theta)\Big]_0^\infty = 1 - F(-\theta) = F(\theta)$$

となる. したがって $E_\theta(S^*) = nF(\theta)$ が得られる. S^* は互いに独立で同じ分布にしたがう確率変数の和であるから

$$V_0(S^*) = \sum_{i=1}^n V_0[\Psi(X_i)] = nV_0[\Psi(X_i)] = n\{E_0[\Psi^2(X_i)] - (E_0[\Psi(X_i)])^2\}$$

$$= n\{E_0[\Psi(X_i)] - (E_0[\Psi(X_i)])^2\} = \frac{n}{4}$$

が成り立つ.

同様にして

$$E_\theta(M^+) = \frac{n(n-1)}{2} \iint_{x+y>0} f(x - \theta)f(y - \theta)dxdy + nE_\theta[\Psi(X_i)]$$

$$= \frac{n(n-1)}{2} \int_{-\infty}^\infty f(x - \theta)\Big(\int_{-x}^\infty f(y - \theta)dy\Big)dx + nF(\theta)$$

$$= \frac{n(n-1)}{2} \int_{-\infty}^\infty f(x - \theta)[1 - F(-x - \theta)]dy + nF(\theta)$$

$$= \frac{n(n-1)}{2} \int_{-\infty}^\infty F(x + 2\theta)f(x)dx + nF(\theta)$$

となる.

次に帰無仮説の下での M^+ の分散を求める. まず $t = F(x)$ と変数変換すると $t = F(-\infty) = 0$, $t = F(\infty) = 1$ で $dt/dx = f(x)$ より

$$\int_{-\infty}^\infty F(x)f(x)dx = \int_0^1 tdt = \Big[\frac{t^2}{2}\Big]_0^1 = \frac{1}{2}$$

が得られる. よって $E_0[\Psi(X_i)] = E_0[\Psi(X_i + X_j)] = \frac{1}{2}$ なので, $\Psi^*(x) = \Psi(x) - \frac{1}{2}$ とおくと

$$(M^+)^2$$

$$= \sum_{1 \le i \le j \le n} \sum_{1 \le k \le \ell \le n} \Psi^*(X_i + X_j)\Psi^*(X_k + X_\ell)$$

$$= \sum_{i=1}^n \{\Psi^*(X_i)\}^2 + \sum_{1 \le i < j \le n} \{2\Psi^*(X_i)\Psi^*(X_j) + [\Psi^*(X_i + X_j)]^2\}$$

$$+2 \sum_{1 \le i < j \le n} \{\Psi^*(X_i)\Psi^*(X_i + X_j) + \Psi^*(X_j)\Psi^*(X_i + X_j)\}$$

$$+2 \sum_{1 \le i < j < k \le n} \{\Psi^*(X_i)\Psi^*(X_j + X_k) + \Psi^*(X_j)\Psi^*(X_i + X_k)$$

$$+\Psi^*(X_k)\Psi^*(X_i + X_j)\}$$

$$+2 \sum_{1 \le i < j < k \le n} \{\Psi^*(X_i + X_j)\Psi^*(X_i + X_k)$$

$$+\Psi^*(X_i + X_j)\Psi^*(X_j + X_k) + \Psi^*(X_i + X_k)\Psi^*(X_j + X_k)\}$$

$$+2 \sum_{1 \le i < j < k < \ell \le n} \{\Psi^*(X_i + X_j)\Psi^*(X_k + X_\ell)$$

$$+\Psi^*(X_i + X_k)\Psi^*(X_j + X_\ell) + \Psi^*(X_i + X_\ell)\Psi^*(X_j + X_k)\}$$

となる. さらに X_i の分布が対称な分布なので $X_1 + X_2$ も対称な分布になることに注意すると

$$E_0[\{\Psi^*(X_1)\}^2 = \int_{-\infty}^\infty \left\{\Psi(x) - \frac{1}{2}\right\}^2 f(x)dx = \int_{-\infty}^\infty \frac{1}{4}f(x)dx = \frac{1}{4},$$

$$E_0[\Psi^*(X_1)\Psi^*(X_2)]$$

$$= E_0[\Psi^*(X_1)\Psi^*(X_2 + X_3)]$$

$$= E_0[\Psi^*(X_1 + X_2)\Psi^*(X_3 + X_4)] = 0,$$

$$E_0[\{\Psi^*(X_1 + X_2)\}^2] = E_0[\{\Psi^*(X_1)\}^2] = \frac{1}{4},$$

$$E_0[\Psi^*(X_1)\Psi^*(X_1+X_2)]$$

$$= E_0[\Psi(X_1)\Psi(X_1+X_2)] - \frac{1}{4}$$

$$= \int_0^\infty f(x)\left(\int_{-x}^\infty f(y)dy\right)dx - \frac{1}{4} = \int_0^\infty f(x)[1-F(-x)]dx - \frac{1}{4}$$

$$= \int_0^\infty f(x)F(x)dx - \frac{1}{4} = \int_{1/2}^1 tdt = \frac{1}{2} - \frac{1}{8} - \frac{1}{4} = \frac{1}{8},$$

$$E_0[\Psi^*(X_1+X_2)\Psi^*(X_1+X_3)] = E_0[\Psi(X_1+X_2)\Psi(X_1+X_3)] - \frac{1}{4}$$

$$= \int_{-\infty}^\infty f(x)\left(\int_{-x}^\infty f(y)dy\int_{-x}^\infty f(z)dz\right)dx - \frac{1}{4}$$

$$= \int_{-\infty}^\infty f(x)[1-F(-x)]^2dx - \frac{1}{4} = \left[\frac{t^3}{3}\right]_0^1 - \frac{1}{4} = \frac{1}{3} - \frac{1}{4} = \frac{1}{12}$$

が得られる. 以上より

$$V_0(M^+) = E_0\left[\sum_{1\le i\le j\le n}\sum_{1\le k\le \ell\le n}\Psi^*(X_i+X_j)\Psi^*(X_k+X_\ell)\right]$$

$$= \frac{n}{4} + \frac{n(n-1)}{8} + \frac{n(n-1)}{4} + \frac{n(n-1)(n-2)}{12}$$

$$= \frac{n(n+1)(2n+1)}{24}$$

となる. ∎

符号検定とウィルコクソンの符号付き順位検定については次の漸近正規性が示せる.

定理 3.11　$F(\cdot)$ が連続型分布のときに仮説に関係なく

$$\frac{S-E(S)}{\sqrt{V(S)}} \xrightarrow{L} N(0,1),$$

$$\frac{W^+ - E(W^+)}{\sqrt{V(W^+)}} = \frac{M^+ - E(M^+)}{\sqrt{V(M^+)}} \xrightarrow{L} N(0,1)$$

が成り立つ.

証明 S は互いに独立で同じ分布にしたがう確率変数 $\mathrm{sign}(X_i)$ の和であるから,中心極限定理より漸近正規性が成り立つ.W^+ の漸近正規性は,M^+ が 2 つの U-統計量の和であるから,第 6 章で述べる U-統計量の漸近正規性から成り立つ.使う道具は二標本と同様に射影法である. ■

漸近正規性より

$$\frac{M^+ - E(M^+)}{\sqrt{V(M^+)}} \xrightarrow{L} N(0,1)$$

が成り立つ.また $\int f^2(x)dx < \infty$ のとき,微分と積分の入れ替えができて

$$\frac{dE_\theta(M^+)}{d\theta} = n(n-1) \int_{-\infty}^{\infty} f(x+2\theta)f(x)dx + nf(\theta)$$

が得られる.以上より S^*, M^+ の効率は

$$e(S^*) = \lim_{n \to \infty} \frac{\left.\frac{dE_\theta(S^*)}{d\theta}\right|_{\theta=0}}{\sqrt{nV_0(S^*)}} = 2f(0),$$

$$e(M^+) = \lim_{n \to \infty} \frac{\left.\frac{dE_\theta(M^+)}{d\theta}\right|_{\theta=0}}{\sqrt{nV_0(M^+)}} = \sqrt{12} \int_{-\infty}^{\infty} f^2(x)dx$$

となる.したがって t-検定に対する漸近相対効率は

$$ARE(S^*|T) = \frac{[e(S^*)]^2}{[e(T)]^2} = 4\tau[f(0)]^2,$$

$$ARE(M^+|T) = \frac{[e(M^+)]^2}{[e(T)]^2} = 12\tau\Big[\int_{-\infty}^{\infty} f^2(x)dx\Big]^2$$

で与えられる.正規分布 $N(0,1)$,ロジスティック分布 $(f(x) = e^{-x}/(1+e^{-x})^2)$,両側指数分布 $(f(x) = \frac{1}{2}\exp\{-|x|\})$ のときの漸近相対効率を計算すると

3.1 順位検定

表 3.2 ピットマンの漸近相対効率

	正規分布	ロジスティック分布	両側指数分布
$ARE(S^*\|T)$	$\dfrac{2}{\pi}$	$\dfrac{\pi^2}{12}$	2
$ARE(M^+\|T)$	$\dfrac{3}{\pi}$	$\dfrac{\pi^2}{9}$	$\dfrac{3}{2}$

となる．検定の良さをみる**局所最強力符号付き順位検定 (locally most powerful signed rank test)** の規準によると，もとのデータのしたがう分布がロジスティック分布のときは，ウィルコクソンの符号付き順位検定 W^+ が一番良く，両側指数分布のときは，符号検定 S が一番良いことが知られている．当然正規分布の時は t-検定が一番良い．漸近相対効率による比較の結果もこの事実に合致している．

● **例 3.12** 健康状態の指標である数値を下げる新薬の効果をみるために，10人に対して服用前と服用後の数値を測ったのが次のデータである．指標は個人差があることが知られている．新薬は効果があると言えるか検定を行う．帰無仮説 $H_0 : \theta = 0$ vs. 対立仮説 $H_1 : \theta > 0$ の片側検定を考察する．

表 3.3 指標の数値

	1	2	3	4	5
服用前	5.46	4.65	7.56	4.28	6.42
服用後	5.39	4.75	7.26	4.22	6.37
差	0.07	-0.10	0.30	0.06	0.05

	6	7	8	9	10
服用前	5.58	4.69	6.31	5.43	7.30
服用後	5.50	4.89	6.16	5.25	7.05
差	0.08	-0.20	0.15	0.18	0.25

正規分布が仮定できるときのパラメトリックな設定では $Z_i = X_i - Y_i$ を使って

$$T_0 = \sqrt{\frac{n}{V_z}}\, \overline{Z}$$

が自由度 $n-1$ の t-分布をしたがう．よって実現値は $t_0 = 1.76$ であるから有

意確率は

$$P_0(T_0 \geq 1.76) = 0.056$$

となり，有意水準 5% で棄却されない．ただし $P_0(\cdot)$ は帰無仮説 H_0 の下での確率を表す．符号検定については

$$P_0(S \geq 6) = 0.109$$

となり，実現値は $w^+ = 42$ であるから有意確率

$$P_0(W^+ \geq 42) = 0.080$$

が得られる．どちらの順位検定も有意水準 5% では棄却できない．ウィルコクソンの符号付き順位検定はフリーの統計ソフトである「R」では「wilcox.test」として準備されている．

[信頼区間]

二標本のときと同様に位置母数 θ の信頼区間を構成することもできる．$N = \frac{n(n+1)}{2}$ 個の値 $\frac{X_i + X_j}{2}$ $(1 \leq i \leq j \leq n)$ を大きさの順に $W_{(1)} < W_{(2)} < \cdots < W_{(N)}$ に並べる．ここで

$$E_0(M^+) = \frac{n(n-1)}{2} \int_{-\infty}^{\infty} F(x)f(x)dx + nF(0)$$

$$= \frac{n(n-1)}{4} + \frac{n}{2} = \frac{n(n+1)}{4},$$

$$V_0(M^+) = \frac{n(n+1)(2n+1)}{24}$$

となり，正規近似より

$$P_0\left(\frac{M^+ - n(n+1)/4 - 1/2}{\sqrt{n(n+1)(2n+1)/24}} \leq x\right) \approx \Phi(x)$$

である．したがって $z_{\alpha/2}$ を標準正規分布の上側 $\frac{\alpha}{2}$-点とし

$$m_{\alpha/2}^+ = \frac{n(n+1)+2}{4} + z_{\alpha/2}\sqrt{\frac{n(n+1)(2n+1)}{24}},$$

$$\theta_L = W_{(m^+_{\alpha/2})}, \qquad \theta_U = W_{(N+1-m^+_{\alpha/2})}$$

とおくと，信頼係数 $1 - \alpha$ の近似信頼区間は $\theta_L < \theta < \theta_U$ で与えられる．

3.2　実験計画法に対する順位検定

3.2.1　一元配置実験計画法

3つ以上の多標本のデータに基づく平均の差についての推測は**一元配置実験計画法 (one-way layout experimental design)** が対応する．

表 3.4　一元配置実験

	1	2	$\cdots$	n_i
1	X_{11}	X_{12}	$\cdots$	X_{1n_1}
2	X_{21}	X_{22}	$\cdots$	X_{2n_2}
$\vdots$	$\vdots$	$\vdots$	$\ddots$	$\vdots$
a	X_{a1}	X_{a2}	$\cdots$	X_{an_a}

すなわち a 組の標本に対して

$$X_{ij} = \mu + \alpha_i + \varepsilon_{ij} \quad (j = 1, 2, \ldots, n_i; i = 1, 2, \ldots, a)$$

と表されると仮定する．ここで ε_{ij} $(1 \le j \le n_i; 1 \le i \le a)$ は互いに独立で同じ分布 $F(\cdot)$ にしたがうとし，α_i は第 i 標本の**主効果 (main effect)** を表す．この場合も2標本の検定と同じように，母分散が等しくないと正確な検定はできない．このモデルは実験計画法で一元配置実験と呼ばれるもので，品質管理の重要なモデルである．一般性を失うことなく

$$\sum_{i=1}^{a} \alpha_i = 0$$

と仮定できる．ここでは α_i は母数と考えるが（**母数模型 (fixed effect model)**），場合によっては確率変数と考えることもある（**変量模型 (random effect model)**）．このモデルのもとで「帰無仮説 $H_0 : \alpha_1 = \alpha_2 = \cdots =$

88   第3章　順位に基づく統計的推測

$\alpha_a = 0$ vs. 対立仮説は $H_1 : H_0$ ではない」を考える．この解析を**一元配置分散分析 (one-way analysis of variance)** という．

●**例 3.13**　ある成分を抽出する製造工程で，3 通り $(A_1,\ A_2,\ A_3)$ の温度を考えて，温度の違いが抽出率 (%) に影響を与えるかどうか調べてみたところ，次のデータが得られた．温度の違いにより抽出率に差があると言えるだろうか．

表 3.5　温度の効果の一元配置実験

	1	2	3	4	5
A_1	31.9	38.2	27.7	31.4	23.5
A_2	41.2	33.3	23.8	47.9	28.4
A_3	23.4	17.4	21.6	23.3	26.4

　一元配置分散分析においては，温度の違いのように抽出率に影響を与えるのではないか思われる要素を，**要因 (factor)** と呼び，各温度を**水準 (level)** と呼ぶ．品質管理においては多くの場合 $n_i = n$ と各水準において実験回数は同じにする場合が多い．分布 $F(\cdot)$ が正規分布 $N(0, \sigma_e^2)$ のときには下記のように仮説検定を行うことができる．なお正確な検定のために各水準の分散は等しいと仮定する．

$$N = \sum_{i=1}^{a} n_i$$

とおくとき

$$\overline{X}_{i\cdot} = \frac{1}{n_i} \sum_{j=1}^{n_i} X_{ij}, \qquad \overline{X}_{\cdot\cdot} = \frac{1}{N} \sum_{i=1}^{a} \sum_{j=1}^{n_i} X_{ij}$$

と定義する．α_i の推定量は $\overline{X}_{i\cdot} - \overline{X}_{\cdot\cdot}$ であるから，帰無仮説が正しければ，これらは 0 に近い値をとる確率が大である．よって検定統計量としては要因 A による平方和

$$S_A = \sum_{i=1}^{a} \sum_{j=1}^{n_i} (\overline{X}_{i\cdot} - \overline{X}_{\cdot\cdot})^2$$

を使えばよい．しかし母分散 σ_e^2 が未知であるからこれを推定しないといけない．残差平方和

3.2 実験計画法に対する順位検定 89

$$S_e = \sum_{i=1}^{a} \sum_{j=1}^{n_i} (X_{ij} - \overline{X}_{i\cdot})^2$$

が母分散についての情報をもっている. 正規母集団が仮定できて等分散であれば, S_e/σ_e^2 は自由度 $N-a$ の χ^2-分布にしたがう. また H_0 が正しいとき, S_A/σ_e^2 は自由度 $a-1$ の χ^2-分布にしたがい, H_0 が正しいとき, S_A と S_e は独立である. さらに

$$E(S_e) = (N-a)\sigma_e^2, \; E(S_A) = (a-1)\sigma_e^2 + \sum_{i=1}^{a} n_i \alpha_i^2$$

となる. 以上より検定統計量として

$$F_0 = \frac{V_A}{V_e}$$

を使うことができる. ここで

$$V_A = \frac{S_A}{a-1}, \quad V_e = \frac{S_e}{N-a}$$

である. H_0 が正しいとき $E(V_A) = E(V_e) = \sigma_e^2$ となり, H_0 が間違いのときは F_0 は大きくなる確率が大になる. H_0 が正しいとき F_0 は自由度 $(a-1, N-a)$ の F-分布にしたがうから, F-分布の上側 α-点 $F(a-1, N-a; \alpha)$ と F_0 の実現値 f_0 に対して, $f_0 \geq F(a-1, N-a; \alpha)$ のとき帰無仮説 H_0 を棄却するという検定が構成できる. 分散分析表は次のようになる.

表3.6 一元配置分散分析表

要因	平方和	自由度	不偏分散	分散比
要因 A	S_A	$\phi_A = a-1$	$V_A = \frac{S_A}{\phi_A}$	$F_0 = \frac{V_A}{V_e}$
誤差 e	S_e	$\phi_e = N-a$	$V_e = \frac{S_e}{\phi_e}$	
計 T	S_T	$\phi_T = N-1$		

● 例3.14 例3.13 のデータについて, 温度の差による影響があるかどうか検定する. データより

$$s_T = 940.54, \quad s_A = 401.16, \quad s_e = s_T - s_A = 539.38$$

となる．したがって，表にまとめると

表 3.7 温度の分散分析表

要因	平方和	自由度	不偏分散	分散比
要因 A	451.62	2	225.809	4.46*
誤差 e	488.92	12	40.743	
計 T	940.54	14		

が得られる．F-分布表より $F(2, 12; 0.05) = 3.885$, $F(2, 12; 0.01) = 6.927$ だ
から，有意水準 5% で帰無仮説 H_0 は棄却される．すなわち温度の違いは有意
となる．表の分散比の肩の * は有意であることを示し，高度に有意（1% で棄
却）のときは ** を付ける習慣がある．

[順位に基づく検定]

R_{ij} を $N = \sum_{i=1}^{a} n_i$ 個の $X_{11}, X_{12}, \ldots, X_{21}, \ldots, X_{an_a}$ の中での X_{ij} の順
位とする．ここではデータを順位で置き換えたものを考える．理論的な性質を
調べるときには，同順位を避けるために $F(\cdot)$ は連続型分布と仮定することが
多い．このとき同順位の起こる確率は 0 であるから，以下では連続型分布を
仮定して，同順位は起こらないものとして議論していく．同順位が起こる場合
は，中間順位を利用すると，分布に依存しない検定が構成できる．しかしその
場合は組み合わせが複雑になる．データを順位で置き換えると

表 3.8 一元配置実験

	1	2	$\cdots$	n_i	計	平均
1	R_{11}	R_{12}	$\cdots$	R_{1n_1}	$R_{1\cdot}$	$\overline{R}_{1\cdot}$
2	R_{21}	R_{22}	$\cdots$	R_{2n_2}	$R_{2\cdot}$	$\overline{R}_{2\cdot}$
$\vdots$	$\vdots$	$\vdots$	$\ddots$	$\vdots$	$\vdots$	$\vdots$
a	R_{a1}	R_{a2}	$\cdots$	R_{an_a}	$R_{a\cdot}$	$\overline{R}_{a\cdot}$

が得られる．ただし

3.2 実験計画法に対する順位検定 91

$$R_{i\cdot} = \sum_{j=1}^{n_i} R_{ij}, \qquad \overline{R}_{i\cdot} = \frac{1}{n_i} R_{i\cdot}$$

である. 帰無仮説 H_0 の下で, 次の定理が成り立つ.

定理 3.15 帰無仮説 H_0 の下で, $F(\cdot)$ が連続型分布のとき $\{r_{11}, r_{12}, \ldots, r_{an_a}\} = \{1, 2, \ldots, N\}$ に対して

$$P_0(R_{ij} = r_{ij}, \ j = 1, \ldots, n_i; i = 1, \ldots, a) = \frac{1}{N!},$$

$$P_0(R_{ij} = r_{ij}, \ R_{k\ell} = r_{k\ell}) = \frac{1}{N(N-1)} \qquad (\text{集合として } \{i, j\} \neq \{k, \ell\}),$$

$$P_0(R_{ij} = r) = \frac{1}{N} \qquad (r = 1, 2, \ldots, N),$$

$$E_0(\overline{R}_{i\cdot}) = \frac{N+1}{2},$$

$$V_0(\overline{R}_{i\cdot}) = \frac{(N-n_i)(N+1)}{12n_i},$$

$$\mathrm{Cov}_0(\overline{R}_{i\cdot}, \overline{R}_{j\cdot}) = -\frac{N+1}{12} \qquad (i \neq j)$$

となる. ここで $P_0(\cdot)$, $V_0(\cdot)$, $\mathrm{Cov}_0(\cdot, \cdot)$ は帰無仮説 H_0 の下での確率, 分散及び共分散を表す.

証明 帰無仮説 H_0 の下では $\{X_{ij}\}$ はすべて同じ分布にしたがうから, $N!$ 個の順列はすべて同じ確率になる. したがって帰無仮説の下での確率が成立する.

帰無仮説の下での確率を使うと

$$E_0(\overline{R}_{i\cdot}) = \frac{1}{n_i} \sum_{j=1}^{n_i} E_0(R_{ij}) = E_0(R_{ij}) = \sum_{s=1}^{N} s \frac{1}{N} = \frac{N+1}{2}$$

となる. 同様にして積の期待値は $\{i, j\} \neq \{k, \ell\}$ のとき

$$E_0(R_{ij}^2) = \sum_{s=1}^{N} s^2 \frac{1}{N} = \frac{(N+1)(2N+1)}{6},$$

$$E_0(R_{ij}R_{k\ell}) = \sum_{s=1}^{N}\sum_{s\neq t}^{N} st \frac{1}{N(N-1)}$$

$$= \frac{1}{N(N-1)}\left\{\sum_{s=1}^{N}\sum_{t=1}^{N} st - \sum_{s=1}^{N} s^2\right\}$$

$$= \frac{N(N+1)^2}{4(N-1)} - \frac{(N+1)(2N+1)}{6(N-1)}$$

$$= \frac{(N+1)(3N+2)}{12}$$

となる．したがって

$$E_0(\overline{R}_{i\cdot}^2) = \frac{1}{n_i^2}\sum_{j=1}^{n_i}\sum_{k=1}^{n_i} E_0(R_{ij}R_{ik})$$

$$= \frac{1}{n_i^2}\left\{n_i E_0(R_{ij}^2) + n_i(n_i-1)E_0(R_{ij}R_{ik})\right\}$$

$$= \frac{1}{n_i}\left\{\frac{(N+1)(2N+1)}{6} + \frac{(N+1)(3N+2)(n_i-1)}{12}\right\}$$

であるから

$$V_0(\overline{R}_{i\cdot}) = E_0(\overline{R}_{i\cdot}^2) - \left\{E_0(\overline{R}_{i\cdot})\right\}^2 = \frac{(N+1)(N-n_i)}{12n_i}$$

が得られる．同様にして $i\neq j$ のとき

$$E_0(\overline{R}_{i\cdot}\overline{R}_{j\cdot}) = \frac{1}{n_i n_j}\sum_{k=1}^{n_i}\sum_{\ell=1}^{n_j} E_0(R_{ik}R_{j\ell})$$

$$= E_0(R_{ik}R_{j\ell}) = \frac{(N+1)(3N+2)}{12}$$

となるから

$$\mathrm{Cov}_0(\overline{R}_{i\cdot}, \overline{R}_{j\cdot}) = E_0(\overline{R}_{i\cdot}\overline{R}_{j\cdot}) - \left\{E_0(\overline{R}_{i\cdot})\right\}^2 = -\frac{N+1}{12}$$

が成り立つ．

3.2 実験計画法に対する順位検定

帰無仮説 H_0 が正しければ $E_0(\overline{R}_{i\cdot}) = \frac{N+1}{2}$ であるから両側検定に相当する検定統計量

$$K = \frac{12}{N(N+1)} \sum_{i=1}^{a} n_i \left(\overline{R}_{i\cdot} - \frac{N+1}{2} \right)^2$$

を利用する. 実現値 k に対して有意確率

$$P_0(K \geq k)$$

を計算して検定ができる. これを**クラスカル・ワリス検定 (Kruskal-Wallis test)** と呼ぶ. 有意確率の計算は N が大きくなると非常に困難になる. N が大きいときには多項分布の正規近似を利用すると H_0 の下で $n \longrightarrow \infty$ のとき K は近似的に自由度 $a-1$ の χ^2-分布にしたがう. よって χ^2-分布表を使って有意確率の評価ができる.

- **例 3.16** 温度差の例題 3.13 についてクラスカル・ワリス検定を適用してみる. データを順位に置き換えると

表 3.9 順位データ

	1	2	3	4	5	計	平均
A_1	11	13	8	10	5	47	9.4
A_2	14	12	6	15	9	56	11.2
A_3	4	1	2	3	7	17	3.4

となる. したがって K の実現値

$$k = \frac{12}{15 \times 16} \left\{ 5(9.4-8)^2 + 5(11.2-8)^2 + 5(3.4-8)^2 \right\} = 8.34$$

が得られ, 正確な有意確率は

$$P_0(K \geq 8.34) = 0.007$$

となる (Lehmann and D'abrera (2006) を参照). χ^2 近似を使うと有意確率は 0.015 となる.

94 第3章 順位に基づく統計的推測

クラスカル・ワリス検定の F-検定に対するピットマンの漸近相対効率は

$$ARE(K|F) = 12\sigma^2 \left(\int f^2(x)dx \right)^2$$

となり，ウィルコクソン検定の t-検定に対する漸近相対効率と一致することが示されている．またフリーの統計ソフトである「R」では「kruskal.test」として準備されているが，その時の有意確率は χ^2 近似を利用している．

3.2.2 二元配置実験

2つの因子の影響を効率良く検証する方法として**二元配置実験 (two-way layout experimental design)** がある．実験に影響を与えると思われる要因 A の a 個の水準 $(A_1, A_2, \ldots, A_a)$ と要因 B の b 個の水準 $(B_1, B_2, \ldots, B_b)$ の各組み合わせについて，一回ずつの実験を行ったときの解析法である．モデルは

表3.10 二元配置実験

	B_1	B_2	$\cdots$	B_b	計
A_1	X_{11}	X_{12}	$\cdots$	X_{1b}	$X_{1\cdot}$
A_2	X_{21}	X_{22}	$\cdots$	X_{2b}	$X_{2\cdot}$
$\vdots$	$\vdots$	$\vdots$	$\ddots$	$\vdots$	$\vdots$
A_a	X_{a1}	X_{a2}	$\cdots$	X_{ab}	$X_{a\cdot}$
計	$X_{\cdot 1}$	$X_{\cdot 2}$	$\cdots$	$X_{\cdot b}$	$X_{\cdot\cdot}$

に対して

$$X_{ij} = \mu + \alpha_i + \beta_j + \varepsilon_{ij} \quad (i = 1, 2, \ldots, a; j = 1, 2, \ldots, b)$$

と表されると仮定する．ここで ε_{ij} $(1 \le i \le a; 1 \le j \le b)$ は互いに独立で同じ分布 $F(\cdot)$ にしたがうとし，α_i は要因 A の水準の違いによる効果を表し，β_j は要因 B の水準の違いによる効果を表すことになる．一般性を失うことなく

$$\sum_{i=1}^{a} \alpha_i = 0, \qquad \sum_{j=1}^{n} \beta_j = 0$$

3.2 実験計画法に対する順位検定 95

と仮定できる．このモデルの下で「帰無仮説 $H_0 : \alpha_1 = \alpha_2 = \cdots = \alpha_a = 0$ vs. 対立仮説 $H_1 : H_0$ではない」と「帰無仮説 $H_0' : \beta_1 = \beta_2 = \cdots = \beta_b = 0$ vs. 対立仮説 $H_1' : H_0'$ではない」の2つの検定を同時に行うのが**二元配置分散分析 (two-way analysis of variance)** である．

$$\overline{X}_{i\cdot} = \frac{1}{b} \sum_{j=1}^{b} X_{ij}, \quad \overline{X}_{\cdot j} = \frac{1}{a} \sum_{i=1}^{a} X_{ij}, \quad \overline{X}_{\cdot\cdot} = \frac{1}{ab} \sum_{i=1}^{a} \sum_{j=1}^{b} X_{ij}$$

とおくと，α_i の推定量は $\overline{X}_{i\cdot} - \overline{X}_{\cdot\cdot}$ で，β_j の推定量は $\overline{X}_{\cdot j} - \overline{X}_{\cdot\cdot}$ となる．これをもとにして平方和

$$S_T = \sum_{i=1}^{a} \sum_{j=1}^{b} (X_{ij} - \overline{X}_{\cdot\cdot})^2 \qquad \text{(総平方和)}$$

$$S_A = \sum_{i=1}^{a} \sum_{j=1}^{b} (\overline{X}_{i\cdot} - \overline{X}_{\cdot\cdot})^2 \qquad \text{(要因 A による平方和)}$$

$$S_B = \sum_{i=1}^{a} \sum_{j=1}^{b} (\overline{X}_{\cdot j} - \overline{X}_{\cdot\cdot})^2 \qquad \text{(要因 B による平方和)}$$

$$S_e = \sum_{i=1}^{a} \sum_{j=1}^{b} (X_{ij} - \overline{X}_{i\cdot} - \overline{X}_{\cdot j} + \overline{X}_{\cdot\cdot})^2 \qquad \text{(誤差平方和)}$$

を使って分散分析を行うことができる．これらの平方和に対して分散分析表を完成させて，要因 A と要因 B の影響について検定することができる．

表3.11 二元配置分散分析表

要因	平方和	自由度	不偏分散	分散比
要因 A	S_A	$\phi_A = a - 1$	$V_A = \frac{S_A}{\phi_A}$	$F_0 = \frac{V_A}{V_e}$
要因 B	S_B	$\phi_B = b - 1$	$V_B = \frac{S_B}{\phi_B}$	$F_0 = \frac{V_B}{V_e}$
誤差 e	S_e	$\phi_e = (a-1)(b-1)$	$V_e = \frac{S_e}{\phi_e}$	
計 T	S_T	$\phi_T = ab - 1$		

$F(\cdot)$ に正規分布 $N(0, \sigma_e^2)$ を仮定すると，帰無仮説 H_0 の下で V_A/V_e は自由度 (ϕ_A, ϕ_e) の F-分布に従う．同様に帰無仮説 H_0' の下で V_B/V_e は自由度

(ϕ_B, ϕ_e) の F-分布に従う. 対立仮説の下では V_A または V_B は大きな値をとる確率が大になるから, F-分布の上側 α 点と比較して検定することができる.

● **例 3.17** ある製品の特性値に及ぼす 2 つの要因 A と B の影響を調べるために 3 水準と 5 水準を取り上げて実験した結果が下記の表である. なお合計 15 回の実験はランダムな順序で行なった. このデータの分散分析を行う.

表 3.12 二元配置実験

	B_1	B_2	B_3	B_4	B_5
A_1	5.7	5.5	5.4	5.8	5.6
A_2	5.5	5.4	5.2	5.3	5.1
A_3	6.1	6.2	5.9	6.0	6.3

各平方和を求めると

$$s_T = 1.933, \quad s_A = 1.633, \quad s_B = 0.120,$$

$$s_e = 1.933 - 1.633 - 0.120 = 0.180$$

となる. 分散分析表は, $F(2, 8; 0.01) = 8.649$, $F(4, 8; 0.05) = 3.838$ に注意すると

表 3.13 二元配置分散分析

要因	S	ϕ	V	F
要因 A	1.633	2	0.817	36.296**
要因 B	0.120	4	0.030	1.333
誤差 e	0.180	8	0.023	
計 T	1.933	14		

が得られる. したがって要因 A は高度に有意であるが, 要因 B は有意ではないという結論になる.

[順位に基づく検定]

R_{ij} を b 個の $X_{i1}, X_{i2}, \ldots, X_{ib}$ の中での X_{ij} の小さい方からの順位とす

3.2 実験計画法に対する順位検定　　　　　97

る．ここでデータを順位で置き換えたものを考える．このとき

表 3.14　二元配置実験

	B_1	B_2	$\cdots$	B_b	計
A_1	R_{11}	R_{12}	$\cdots$	R_{1b}	$b(b+1)/2$
A_2	R_{21}	R_{22}	$\cdots$	R_{2b}	$b(b+1)/2$
$\vdots$	$\vdots$	$\vdots$	$\ddots$	$\vdots$	$\vdots$
A_a	R_{a1}	R_{a2}	$\cdots$	R_{ab}	$b(b+1)/2$
計	$R_{\cdot 1}$	$R_{\cdot 2}$	$\cdots$	$R_{\cdot b}$	$ab(b+1)/2$

となる．ただし $R_{\cdot j} = \sum_{i=1}^{a} R_{ij}$ である．「帰無仮説 $H_0' : \beta_1 = \beta_2 = \cdots = \beta_b = 0$ vs. 対立仮説 $H_1' : H_0'$ ではない」に対して

$$Q = \frac{12}{ab(b+1)} \sum_{j=1}^{b} \left(R_{\cdot j} - \frac{a(b+1)}{2} \right)^2$$

を利用する．実現値 q に対して有意確率

$$P_0(Q \geq q)$$

を計算して検定ができる．これを**フリードマン検定 (Friedman test)** と呼ぶ．有意確率の計算は a が大きくなると非常に困難になる．近似としては H_0' の下で $a \longrightarrow \infty$ のとき Q は自由度 $b-1$ の χ^2-分布に従う．よって χ^2-分布表を使って有意確率の評価ができる．帰無仮説 H_0 に対する検定は A と B の役割を入れ替えればよい．また漸近分布も，a と b の役割を入れ替えることになる．

● 例 3.18　例題のデータに対してフリードマン検定を行ってみる．データを各 A_i 内での順位に置き換えると

98   第3章　順位に基づく統計的推測

表 **3.15** A 内順位データ

A_1	4	2	1	5	3
A_2	5	4	2	3	1
A_3	3	4	1	2	5
計	12	10	4	10	9

となる．したがってフリードマン検定統計量の実現値は

$$q = \frac{12}{3 \times 5(5+1)} \left\{ (12-9)^2 + (10-9)^2 + (4-9)^2 + (10-9)^2 + (9-9)^2 \right\} = 4.8$$

と計算され，有意確率は

$$P_0(Q \geq 4.8) = 0.347$$

となる．したがって有意水準 5% では帰無仮説 H_0' は棄却されない．

次に A と B の役割を入れ替えて H_0 の検定を行う．データを各 B_j 内での順位に置き換えると

表 **3.16** B 内順位データ

B_1	2	1	3
B_2	2	1	3
B_3	2	1	3
B_4	2	1	3
B_5	2	1	3
計	10	5	15

となる．したがってフリードマン検定統計量の実現値は

$$q = \frac{12}{5 \times 3(3+1)} \left\{ (10-10)^2 + (5-10)^2 + (15-10)^2 \right\} = 10$$

と計算され，有意確率は

$$P_0(Q \geq 10) = 0.01$$

となる．よって有意水準 1% では帰無仮説 H_0 は棄却される．統計ソフト「R」では「friedman.test」として準備されている．その時の有意確率は χ^2 近似を利用している．χ^2 近似では上記の有意確率はそれぞれ，0.308 と 0.007 である．

3.3 その他のノンパラメトリック検定

今までの推測は平均についてのものであったが，他にも，分散，共分散，相関についての順位に基づく推測法も開発されている．また平均や分散の違いに限らず，2 つの分布が同じかどうかなどの分布自体についての推測法も提案されている．ここでは尺度母数についての検定，順位相関係数及び**コルモゴロフ・スミルノフ検定 (Kolmogorov-Smirnov test)** について紹介する．

3.3.1 尺度の検定

$X_1, X_2, \ldots, X_m$ を母集団 $F(\frac{x - \theta_x}{\sigma_x})$ からの無作為標本とし，$Y_1, Y_2, \ldots, Y_n$ を母集団 $F(\frac{y - \theta_y}{\sigma_y})$ からの無作為標本とする．このとき帰無仮説 $H_0 : \sigma_x^2 = \sigma_y^2$ の尺度母数についての検定問題を考える．母集団分布が正規分布のときのパラメトリックな検定は，それぞれの不偏標本分散を求め，その比を利用する F-検定が利用されている．すなわち

$$V_x = \frac{1}{m-1} \sum_{i=1}^{m} (X_i - \overline{X})^2, \quad V_y = \frac{1}{n-1} \sum_{j=1}^{n} (Y_j - \overline{Y})^2$$

とおくとき，帰無仮説 H_0 の下で $F_0 = \frac{V_y}{V_x}$ は自由度 $(n-1, m-1)$ の F-分布に従う．ただし $\overline{X} = \sum_{i=1}^{m} X_i/m, \overline{Y} = \sum_{j=1}^{n} Y_j/n$ である．よって対立仮説が $H_1 : \sigma_x^2 < \sigma_y^2$ のときは，実現値 $f_0 = \frac{v_y}{v_x}$ に対して $f_0 \geq F(n-1, m-1; \alpha)$ のときに有意水準 α で帰無仮説 H_0 を棄却することになる．

[シーゲル・テューキー検定]

順位に基づく尺度母数の検定のためには μ_x, μ_y が既知であるか，または $\mu_x = \mu_y$ の仮定が必要である．この仮定の下で順位検定が構成できる．$X_i -$

μ_x, $Y_i - \mu_y$ を新しく X_i, Y_i と考えて以下統計量を議論する. $\{X_i, Y_j\}$ ($i = 1, 2, \ldots, m; j = 1, 2, \ldots, n$) を一緒にした $m + n$ 個を小さい方から並べて, 「一番小さいものに順位 1 を与え, 一番大きいものに順位 2, 2 番目に小さいものに順位 3」と以下交互に順位を付ける. このように付けた X_i の順位を S_i とする. この順位は通常のものとは異なることに注意する.

シーゲル・テューキー検定 (Siegel-Tukey test) は検定統計量として

$$S_T = \sum_{i=1}^{m} S_i$$

を使う. 対立仮説 $H_1 : \sigma_x^2 < \sigma_y^2$ が正しい時には, S_T は大きな値をとる確率が大になる. したがって実現値 s_T に対して, 有意確率 $P_0(S_T \geq s_T)$ で判断することになる. 帰無仮説 H_0 が正しいときに S_T の分布はウィルコクソンの順位和検定の分布と同じで, 漸近正規性も成り立つ. H_0 の下で S_T はウィルコクソンの順位和検定と同じ分布にしたがうから, 漸近分布は

$$\frac{S_T - n(m + n + 1)/2}{\sqrt{mn(m + n + 1)/12}} \xrightarrow{L} N(0, 1)$$

となる. ただしここでは同順位の議論を避けるために $F(\cdot)$ は連続型の分布とする.

もし母平均 μ_x, μ_y が完全に未知のときには $X_i - \overline{X}, Y_j - \overline{Y}$ などの平均の推定値で修正することが考えられる. しかし検定統計量 S_T の分布は母集団分布に依存してしまう.

[ムード検定]

R_i を X_i の $\{X_i, Y_j\}$ ($i = 1, 2, \ldots, m; j = 1, 2, \ldots, n$) の中での小さい方からの順位とする. このときムード検定 (Mood test) は検定統計量として

$$M_D = \sum_{i=1}^{m} \left(R_i - \frac{m + n + 1}{2} \right)^2$$

を使う. 対立仮説 $H_1 : \sigma_x^2 < \sigma_y^2$ が正しい時には小さな値をとる確率が大になるから, m_D を実現値とするとき有意確率 $P_0(M_D \leq m_D)$ を検討することに

なる. $F(\cdot)$ を連続型で同順位は確率 1 で起こらないときは, 帰無仮説 H_0 の下で $N = m + n$ とおくと

$$E_0(M_D) = \frac{m(N^2 - 1)}{12}, \quad V_0(M_D) = \frac{mn(N + 1)(N^2 - 4)}{180}$$

である. また $m, n \to \infty$ の時

$$\frac{M_D - E_0(M_D)}{\sqrt{V_0(M_D)}} \xrightarrow{L} N(0, 1)$$

が成り立つ.

3.3.2 相関の検定

$\boldsymbol{Z}_1 = (X_1, Y_2)^T, \boldsymbol{Z}_2 = (X_2, Y_2)^T, \ldots, \boldsymbol{Z}_n = (X_n, Y_n)^T$ を連続型 2 次元母集団からの無作為標本とする. ここでは母集団分布を連続型と仮定して, 同順位が起こる確率は 0 とし, 同順位は無視して議論していく. このとき X と Y の関連を検証するのに一番よく利用されるのはピアソンの相関係数 (**Pearson correlation coefficient**)

$$R = \frac{\sum_{i=1}^n (X_i - \overline{X})(Y_i - \overline{Y})}{\sqrt{\sum_{i=1}^n (X_i - \overline{X})^2 \sum_{i=1}^n (Y_i - \overline{Y})^2}}$$

である. R は母相関係数

$$\rho = \frac{\mathrm{Cov}(X_1, Y_1)}{\sqrt{V(X_1)V(Y_1)}}$$

の一致推定量である. 母集団分布が 2 次元正規分布 $N_2(\mu_x, \mu_y, \sigma_x^2, \sigma_y^2, \rho)$ のときは, 「$\rho = 0$」と「X_i と Y_i が独立」は同値で, 正規母集団が仮定できるときは帰無仮説 $H_0 : \rho = 0$ の検定統計量として

$$T_0 = \frac{\sqrt{n - 2} R}{\sqrt{1 - R^2}}$$

が利用できる. 帰無仮説の H_0 下で T_0 は自由度 $n - 2$ の t-分布にしたがう.

[スピアマンの順位相関係数]

ピアソンの相関係数において，データを順位で置き換えたものが**スピアマンの順位相関係数** (**Spearman's rank correlation coefficient**) である．R_i を $X_1, X_2, \ldots, X_n$ の中での X_i の順位とし，S_i を $Y_1, Y_2, \ldots, Y_n$ の中での Y_i の順位とする．このとき

$$\rho_S = \frac{\mathrm{Cov}(R_1, S_1)}{\sqrt{V(R_1)V(S_1)}}$$

に対して，ρ_S の推定量である

$$\widehat{\rho}_S = \frac{\sum_{i=1}^n \{R_i - E_0(R_i)\}\{S_i - E_0(S_i)\}}{\sqrt{\sum_{i=1}^n \{R_i - E_0(R_i)\}^2 \sum_{i=1}^n \{S_i - E_0(S_i)\}^2}}$$

をスピアマンの順位相関係数と呼ぶ．データ X_i, Y_i を順位に置き換えただけであるから

$$-1 \le \widehat{\rho}_S \le 1$$

が成り立つ．また $\rho_S > 0$ のときは，X が大きければ Y も大きくなる確率が大という関係を表し，$\rho_S < 0$ のときは逆に X が大きければ Y は小さくなる確率が大という関係を表す．よって $|\rho_S|$ が 1 に近い値のときは，関係が強いということになる．ここで簡単な計算より

$$E_0(R_i) = E_0(S_i) = \frac{n+1}{2},$$

$$\sum_{i=1}^n \{R_i - E(R_i)\}^2 = \sum_{i=1}^n \{S_i - E_0(S_i)\}^2$$

$$= \sum_{i=1}^n R_i^2 - n\left(\frac{n+1}{2}\right)^2 = \sum_{i=1}^n k^2 - \frac{n(n+1)^2}{4} = \frac{n(n^2-1)}{12}$$

が得られる．したがってスピアマンの順位相関係数は

$$\widehat{\rho}_S = \frac{12}{n(n^2-1)}\left\{\sum_{i=1}^n R_i S_i - \frac{n(n+1)^2}{4}\right\}$$

3.3 その他のノンパラメトリック検定

と書きかえられる. この統計量を使って「帰無仮説 $H_0 : X_i$ と Y_i は独立である」 vs. 「対立仮説 $H_1 : \rho_S \neq 0$」の検定の構成を考える. この設定では $\rho_S = 0$ であるが, X_i と Y_i は独立でない場合は除外されていることに注意が必要である.

このとき $\widehat{\rho}_S$ に対して, 帰無仮説 H_0 の下での期待値と分散は次で与えられる.

定理 3.19　帰無仮説 H_0 の下で

$$E_0(\widehat{\rho}_S) = 0, \qquad V_0(\widehat{\rho}_S) = \frac{1}{n-1}$$

が成り立つ.

証明　X_i と Y_i が独立ならば, R_i と S_i も独立になり, また $i \neq j$, $k \neq \ell$ に対して

$$P_0(R_i = k) = P_0(S_i = k) = \frac{1}{n},$$

$$P_0(R_i = k,\ R_j = \ell) = P_0(S_i = k,\ S_j = \ell) = \frac{1}{n(n-1)}$$

となる. これらを使うと

$$E_0\left(\sum_{i=1}^n R_i S_i\right) = n E_0(R_i S_i) = n E_0(R_i) E_0(S_i) - \frac{n(n+1)^2}{4}$$

が成り立つ. したがって $E_0(\rho_S) = 0$ である. また独立性より

$$E_0\left(\left\{\sum_{i=1}^n R_i S_i\right\}^2\right) = \sum_{i=1}^n \sum_{j=1}^n E_0(R_i R_j) E_0(S_i S_j)$$

$$= n E_0(R_1^2) E_0(S_1^2) + n(n-1) E_0(R_1 R_2) E_0(S_1 S_2)$$

となる. ここで

$$E_0(R_i^2) = \sum_{k=1}^n k^2 \frac{1}{n} = \frac{(n+1)(2n+1)}{6},$$

$$E_0(R_1R_2) = \sum_{i \neq j} ij \frac{1}{n(n-1)}$$

$$= \frac{1}{n(n-1)} \left(\sum_{i=1}^{n} \sum_{i=1}^{n} ij - \sum_{i=1}^{n} i^2 \right)$$

$$= \frac{1}{n(n-1)} \left\{ \frac{n^2(n+1)^2}{4} - \frac{n(n+1)(2n+1)}{6} \right\}$$

$$= \frac{1}{n-1} \frac{n+1}{12} (3n^2 - n - 2)$$

$$= \frac{(n+1)(3n+2)}{12}$$

となる. R_i を S_i で置き換えても分布は同じだから, 帰無仮説の下での積の期待値も同じ値になる. したがって

$$V_0 \left(\sum_{i=1}^{n} R_i S_i \right)$$

$$= nE_0(R_1^2)E_0(S_1^2) + n(n-1)E_0(R_1R_2)E_0(S_1S_2) - \{nE_0(R_iS_i)\}^2$$

$$= \frac{n(n+1)^2(2n+1)^2}{36} + \frac{n(n-1)(n+1)^2(3n+2)^2}{(12)^2} - \frac{n^2(n+1)^4}{16}$$

$$= \frac{n(n+1)^2(2n+1)^2}{36} + \frac{n(n+1)^2}{(12)^2} (-15n^2 - 17n - 4)$$

$$= \frac{n^2(n+1)^2(n-1)}{(12)^2}$$

となり, 係数の2乗を掛けると分散は $\frac{1}{n-1}$ となる. ∎

帰無仮説 H_0 の下で R_i, S_i の同時分布は母集団分布に依存しないからスピアマンの相関係数による検定は母集団分布に依存しない. n が大きい時には

$$\sqrt{n-1}\rho_s \xrightarrow{L} N(0,1)$$

の正規近似が利用できる.

3.3 その他のノンパラメトリック検定

[ケンドールの順位相関係数]

ケンドールの順位相関係数 (**Kendall's rank correlation coefficient**) は
従属の尺度として

$$\tau = P\left\{(X_1 - X_2)(Y_1 - Y_2) > 0\right\} - P\left\{(X_1 - X_2)(Y_1 - Y_2) < 0\right\}$$

を使うものである. このとき $-1 \leq \tau \leq 1$ である. この τ の不偏推定量で
ある

$$\widehat{\tau} = \frac{2}{n(n-1)} \sum_{1 \leq i < j \leq n} h(\boldsymbol{Z}_i, \boldsymbol{Z}_j)$$

をケンドールの τ (タウ) と呼ぶ. ただし

$$h(\boldsymbol{z}_1, \boldsymbol{z}_2) = \left\{ \begin{array}{ll} 1, & (x_1 - x_2)(y_1 - y_2) > 0 \\ 0, & (x_1 - x_2)(y_1 - y_2) = 0 \\ -1, & (x_1 - x_2)(y_1 - y_2) < 0 \end{array} \right.$$

である. スピアマンの順位相関係数と同様に, 「帰無仮説 $H_0 : X_i$ と Y_i は独
立である」 vs. 「対立仮説 $H_1 : \tau \neq 0$」の検定の構成を考える.

X_i と Y_i が独立と仮定すると

$$P_0\left\{(X_1 - X_2)(Y_1 - Y_2) > 0\right\}$$

$$= P_0(X_1 - X_2 > 0, Y_1 - Y_2 > 0) + P_0(X_1 - X_2 < 0, Y_1 - Y_2 < 0)$$

$$= P_0(X_1 - X_2 > 0)P_0(Y_1 - Y_2 > 0) + P_0(X_1 - X_2 < 0)P_0(Y_1 - Y_2 < 0)$$

$$= \frac{1}{2},$$

$$P_0\left\{(X_1 - X_2)(Y_1 - Y_2) < 0\right\}$$

$$= P_0(X_1 - X_2 > 0, Y_1 - Y_2 < 0) + P_0(X_1 - X_2 < 0, Y_1 - Y_2 > 0)$$

$$= P_0(X_1 - X_2 > 0)P_0(Y_1 - Y_2 < 0) + P_0(X_1 - X_2 < 0)P_0(Y_1 - Y_2 > 0)$$

$$= \frac{1}{2}$$

106   第3章 順位に基づく統計的推測

であるから，H_0 の下で $\tau = 0$ となる．したがって「対立仮説 $H_1 : H_0$ ではない」の検定は $|\hat{\tau}|$ がその実現値より大きくなるという有意確率で判断することができる．$X_1, X_2, \ldots, X_n$ を小さい方から並べた時の X_i の順位を R_i とし，Y_i の $Y_1, Y_2, \ldots, Y_n$ の中での順位を S_i とすると

$$(X_1 - X_2)(Y_1 - Y_2) > 0 \quad \Longleftrightarrow \quad (R_1 - R_2)(S_1 - S_2) > 0,$$

$$(X_1 - X_2)(Y_1 - Y_2) < 0 \quad \Longleftrightarrow \quad (R_1 - R_2)(S_1 - S_2) < 0$$

が成り立つ．したがって $\hat{\tau}$ は順位 R_i, S_i の関数となり，帰無仮説の下では R_i と S_i は独立となるから，$\hat{\tau}$ に基づく検定は母集団分布に依存しない．ここで

$$\tau_c = P\left\{(X_1 - X_2)(Y_1 - Y_2) > 0\right\},$$

$$\tau_d = P\left\{(X_1 - X_2)(Y_1 - Y_2) < 0\right\},$$

$$\tau_{c1} = P\{(X_1 - X_2)(Y_1 - Y_2) > 0,\ (X_1 - X_3)(Y_1 - Y_3) > 0\}$$

とおくと，$\hat{\tau}$ は第 6 章で解説する U-統計量であるから，次の定理が成り立つ．

定理 3.20 $\hat{\tau}$ について次のことが成り立つ．

(1) $V(\hat{\tau}) = \dfrac{8}{n(n-1)}\{\tau_c - (2n-3)\tau_c^2 + 2(n-2)\tau_{c1}\}$.

(2) $\dfrac{\hat{\tau} - E(\hat{\tau})}{\sqrt{V(\hat{\tau})}} \xrightarrow{L} N(0, 1)$.

証明 (1) 第 6 章の U-統計量の分散の表現より

$$V(\hat{\tau}) = \frac{4}{n}\mathrm{Cov}[h(\boldsymbol{Z}_1, \boldsymbol{Z}_2), h(\boldsymbol{Z}_1, \boldsymbol{Z}_3)] + \frac{2}{n(n-1)}V[h(\boldsymbol{Z}_1, \boldsymbol{Z}_2)]$$

となる．次の記号を準備する．

$$\tau_{c2} = P\{(X_1 - X_2)(Y_1 - Y_2) < 0,\ (X_1 - X_3)(Y_1 - Y_3) < 0\},$$

$$\tau_{d1} = P\{(X_1 - X_2)(Y_1 - Y_2) > 0,\ (X_1 - X_3)(Y_1 - Y_3) < 0\},$$

3.3 その他のノンパラメトリック検定

$$\tau_{d2} = P\{(X_1 - X_2)(Y_1 - Y_2) < 0, \ (X_1 - X_3)(Y_1 - Y_3) > 0\}.$$

このとき

$$\mathrm{Cov}[h(\boldsymbol{Z}_1, \boldsymbol{Z}_2), h(\boldsymbol{Z}_1, \boldsymbol{Z}_3)] = E[h(\boldsymbol{Z}_1, \boldsymbol{Z}_2)h(\boldsymbol{Z}_1, \boldsymbol{Z}_3)] - \tau^2$$

$$= \tau_{c1} + \tau_{c2} - \tau_{d1} - \tau_{d2} - \tau^2$$

となる. また

$$V[h(\boldsymbol{Z}_1, \boldsymbol{Z}_2)] = E[h^2(\boldsymbol{Z}_1, \boldsymbol{Z}_2)] - \tau^2 = 1 - \tau^2$$

である. ここで

$$\tau_c + \tau_d = 1, \quad \tau_c = \tau_{c1} + \tau_{d1}, \quad \tau_d = \tau_{c2} + \tau_{d2}, \quad \tau_{d1} = \tau_{d2}$$

が成り立つ. したがって

$$\mathrm{Cov}[h(\boldsymbol{Z}_1, \boldsymbol{Z}_2), h(\boldsymbol{Z}_1, \boldsymbol{Z}_3)] = 1 - 4(\tau_c - \tau_{c1}) - \tau^2$$

となる. これらの関係式を利用すると

$$V(\hat{\tau}) = \frac{4(n-2)}{n(n-1)}\{1 - 4(\tau_c - \tau_{c1}) - \tau^2\} + \frac{2}{n(n-1)}(1 - \tau^2)$$

$$= \frac{8}{n(n-1)}\{\tau_c - (2n-3)\tau_c^2 + 2(n-2)\tau_{c1}\}$$

が得られる.

(2) 第6章の U-統計量の漸近正規性より成り立つ. ∎

帰無仮説の下での期待値は $E_0(\hat{\tau}) = 0$ となる. 分散を求めるためには, 帰無仮説の下で $\tau_c = \tau_d = \frac{1}{2}$ であるから, τ_{c1} を求めればよい. 場合分けをすると

$$\tau_{c1} = P(X_1 - X_2 > 0, \ Y_1 - Y_2 > 0, \ X_1 - X_3 > 0, \ Y_1 - Y_3 > 0)$$

$$+ P(X_1 - X_2 > 0, \ Y_1 - Y_2 > 0, \ X_1 - X_3 < 0, \ Y_1 - Y_3 < 0)$$

$$+P(X_1 - X_2 < 0, \ Y_1 - Y_2 < 0, \ X_1 - X_3 > 0, \ Y_1 - Y_3 > 0)$$

$$+P(X_1 - X_2 < 0, \ Y_1 - Y_2 < 0, \ X_1 - X_3 < 0, \ Y_1 - Y_3 < 0)$$

となる. 帰無仮説の下で X_i と Y_i が独立であるから

$$P_0(X_1 - X_2 > 0, \ Y_1 - Y_2 > 0, \ X_1 - X_3 > 0, \ Y_1 - Y_3 > 0)$$

$$= P_0(X_1 > X_2, \ X_1 > X_3)P_0(Y_1 > Y_2, \ Y_1 > Y_3) = \frac{1}{9}$$

となる. 同様に

$$P_0(X_1 - X_2 > 0, \ Y_1 - Y_2 > 0, \ X_1 - X_3 < 0, \ Y_1 - Y_3 < 0) = \frac{1}{36},$$

$$P_0(X_1 - X_2 < 0, \ Y_1 - Y_2 < 0, \ X_1 - X_3 > 0, \ Y_1 - Y_3 > 0) = \frac{1}{36},$$

$$P_0(X_1 - X_2 < 0, \ Y_1 - Y_2 < 0, \ X_1 - X_3 < 0, \ Y_1 - Y_3 < 0) = \frac{1}{9}$$

が得られる. 以上より $\tau_{c1} = \frac{5}{18}$ となる. したがって

$$V_0(\hat{\tau}) = \frac{2(2n+5)}{9n(n-1)}$$

となり, 正規近似を用いて有意確率の近似を求めることができる.

3.3.3 コルモゴロフ・スミルノフ検定

位置母数や尺度母数などの特徴付けをもとにして検定を構成するのではなく, 全てを含む形での検定として**コルモゴロフ・スミルノフ検定 (Kolmogorov-Smirnov test)** が提案されている. ここでは一標本と二標本について解説する.

[一標本検定]

$X_1, X_2, \ldots, X_n$ を母集団 $F(\cdot)$ からの無作為標本とする. この標本に基づく**経験分布関数 (empirical distribution function)**

$$F_n(x) = \frac{1}{n} \sum_{i=1}^{n} I(X_i \le x)$$

3.3 その他のノンパラメトリック検定 *109*

を考える. ただし $I(A)$ は定義関数, すなわち A が真であれば1をとり, 真で
なければ 0 である. 経験分布関数は母集団分布を直接推定する方法で, 一番ノ
ンパラメトリックな推測ということができる. この $F_n(\cdot)$ については次の定理
が成り立つ.

定理 3.21 経験分布関数 $F_n(\cdot)$ について次が成立する. ただし x は固定
された値である.

(1) $P\left(F_n(x) = \dfrac{\ell}{n}\right) = \dbinom{n}{\ell}[F(x)]^\ell[1-F(x)]^{n-\ell}$.

(2) $E[F_n(x)] = F(x)$.

(3) $V[F_n(x)] = \dfrac{F(x)\{1-F(x)\}}{n}$.

(4) $F_n(x) \xrightarrow{P} F(x)$.

(5) $\dfrac{\sqrt{n}[F_n(x)-F(x)]}{F(x)[1-F(x)]} \xrightarrow{L} N(0,1)$.

証明 (1) 順序統計量の分布についての定理 3.1 の証明から $X_{i:n}$ を i 番目の
順序統計量とすると

$$P\left(F_n(x) = \frac{\ell}{n}\right) = P\{nF_n(x) = \ell\}$$

$$= P(X_{\ell:n} \le x < X_{\ell+1:n}) = \binom{n}{\ell}\{F(x)\}^\ell\{1-F(x)\}^{n-\ell}$$

が得られる.

(2) 期待値の定義と線形性から

$$E[F_n(x)] = E[I(X_i \le x)] = F(x)$$

となる.

(3) $X_1, X_2, \ldots, X_n$ は互いに独立で同じ分布にしたがうから

$$V[F_n(x)]$$

$$= \frac{1}{n^2} V \left[\sum_{i=1}^{n} I(X_i \le x) \right] = \frac{1}{n} V[I(X_i \le x)]$$

$$= \frac{1}{n} E[I^2(X_i \le x)] - \{E[I(X_i \le x)]\}^2 = \frac{1}{n} \{F(x) - [F(x)]^2\}$$

$$= \frac{F(x)\{1 - F(x)\}}{n}$$

が得られる.

(4), (5) $I(X_1 \le x), I(X_2 \le x), \dots, I(X_n \le x)$ は互いに独立で同じ分布に従い,平均及び分散が存在するから,大数の法則と中心極限定理より成り立つ.∎

また (4) よりも強い結果である次のグリベンコ・カンテリの定理 (**Glivenko-Cantelli's theorem**) が成り立つ.

定理 3.22 経験分布関数に対して

$$\sup_{-\infty < x < \infty} |F_n(x) - F(x)| \xrightarrow{\text{a.s.}} 0$$

が成り立つ.

証明 Shorack (2000) を参照. ∎

この経験分布関数を使って位置母数や尺度母数などの母数に依存しないコルモゴロフ・スミルノフ検定が構成できる.「帰無仮説 $H_0 : F \equiv F_0$ vs. 対立仮説 $H_1 : H_0$ ではない」を検定することができる.ただし $F_0(\cdot)$ は既知の分布関数である.この検定問題に対して

$$KS_{1;n} = \sup_{-\infty < x < \infty} |F_n(x) - F_0(x)|$$

を利用するのが一標本コルモゴロフ・スミルノフ検定である.有意確率は実現値 $ks_{1;n}$ に対して $P_0(KS_{1;n} \ge ks_{1;n})$ を考察することになる.$F_0(\cdot)$ は指定された既知の関数で,帰無仮説 H_0 の下で $x \in \mathbb{R}$ を固定すると

$$P \left(F_n(x) = \frac{\ell}{n} \right) = \binom{n}{\ell} [F_0(x)]^\ell [1 - F_0(x)]^{n-\ell}$$

3.3 その他のノンパラメトリック検定

と求めることができる．したがって $KS_{1;n}$ の分布は帰無仮説の下で理論的には求めることはできるが，分布はかなり複雑になる．標本数 n が大きい時には

$$\lim_{n \to \infty} P(\sqrt{n}KS_{1;n} \geq x) = 2\sum_{\ell=1}^{\infty} (-1)^{\ell-1} \exp(-2\ell^2 x^2)$$

の近似が成り立つ（Govindarajulu (2007) を参照）．実際の応用では $\ell = 1$ の $2\exp(-2x^2)$ の近似で十分である．

[二標本検定]

$X_1, X_2, \ldots, X_m$ を母集団 $F(\cdot)$ からの無作為標本とし，$Y_1, Y_2, \ldots, Y_n$ を母集団 $G(\cdot)$ からの無作為標本とする．このとき，「帰無仮説 $H_0 : F \equiv G$ vs. 対立仮説 $H_1 : F(x_0) \neq G(x_0)$ となる点 x_0 が存在する」の検定問題を考える．この検定問題は位置母数検定や尺度母数検定を含む一般的なものになっている．この問題には二標本コルモゴロフ・スミルノフ検定が利用できる．すなわちそれぞれの標本に基づく経験分布関数を

$$F_m(x) = \frac{1}{m} \sum_{i=1}^{m} I(X_i \leq x),$$

$$G_n(x) = \frac{1}{n} \sum_{j=1}^{n} I(Y_j \leq x)$$

とおくとき，検定統計量

$$KS_{2;N} = \sup_{-\infty < x < \infty} |F_m(x) - G_n(x)|$$

を利用する検定である．ただし $N = m + n$ である．

R_i を Y_i の全体 $\{X_1, X_2, \ldots, X_m, Y_1, Y_2, \ldots, Y_n\}$ の中での小さい方からの順位とし $(i = 1, 2, \ldots, n)$，同様に S_j を X_j の全体 $\{X_1, X_2, \ldots, X_m, Y_1, Y_2, \ldots, Y_n\}$ の中での小さい方からの順位とする．さらに $\{X_1, X_2, \ldots, X_m, Y_1, Y_2, \ldots, Y_n\}$ を小さい順に並べた順序統計量を $Z_{(1)}, \ldots, Z_{(m)}, \ldots, Z_{(N)}$ とする．ここで

$$L_k = \#\{X_i \leq Z_{(k)}\}$$

とおくと

$$
\begin{aligned}
KS_{2;N} &= \sup_{-\infty < x < \infty} |F_m(x) - G_n(x)| \\
&= \sup_{-\infty < x < \infty} \left| \frac{1}{m} \sum_{i=1}^{m} I(X_i \le x) - \frac{1}{n} \sum_{j=1}^{n} I(Y_j \le x) \right| \\
&= \max_{1 \le k \le N} \left| \frac{1}{m} \sum_{i=1}^{m} I(X_i \le Z_{(k)}) - \frac{1}{n} \sum_{j=1}^{n} I(Y_j \le Z_{(k)}) \right| \\
&= \max_{1 \le k \le N} \left| \frac{1}{m} L_k - \frac{1}{n} (k - L_k) \right|
\end{aligned}
$$

が成り立つ. $R_1, R_2, \ldots, R_n, S_1, S_2, \ldots, S_m$ が与えられれば L_k の値は決まる. したがって帰無仮説 H_0 の下で, $R_1, R_2, \ldots, R_n, S_1, S_2, \ldots, S_m$ の分布は母集団分布に依存しないから $KS_{2;N}$ による検定は母集団分布に依存しない. m, n が大きい時には一標本と同じように

$$
\lim_{N \to \infty} P\left(\sqrt{\frac{mn}{N}} KS_{2;N} \ge x \right) = 2 \sum_{\ell=1}^{\infty} (-1)^{\ell-1} \exp(-2\ell^2 x^2)
$$

の近似が成り立つ (Govindarajulu (2007) を参照). ただしここでは

$$
0 < \lim_{N \to \infty} \frac{m}{N} = \lambda < 1
$$

を満たす極限操作を考えている. 分布の近似は $\ell = 1$ だけでも実用には十分使えるものである.

第4章 ◇ 統計的リサンプリング法

　　ジャックナイフ法，ブートストラップ法等の**統計的リサンプリング
法** (statistical resampling method) はノンパラメトリックな統計的推測
において有効な手法として，脚光を浴びている．特にブートストラッ
プ法は，その適用範囲の広さから，1980 年代以降盛んに研究され，
理論的な性質が明らかにされてきた．ここでは，ジャックナイフ法と
ブートストラップ法について解説する．

4.1　ジャックナイフ法

　Quenouille (1949) は，得られた n 個のデータを 2 つのグループに分けて，
バイアスを修正する方法を提案した．その後 n 個のデータから 1 個を除いた
$n-1$ 個の標本に基づく対応する統計量を利用して，**バイアス (bias)** を修正す
るノンパラメトリックな方法として定着している．この方法は**ジャックナイフ
法 (jackknife method)** と名づけられ，有効な手段として広く利用されるよ
うになってきた．

4.1.1　ジャックナイフバイアス修正

　$X_1, X_2, \ldots, X_n$ を互いに独立で同じ分布 $F(\cdot)$ に従う無作為標本とすると
き，未知母数 θ の推定量 $\widehat{\theta}_n = \widehat{\theta}_n(X_1, \ldots, X_n)$ を考える．$\widehat{\theta}_n$ のバイアスは

$$\mathrm{BIAS}(\widehat{\theta}_n) = E(\widehat{\theta}_n - \theta) = E(\widehat{\theta}_n) - \theta$$

と定義される．ここで $\widehat{\theta}_{n-1}^{(i)} = \widehat{\theta}_{n-1}(X_1, \ldots, X_{i-1}, X_{i+1}, \ldots, X_n)$ を第 i 番目
を除く $n-1$ 個の標本に基づく対応する統計量とする．このときバイアスの推
定量として

$$B_{\mathrm{JACK}} = (n-1)(\overline{\theta}_n - \widehat{\theta}_n)$$

が提案されている．ただし

$$\overline{\theta}_n = \frac{1}{n}\sum_{i=1}^{n}\widehat{\theta}_{n-1}^{(i)}$$

である. これを使うとバイアス修正ジャックナイフ推定量 (bias corrected jackknife estimator) は

$$\tilde{\theta}_{\text{JACK}} = \widehat{\theta}_n - B_{\text{JACK}} = n\widehat{\theta}_n - (n-1)\overline{\theta}_n \tag{4.1}$$

で与えられる.

B_{JACK} がバイアスの推定量であり, $\tilde{\theta}_{\text{JACK}}$ がバイアスを修正していることは次のように説明できる. $\widehat{\theta}_n$ のバイアスは一般に

$$\text{BIAS}(\widehat{\theta}_n) = \frac{a_1(F)}{n} + \frac{a_2(F)}{n^2} + O(n^{-3})$$

と表されることが多い. ただし $a_1(F)$, $a_2(F)$ は n には依存しないが分布関数 $F(\cdot)$ に依存する定数である. したがって

$$\text{BIAS}(\widehat{\theta}_{n-1}^{(i)}) = \frac{a_1(F)}{n-1} + \frac{a_2(F)}{(n-1)^2} + O(n^{-3})$$

となり, バイアスの線形性 (期待値の線形性) より

$$\text{BIAS}(\overline{\theta}_n) = \frac{1}{n}\sum_{i=1}^{n}\text{BIAS}(\widehat{\theta}_{n-1}^{(i)}) = \frac{a_1(F)}{n-1} + \frac{a_2(F)}{(n-1)^2} + O(n^{-3})$$

が成り立つ. よって

$$\begin{aligned}
E(B_{\text{JACK}}) &= (n-1)[E(\overline{\theta}_n) - E(\widehat{\theta}_n)] \\
&= (n-1)\left[\frac{1}{n}\sum_{i=1}^{n}E\left\{\widehat{\theta}_{n-1}^{(i)}\right\} - \left\{\theta + \frac{a_1(F)}{n} + \frac{a_2(F)}{n^2}\right\} + O(n^{-3})\right] \\
&= (n-1)\left[\left(\frac{1}{n-1} - \frac{1}{n}\right)a_1(F) + \left(\frac{1}{(n-1)^2} - \frac{1}{n^2}\right)a_2(F) + O(n^{-3})\right] \\
&= \frac{a_1(F)}{n} + \frac{(2n-1)a_2(F)}{n^2(n-1)} + O(n^{-2})
\end{aligned}$$

となり，B_{JACK} は n^{-1} のオーダーのバイアスを正しく推定していることになる．このことから

$$\mathrm{BIAS}(\tilde{\theta}_{\mathrm{JACK}}) = \mathrm{BIAS}(\widehat{\theta}_n) - E(B_{\mathrm{JACK}})$$

$$= -\frac{a_2(F)}{n(n-1)} + O(n^{-2}) = O(n^{-2})$$

が成り立ち，n^{-1} の項のバイアスはなくなり，$\tilde{\theta}_{\mathrm{JACK}}$ はバイアス修正推定量になっている．

式 (4.1) よりバイアス修正ジャックナイフ推定量は

$$\tilde{\theta}_{\mathrm{JACK}} = \frac{1}{n}\sum_{i=1}^{n}[n\widehat{\theta}_n - (n-1)\widehat{\theta}_{n-1}^{(i)}]$$

と表せることに注意する．

4.1.2 ジャックナイフ分散推定量

Tukey (1958) は

$$\tilde{\theta}_{n,i} = n\widehat{\theta}_n - (n-1)\widehat{\theta}_{n-1}^{(i)}, \quad i = 1,\ldots,n$$

をジャックナイフ疑似量 (jackknife pseudo-value) と呼び，次のことを予想した．

(A1) 疑似量 $\tilde{\theta}_{n,i}$, $i = 1,2,\ldots,n$ は互いに独立で同じ分布に従う確率変数のように扱える．

(A2) $\tilde{\theta}_{n,i}$ の分散は $\sqrt{n}\widehat{\theta}_n$ の分散と近似的に等しい．

この 2 つの予想が正しいとして Tukey (1958) は分散 $V(\sqrt{n}\widehat{\theta}_n)$ の推定量として，$\tilde{\theta}_{n,1}, \tilde{\theta}_{n,2}, \ldots, \tilde{\theta}_{n,n}$ の標本不偏分散

$$\frac{1}{n-1}\sum_{i=1}^{n}\left(\tilde{\theta}_{n,i} - \frac{1}{n}\sum_{j=1}^{n}\tilde{\theta}_{n,j}\right)^2$$

を提案した. すなわち $V(\widehat{\theta}_n) = V(\sqrt{n}\widehat{\theta}_n)/n$ の推定量は

$$V_{\mathrm{JACK}} = \frac{1}{n(n-1)} \sum_{i=1}^{n} \left(\tilde{\theta}_{n,i} - \frac{1}{n} \sum_{j=1}^{n} \tilde{\theta}_{n,j} \right)^2$$

$$= \frac{1}{n(n-1)} \sum_{i=1}^{n} \left\{ n\widehat{\theta}_n - (n-1)\widehat{\theta}_{n-1}^{(i)} - \frac{1}{n} \sum_{j=1}^{n} \left(\widehat{\theta}_n - (n-1)\widehat{\theta}_{n-1}^{(j)} \right) \right\}^2$$

$$= \frac{n-1}{n} \sum_{i=1}^{n} \left(\widehat{\theta}_{n-1}^{(i)} - \frac{1}{n} \sum_{j=1}^{n} \widehat{\theta}_{n-1}^{(j)} \right)^2 \tag{4.2}$$

となる. これをジャックナイフ分散推定量 (jackknife variance estimator) と呼ぶ.

 これらのジャックナイフ推定量は, 統計モデルについての仮定が緩やかで, パラメトリックな推測に現れるような理論式の導出は必要ない. その意味で適用範囲の広い推測法である. しかしバイアスの修正式 (4.1) 及び分散の推定量 (4.2) をみても分かるように, 統計量の計算を n 回繰り返し行わなければならず, 昔のように計算機が十分に発達していない状況では生かしきれない手法であった. しかしコンピュータの性能の飛躍的な向上のおかげで, ジャックナイフ法はその真価を存分に発揮できる状況になってきた. また後で述べる**ブートストラップ法 (bootstrap method)** はジャックナイフ法よりもさらに計算機に依存した手法であるが, 近年の計算機能力の向上により, 十分に実用に耐える手法となっており, コンピュータのプログラム・パッケージにも, 利用できるものが現れている.

 ここでジャックナイフ法の例をいくつか考察してみよう.

● **例 4.1** $\widehat{\theta}_n = \overline{X} = \frac{1}{n} \sum_{i=1}^{n} X_i$ の標本平均を考えてみる. $\widehat{\theta}_n$ は母平均 $\mu = E(X_1)$ の不偏推定量である. このとき

$$\widehat{\theta}_{n-1}^{(i)} = \frac{1}{n-1} \sum_{j \neq i}^{n} X_j = \frac{1}{n-1}(n\overline{X} - X_i)$$

だから

$$\tilde{\theta}_{n,i} = n\overline{X} - (n\overline{X} - X_i) = X_i$$

となる. よって

$$\overline{\theta}_n = \frac{1}{n} \sum_{i=1}^{n} \widehat{\theta}_{n-1}^{(i)} = \overline{X}$$

となり

$$B_{\text{JACK}} = 0, \quad \tilde{\theta}_{\text{JACK}} = \widehat{\theta}_n = \overline{X}$$

が得られる. ここでは正確に $\tilde{\theta}_{n,i} = X_i$ で, $\tilde{\theta}_{n,i}$ の分散は正確に $\sqrt{n}\,\overline{X}$ の分散に一致している. したがって Tukey (1958) の予想 (A1), (A2) はこの例では正しい. さらに $V(\widehat{\theta}_n)$ のジャックナイフ分散推定量は

$$V_{\text{JACK}} = \frac{1}{n(n-1)} \sum_{i=1}^{n} (X_i - \overline{X})^2$$

となり $V(\widehat{\theta}_n) = V(\overline{X}) = \sigma^2/n$ だから通常の不偏分散推定量である.

次にバイアスがある推定量について考える.

- **例4.2** 母平均の2乗, 即ち μ^2 の推定量として $\widehat{\theta}_n = \overline{X}^2$ を使う. このとき

$$E(\overline{X}^2) = \frac{1}{n^2} \sum_{i=1}^{n} \sum_{j=1}^{n} E(X_i X_j) = \frac{n(n-1)}{n^2}\mu^2 + \frac{1}{n}E(X_1^2)$$

$$= \mu^2 + \frac{1}{n}[E(X_1^2) - \mu^2] = \mu^2 + \frac{\sigma^2}{n}$$

であるから, バイアスは

$$\text{BIAS}(\widehat{\theta}_n) = \text{BIAS}(\overline{X}^2) = \frac{\sigma^2}{n}$$

となる. ここで

$$\overline{X}^{(i)} = \frac{1}{n-1} \sum_{j \neq i}^{n} X_j,$$

$$(n-1)(\overline{X}^{(i)} - \overline{X}) = \overline{X} - X_i$$

だから，式 (4.1) よりバイアスの推定量は

$$B_{\text{JACK}} = (n-1)(\bar{\theta}_n - \widehat{\theta}_n)$$

$$= \frac{n-1}{n} \sum_{i=1}^{n} \left[(\overline{X}^{(i)})^2 - \overline{X}^2 \right]$$

$$= \frac{n-1}{n} \sum_{i=1}^{n} (\overline{X}^{(i)} - \overline{X})(\overline{X}^{(i)} + \overline{X})$$

$$= \frac{1}{n(n-1)} \sum_{i=1}^{n} (\overline{X} - X_i)[2(n-1)\overline{X} + (\overline{X} - X_i)]$$

$$= \frac{2}{n} \overline{X} \sum_{i=1}^{n} (\overline{X} - X_i) + \frac{1}{n(n-1)} \sum_{i=1}^{n} (\overline{X} - X_i)^2$$

$$= \frac{1}{n(n-1)} \sum_{i=1}^{n} (X_i - \overline{X})^2$$

$$= \frac{\widehat{\sigma}^2}{n} \tag{4.3}$$

となる．ただし $\widehat{\sigma}^2 = \frac{1}{n-1} \sum_{i=1}^{n} (X_i - \overline{X})^2$ である．したがって μ^2 のバイアス修正ジャックナイフ推定量は

$$\tilde{\theta}_{\text{JACK}} = \overline{X}^2 - \frac{\widehat{\sigma}^2}{n}$$

となり，これは従来の方法でも得られるものである．この $\tilde{\theta}_{\text{JACK}}$ は完全に不偏になっている．

ジャックナイフ分散推定量は，定義より

$$V_{\text{JACK}}$$

$$= \frac{n-1}{n} \sum_{i=1}^{n} \left[(\overline{X}^{(i)})^2 - \frac{1}{n} \sum_{j=1}^{n} (\overline{X}^{(j)})^2 \right]^2$$

$$= \frac{n-1}{n} \sum_{i=1}^{n} \left[(\overline{X}^{(i)})^2 - \overline{X}^2 + \overline{X}^2 - \frac{1}{n} \sum_{j=1}^{n} (\overline{X}^{(j)})^2 \right]^2$$

$$= \frac{n-1}{n} \sum_{i=1}^{n} \left[(\overline{X}^{(i)})^2 - \overline{X}^2 \right]^2 - (n-1) \left\{ \frac{1}{n} \sum_{j=1}^{n} \left[(\overline{X}^{(j)})^2 - \overline{X}^2 \right] \right\}^2$$

と書き換えられる．ここで式 (4.3) の変形を利用すると

$$\frac{1}{n} \sum_{j=1}^{n} \left[(\overline{X}^{(j)})^2 - \overline{X}^2 \right] = \frac{\widehat{\sigma}^2}{n(n-1)}$$

だから

$$V_{\text{JACK}} = \frac{n-1}{n} \sum_{i=1}^{n} \left[(\overline{X}^{(i)})^2 - \overline{X}^2 \right]^2 - \frac{\widehat{\sigma}^4}{n^2(n-1)}$$

となる．さらに式 (4.3) の変形より

$$(n-1)^2 [(\overline{X}^{(i)})^2 - \overline{X}^2] = (\overline{X} - X_i)[2(n-1)\overline{X} + (\overline{X} - X_i)]$$

だから

V_{JACK}

$$= \frac{1}{n(n-1)^3} \sum_{i=1}^{n} (\overline{X} - X_i)^2 [2(n-1)\overline{X} + (\overline{X} - X_i)]^2 - \frac{\widehat{\sigma}^4}{n^2(n-1)}$$

$$= \frac{1}{n(n-1)^3} \sum_{i=1}^{n} (\overline{X} - X_i)^2 \Big[4(n-1)^2 \overline{X}^2 + 4(n-1)\overline{X}(\overline{X} - X_i)$$

$$+ (\overline{X} - X_i)^2 \Big] - \frac{\widehat{\sigma}^4}{n^2(n-1)}$$

$$= \frac{4\overline{X}^2 \widehat{\sigma}^2}{n} - \frac{4\overline{X}\widehat{\mu}_3}{n(n-1)} + \frac{\widehat{\mu}_4}{n(n-1)^2} - \frac{\widehat{\sigma}^4}{n^2(n-1)}$$

となる．ここで

$$\widehat{\mu}_3 = \frac{1}{n-1} \sum_{i=1}^{n} (X_i - \overline{X})^3,$$

$$\widehat{\mu}_4 = \frac{1}{n-1} \sum_{i=1}^{n} (X_i - \overline{X})^4$$

120 第4章 統計的リサンプリング法

である. 他方, 従来の方法であれば

$$\mu_3 = E[(X_1 - \mu)^3], \quad \mu_4 = E[(X_1 - \mu)^4]$$

とおくと直接計算より

$$V(\overline{X}^2) = \frac{4\mu^2\sigma^2}{n} + \frac{4\mu\mu_3}{n^2} + \frac{(2n-3)\sigma^4}{n^3} + \frac{\mu_4}{n^3}$$

であるから, $V(\overline{X}^2)$ の推定量は

$$\frac{4\overline{X}^2\widehat{\sigma}^2}{n} + \frac{4\overline{X}\widehat{\mu}_3}{n^2} + \frac{(2n-3)\widehat{\sigma}^4}{n^3} + \frac{\widehat{\mu}_4}{n^3}$$

となる. V_{JACK} は通常の推定量とは異なっているが, 最初の項 $\frac{4\overline{X}^2\widehat{\sigma}^2}{n}$ は一致している.

最後に標本分散のバイアス修正について考えよう.

● 例 4.3 $\sigma^2 = V(X_1)$ の推定量 $\widehat{\theta}_n = \frac{1}{n}\sum_{i=1}^{n}(X_i - \overline{X})^2$ を考える. ここで定義より

$$\widehat{\theta}_{n-1}^{(i)} = \frac{1}{n-1}\sum_{j\neq i}^{n} X_j^2 - (\overline{X}_{n-1}^{(i)})^2$$

である. したがって

$$\begin{aligned}
(n-1)\overline{\theta}_n &= \frac{1}{n}\sum_{i=1}^{n}\sum_{j\neq i}^{n} X_j^2 - \frac{n-1}{n}\sum_{i=1}^{n}(\overline{X}_{n-1}^{(i)})^2 \\
&= \frac{n-1}{n}\sum_{i=1}^{n} X_i^2 - \frac{1}{n(n-1)}\sum_{i=1}^{n}\Big(\sum_{j\neq i}^{n}\sum_{k\neq i}^{n} X_j X_k\Big)
\end{aligned}$$

となる. ここで

$$\begin{aligned}
\sum_{i=1}^{n}&\Big(\sum_{j\neq i}^{n}\sum_{k\neq i}^{n} X_j X_k\Big) \\
&= \sum_{i=1}^{n}\Big(\sum_{j=1}^{n}\sum_{k=1}^{n} X_j X_k - X_i\sum_{j=1}^{n} X_j - X_i\sum_{k=1}^{n} X_k + X_i^2\Big)
\end{aligned}$$

$$= (n-2)\Big(\sum_{j=1}^{n} X_j\Big)^2 + \sum_{i=1}^{n} X_i^2$$

だから

$(n-1)\overline{\theta}_n$

$$= \frac{n-1}{n}\sum_{i=1}^{n} X_i^2 - \frac{n-2}{n(n-1)}\Big(\sum_{j=1}^{n} X_j\Big)^2 - \frac{1}{n(n-1)}\sum_{i=1}^{n} X_i^2$$

$$= \frac{n-2}{n-1}\Big\{\sum_{i=1}^{n} X_i^2 - \frac{1}{n}\Big(\sum_{j=1}^{n} X_j\Big)^2\Big\}$$

$$= \frac{n-2}{n-1}\sum_{i=1}^{n}(X_i - \overline{X})^2$$

となる. したがってバイアスの推定量は

$$B_{\mathrm{JACK}} = (n-1)(\overline{\theta}_n - \widehat{\theta}_n) = -\frac{1}{n(n-1)}\sum_{i=1}^{n}(X_i - \overline{X})^2$$

で与えられる. よってバイアス修正ジャックナイフ推定量は

$$\tilde{\theta}_{\mathrm{JACK}} = \widehat{\theta}_n - B_{\mathrm{JACK}} = \frac{1}{n-1}\sum_{i=1}^{n}(X_i - \overline{X})^2$$

の不偏標本分散推定量になる.

第6章で述べるように不偏標本分散 $V = \sum_{i=1}^{n}(X_i - \overline{X})^2/(n-1)$ は次数2の U-統計量である. U-統計量のジャックナイフ分散推定量は第6章で示すように一致性を持つ. したがって $\widehat{\theta}_n = (n-1)V/n$ のジャックナイフ分散推定量も一致性をもつ.

一般にジャックナイフ分散推定量は適当な正則条件の下で

$$\frac{V_{\mathrm{JACK}}}{V(\widehat{\theta}_n)} \xrightarrow{\mathrm{a.s.}} 1$$

となることが示せ, また V_{JACK} は正のバイアスを持つことが示されている.

4.2 ブートストラップ法

 ジャックナイフ法は n 個の標本の中から $n-1$ 個のサブサンプルを取り出して,対応する統計量を計算し,推測の精度を上げるものであった.しかし $n-1$ 個に限定する必要はなく,極端な話としては n 個の中の空でないすべての部分集合の数 2^n-1 通りのサブサンプルを利用して推測の精度を上げることができるのではないかということを Hartigan (1969) が議論している.しかしそのためには 2^n-1 回も統計量の値を計算して処理しなければならず,ジャックナイフ法よりはるかに計算機の性能の高さが要求される.このような流れの中で生まれてきたのが Efron (1979) によるブートストラップ法である.ブートストラップ法は1980年代から多くの研究者によって研究され,その適用範囲の広さから近年統計的推測に利用されるようになってきた.

4.2.1 ブートストラップ推定

 $\chi = (X_1, X_2, \ldots, X_n)$ を分布 F を持つ母集団からの無作為標本とし,未知母数 θ に関連した統計量 $\widehat{\theta}_n = \widehat{\theta}_n(X_1, \ldots, X_n)$ を考える.このとき $\widehat{\theta}_n$ の分散は

$$V(\widehat{\theta}_n) = \int \left[\widehat{\theta}_n(x_1, \ldots, x_n) - \int \widehat{\theta}_n(y_1, \cdots, y_n) \prod_{j=1}^{n} dF(y_j)\right]^2 \prod_{i=1}^{n} dF(x_i)$$

である.ただし積分は n 重積分を表す.ここで $\widehat{F}(\cdot)$ を $X_1, X_2, \ldots, X_n$ に基づく F の推定量とすると,理論的なブートストラップ分散推定量 (bootstrap variance estimator) は

$$V_{\text{BOOT}}$$
$$= \int \left[\widehat{\theta}_n(x_1, \ldots, x_n) - \int \widehat{\theta}_n(y_1, \ldots, y_n) \prod_{j=1}^{n} d\widehat{F}(y_j)\right]^2 \prod_{i=1}^{n} d\widehat{F}(x_i) \quad (4.4)$$

で与えられる.$\{X_1^*, X_2^*, \ldots, X_n^*\}$ を分布 $\widehat{F}(\cdot)$ からの無作為標本 (互いに独立で同じ分布 $\widehat{F}(\cdot)$ に従う確率変数) とすると

$$V_{\text{BOOT}} = V^*[\widehat{\theta}_n(X_1^*, \ldots, X_n^*)|X_1, X_2, \ldots, X_n]$$

となる. ただし $V^*[\,\cdot\,|X_1, X_2, \ldots, X_n]$ は $X_1, X_2, \ldots, X_n$ を与えたときの条件付き分散を表す. もし V_{BOOT} が $X_1, X_2, \ldots, X_n$ の明示的な関数であれば, 従来の $V(\widehat{\theta}_n)$ の各項に推定量を代入する手法と一致する. $\widehat{F}(\cdot)$ としてはノンパラメトリックな推定量である経験分布関数

$$F_n(x) = \frac{1}{n} \sum_{i=1}^{n} I(X_i \le x)$$

が一番よく使われる. ただし $I(\cdot)$ は定義関数である.

ここでいくつかの例について考えてみよう.

● 例 4.4 $\widehat{\theta}_n = \overline{X}$, $\widehat{F}(x) = F_n(x)$ のときは

$$V(\overline{X}) = \frac{1}{n} V(X_1) = \frac{1}{n} \int_{-\infty}^{\infty} \left[x - \int_{-\infty}^{\infty} y \, dF(y) \right]^2 dF(x)$$

となる. したがって

$$V_{\text{BOOT}} = \frac{1}{n} \int_{-\infty}^{\infty} \left[x - \int_{-\infty}^{\infty} y \, dF_n(y) \right]^2 dF_n(x)$$

がブートストラップ分散推定量である. ここで F_n は, 各 X_i で $\frac{1}{n}$ ずつ増えていく階段関数であるから

$$\int_{-\infty}^{\infty} y \, dF_n(y) = \frac{1}{n} \sum_{j=1}^{n} X_j = \overline{X}$$

となり, さらに

$$\int_{-\infty}^{\infty} (x - \overline{X})^2 dF_n(x) = \frac{1}{n} \sum_{i=1}^{n} (X_i - \overline{X})^2$$

である. したがって

$$V_{\text{BOOT}} = \frac{1}{n^2} \sum_{i=1}^{n} (X_i - \overline{X})^2$$

が得られる.

124　　　　　　　　第4章　統計的リサンプリング法

- **例 4.5**　$\widehat{\theta}_n = \overline{X}^2$ の場合を考えてみよう．例 4.2 より

$$V(\overline{X}^2) = \frac{4\mu^2\sigma^2}{n} + \frac{4\mu\mu_3}{n^2} + \frac{(2n-3)\sigma^4}{n^3} + \frac{\mu_4}{n^3}$$

であったから，各 μ, σ^2, μ_3, μ_4 に経験分布関数を代入すると

$$\widehat{\mu} = \int_{-\infty}^{\infty} x\, dF_n(x) = \frac{1}{n}\sum_{i=1}^{n} X_i = \overline{X},$$

$$\tilde{\sigma}^2 = \int_{-\infty}^{\infty} (x - \overline{X})^2\, dF_n(x) = \frac{1}{n}\sum_{i=1}^{n}(X_i - \overline{X})^2,$$

$$\tilde{\mu}_k = \int_{-\infty}^{\infty} (x - \overline{X})^k\, dF_n(x) = \frac{1}{n}\sum_{i=1}^{n}(X_i - \overline{X})^k \quad (k = 3, 4)$$

が得られる．したがってブートストラップ分散推定量は

$$V_{\text{BOOT}} = \frac{4\overline{X}^2\tilde{\sigma}^2}{n} + \frac{4\overline{X}\tilde{\mu}_3}{n^2} + \frac{(2n-3)\tilde{\sigma}^4}{n^3} + \frac{\tilde{\mu}_4}{n^3}$$

で与えられる．

　これらの例ではブートストラップ分散推定量は従来の方法で得られた推定量とほとんど同じものである．しかしブートストラップ法は，従来の方法で理論的な式の導出が困難な場合にも適用できる応用範囲の広い手法である．また今までの例では V_{BOOT} の式は明示的に求めることができたが，一般には V_{BOOT} はもっと複雑で，明示的な推定量の構成は不可能な場合もある．分布 $F(\cdot)$ が既知で，$V(\widehat{\theta}_n)$ に含まれる積分を明示的に求めることが困難なときは，近似的に求める一つの方法として**モンテカルロ法 (monte carlo method)** が使われている．ブートストラップ分散推定量の場合も，$\widehat{F}(\cdot)$ は既知であるから V_{BOOT} の近似をモンテカルロ法を使って求めることができる．

　$X_1, X_2, \ldots, X_n$ を与えられたものとして，$\{X_{1b}^*, X_{2b}^*, \ldots, X_{nb}^*\}$ $(b = 1, 2, \ldots, B)$ を $\widehat{F}(\cdot)$ から独立に得られた無作為標本とし，$\widehat{\theta}_{n,b}^* = \widehat{\theta}_n(X_{1b}^*, \ldots, X_{nb}^*)$ を計算する．この操作を B 回繰り返し，V_{BOOT} のモンテカルロ近似として

$$V_{\text{BOOT}}^{(B)} = \frac{1}{B}\sum_{b=1}^{B}\left(\widehat{\theta}_{n,b}^* - \frac{1}{B}\sum_{a=1}^{B}\widehat{\theta}_{n,a}^*\right)^2 \tag{4.5}$$

を得ることができる. 大数の法則より $B \to \infty$ のとき

$$V_{\mathrm{BOOT}}^{(B)} \xrightarrow{P} V_{\mathrm{BOOT}}$$

が成り立つ. この V_{BOOT}, $V_{\mathrm{BOOT}}^{(B)}$ は両方ともブートストラップ推定量 (boot-strap estimator) と呼ばれるが, 実際の推測においては $V_{\mathrm{BOOT}}^{(B)}$ の方がより重要である. 通常ブートストラップ推定量と呼ばれるのは $V_{\mathrm{BOOT}}^{(B)}$ である. B は数百回から千回ぐらい必要とされるために, 計算量はジャックナイフ法よりはるかに大きくなる.

ブートストラップ法は未知の部分に推定量を代入するという従来の方法と, 数値的な近似の組み合わせとみることができる. 従来の方法は, $V(\widehat{\theta}_n)$ の解析的な近似を求め, 未知の量に推定量を代入して分散の推定量を構成するものである. もし式 (4.4) が $X_1, X_2, \ldots, X_n$ の明示的な関数であれば, 従来の手法と殆ど同じものが得られる. もし明示的でなければ, $V_{\mathrm{BOOT}}^{(B)}$ によって近似することができる. 式 (4.5) の近似はどのように複雑なモデルであっても, 計算可能であるから, ブートストラップ法が適用できる.

ブートストラップ法でデータを発生させる $\widehat{F}(\cdot)$ は, どのような推定量でも構わない. 一番単純なノンパラメトリックな推定は経験分布関数 $F_n(\cdot)$ である. もし分布 $F(\cdot)$ が母数で特徴づけられるパラメトリックな推測のときは, 未知母数に推定量を代入した分布 $\widehat{F}(\cdot)$ を使えばよい. これをパラメトリック・ブートストラップ (parametric bootstrap) と呼ぶ. 例えば元の母集団分布が $N(\mu, \sigma^2)$ の正規分布のときは, 平均と分散に推定値を代入した $N(\overline{x}, \widehat{\sigma}^2)$ を $\widehat{F}(\cdot)$ とみなして, この分布からデータを発生させて推測を行えば, モデルが正しい時には経験分布関数を利用するものより精度が高くなる.

ブートストラップ法は Efron (1979) の論文のタイトルでも分かるように, ジャックナイフ法の拡張と見なすことができる. また統計量 $\widehat{\theta}_n$ が十分滑らかな統計量であれば, ジャックナイフ分散推定量はブートストラップ分散推定量の近似とみなすことができる. しかしこのことは, ジャックナイフ分散推定量がブートストラップ分散推定量より劣るということではない. ジャックナイフ推定量の計算量は $O(n^2)$ であるが, ブートストラップ法は $O(nB)$ である. 通常 B は数百から千回ぐらい必要とされており, 標本数 n よりも桁違いに大き

い．したがってジャックナイフ推定量の方がブートストラップ推定量より計算量はかなり少ないものになっている．

次にブートストラップ法によるバイアスの修正と信頼区間の構成について詳しくみてみよう．まず統計量 $\widehat{\theta}_n$ に関連した確率変数 $S_n(X_1, \ldots, X_n; F)$ の分布関数

$$H_n(x; F) = P\Big\{S_n(X_1, \ldots, X_n; F) \leq x\Big\}$$

の推定を考える．ここで $X_1, X_2, \ldots, X_n$ は互いに独立で同じ分布 $F(\cdot)$ に従う確率変数とする．単純に $\widehat{\theta}_n$ の分布を推定したければ $S_n(X_1, \ldots, X_n; F) = \widehat{\theta}_n$ と考えればよいし，θ の信頼区間を構成するためには $\sqrt{n}(\widehat{\theta}_n - \theta)$ や $(\widehat{\theta}_n - \theta)/D_n$（$D_n$ は標準偏差の推定量）を S_n と考えればよい．

従来の方法は $H_n(x; F)$ を母数によって特徴づけて，その母数を推定したり，分布の近似を利用したりするものであった．例えば

$$S_n(X_1, \ldots, X_n; F) = \sqrt{n}(\widehat{\theta}_n - \theta)$$

のときは多くの場合 $H_n(x; F)$ は $\Phi(x/\sigma)$ で近似される．ここで $\Phi(x)$ は標準正規分布の分布関数で，σ は未知の $F(\cdot)$ に関連した母数（標準偏差）である．$\widehat{\sigma}$ を σ の推定量とすると，$H_n(x; F)$ は $\Phi(x/\widehat{\sigma})$ で推定される．またスチューデント化統計量

$$S_n(X_1, \ldots, X_n; F) = \frac{\widehat{\theta}_n - \theta}{D_n}$$

のときは，$\Phi(x)$ が推定値となる．

$H_n(x; F)$ のブートストラップ推定量は，ブートストラップ分散推定量の場合と全く同じやり方で構成できる．すなわち推定量 $\widehat{F}(\cdot)$ を $F(\cdot)$ に代入した

$$H_{\mathrm{BOOT}}(x) = H_n(x; \widehat{F})$$

$$= P^*\Big\{S_n(X_1^*, \ldots, X_n^*; \widehat{F}) \leq x | X_1, X_2, \ldots, X_n\Big\}$$

が推定量になる．ただし $X_1^*, X_2^*, \ldots, X_n^*$ は $\widehat{F}(\cdot)$ からの無作為標本で $P^*\{\cdot | X_1, X_2, \ldots, X_n\}$ は $X_1, X_2, \ldots, X_n$ が与えられたときの条件付き確率である．

もしこの $H_{\mathrm{BOOT}}(\cdot)$ が $X_1, X_2, \ldots, X_n$ の明示的な関数であればそれがブートストラップ推定量である.もし明示的でなければモンテカルロ近似の

$$H_{\mathrm{BOOT}}^{(B)}(x) = \frac{1}{B} \sum_{b=1}^{B} I\left\{ S_n(X_{1b}^*, \ldots, X_{nb}^*; \widehat{F}) \leq x \right\}$$

をひとつのブートストラップ推定量としてよい.ここで $\{X_{1b}^*, X_{2b}^*, \ldots, X_{nb}^*\}$ $(b = 1, 2, \ldots, B)$ は $\widehat{F}(\cdot)$ からのブートストラップ・サンプル($\widehat{F}(\cdot)$ からの無作為標本)である.

この $H_{\mathrm{BOOT}}(\cdot)$, $H_{\mathrm{BOOT}}^{(B)}(\cdot)$ のブートストラップ推定量を利用すると,ジャックナイフ法と同様にブートストラップ法によるバイアスの推定も簡単に構成できる.$\widehat{\theta}_n$ を θ の推定量としてそのバイアスを考える.$S_n = \widehat{\theta}_n$ すなわち $H_n(x; F) = P(\widehat{\theta}_n \leq x)$ とおくとバイアスは

$$\mathrm{BIAS}(\widehat{\theta}_n) = \int x \, dH_n(x; F) - \theta$$

であるから,$F(\cdot)$, θ を $\widehat{F}(\cdot)$, $\widehat{\theta}_n$ でそれぞれ置き換えると

$$B_{\mathrm{BOOT}} = \int x \, dH_{\mathrm{BOOT}}(x) - \widehat{\theta}_n$$

がブートストラップ・バイアス推定量 (bootstrap bias estimator) となる.この積分が明示的に求まらないときは,モンテカルロ法により

$$B_{\mathrm{BOOT}}^{(B)} = \int x \, dH_{\mathrm{BOOT}}^{(B)}(x) - \widehat{\theta}_n$$

$$= \frac{1}{B} \sum_{b=1}^{B} \widehat{\theta}_n(X_{1b}^*, \ldots, X_{nb}^*) - \widehat{\theta}_n$$

がバイアス推定量である.このブートストラップ・バイアス推定量もジャックナイフ・バイアス推定量と密接な関係がある.

- 例 4.6 (1) $\widehat{\theta}_n = \overline{X}$, $\widehat{F}(\cdot) = F_n(\cdot)$ のときは

$$\int x \, dH_{\mathrm{BOOT}}(x) = E^*(\overline{X}^* | X_1, \ldots, X_n) = \overline{X}$$

であるから $B_{\text{BOOT}} = 0$ となる.

(2) $\widehat{\theta}_n = \overline{X}^2$, $\widehat{F}(\cdot) = F_n(\cdot)$ のときは

$$\int x dH_{\text{BOOT}}(x) = E^*[(\overline{X}^*)^2 | X_1, \ldots, X_n]$$
$$= V^*(\overline{X}^* | X_1, \ldots, X_n) + [E^*(\overline{X}^* | X_1, \ldots, X_n)]^2$$

となる. ここで $\overline{X}^*$ は $X_1, X_2, \ldots, X_n$ を等確率 $\frac{1}{n}$ でとる確率変数 $X_1^*, X_2^*,$ $\ldots, X_n^*$ の標本平均であるから

$$V^*(\overline{X}^* | X_1, X_2, \ldots, X_n) = \frac{1}{n} V^*(X_1^* | X_1, X_2, \ldots, X_n)$$

となり, さらに

$$V^*(X_1^* | X_1, X_2, \ldots, X_n) = \frac{1}{n} \sum_{i=1}^{n} (X_i - \overline{X})^2$$

が得られる. よって

$$\int x dH_{\text{BOOT}}(x) = \frac{1}{n^2} \sum_{i=1}^{n} (X_i - \overline{X})^2 + \overline{X}^2$$

となるから

$$B_{\text{BOOT}} = \frac{1}{n^2} \sum_{i=1}^{n} (X_i - \overline{X})^2$$

がバイアス推定量である. この推測問題では式 (4.3) より

$$B_{\text{BOOT}} = \frac{n-1}{n} B_{\text{JACK}}$$

の関係式が成り立つ.

分散の推定量とバイアスの推定量を組み合わせると, 推定量に対する平均二乗誤差の"推定量"も構成できる. T_n を θ の推定量とすると

$$E(T_n - \theta)^2 = V(T_n) + [\text{BIAS}(T_n)]^2$$

であるから，$V_{\mathrm{BOOT}} + (B_{\mathrm{BOOT}})^2$ が平均二乗誤差の推定量となりモンテカルロ近似は

$$V_{\mathrm{BOOT}}^{(B)} + (B_{\mathrm{BOOT}}^{(B)})^2$$

$$= \frac{1}{B}\sum_{b=1}^{B}\Big(\widehat{\theta}_{n,b}^* - \frac{1}{B}\sum_{a=1}^{B}\widehat{\theta}_{n,a}^*\Big)^2 + \Big(\frac{1}{B}\sum_{b=1}^{B}\widehat{\theta}_{n,b}^* - \widehat{\theta}_n\Big)^2$$

$$= \frac{1}{B}\sum_{b=1}^{B}(\widehat{\theta}_{n,b}^*)^2 - \Big(\frac{1}{B}\sum_{a=1}^{B}\widehat{\theta}_{n,a}^*\Big)^2 + \Big(\frac{1}{B}\sum_{b=1}^{B}\widehat{\theta}_{n,b}^*\Big)^2 - \frac{2\widehat{\theta}_n}{B}\sum_{b=1}^{B}\widehat{\theta}_{n,b}^* + (\widehat{\theta}_n)^2$$

$$= \frac{1}{B}\sum_{b=1}^{B}\Big\{(\widehat{\theta}_{n,b}^*)^2 - 2\widehat{\theta}_n\widehat{\theta}_{n,b}^* + (\widehat{\theta})^2\Big\}$$

$$= \frac{1}{B}\sum_{b=1}^{B}[\widehat{\theta}_n(X_{1b}^*,\ldots,X_{nb}^*) - \widehat{\theta}_n]^2$$

となる．最後の式は平均二乗誤差のブートストラップ推定になっている．

　バイアス及び分散の推定については今まで見てきたように，ジャックナイフ法，ブートストラップ法ともにすぐに適用できる．しかし統計量 S_n の分布を使った信頼区間や仮説検定となるとジャックナイフ法での推測は困難である．他方ブートストラップ法による推測は上記の分布の推定量 $H_{\mathrm{BOOT}}(\cdot)$，$H_{\mathrm{BOOT}}^{(B)}(\cdot)$ を使ってすぐに行うことができる．統計的推測の重要な柱である区間推定と検定に対して有用な手法ということで，ブートストラップ法は注目を集めている．

4.2.2　ブートストラップ区間推定
　次に信頼区間の構成をみてみよう．

● **例 4.7**　元になる統計量を

$$S_n^{(SD)} = \sqrt{n}(\widehat{\theta}_n - \theta)$$

とする．このとき

$$H_n^{(SD)}(x;F) = P\Big\{S_n^{(SD)} \leq x\Big\}$$

を推定することができれば, θ の信頼区間を構成することができる. 分布 $H_n^{(SD)}(\cdot; F)$ の α-点を $x_\alpha^{(SD)}$ とする. すなわち

$$x_\alpha^{(SD)} = \inf\{x | H_n^{(SD)}(x; F) \geq \alpha\}$$

を満たす点とする. このとき信頼係数 $1 - \alpha$ $(0 < \alpha < \frac{1}{2})$ の母数 θ の両側信頼区間は

$$\widehat{\theta}_n - n^{-1/2} x_{1-\alpha/2}^{(SD)} \leq \theta \leq \widehat{\theta}_n - n^{-1/2} x_{\alpha/2}^{(SD)}$$

で与えられる. $x_\alpha^{(SD)}$ の $F(\cdot)$ に経験分布関数 $F_n(\cdot)$ を代入した

$$x_\alpha^{(SD)} = \inf\{x | H_n^{(SD)}(x; F_n) \geq \alpha\}$$

がブートストラップ推定量のひとつとして得られる. この推定量が明示的でないときは, モンテカルロ法を使って次のように近似を求める. $\{X_{1b}^*, X_{2b}^*, \ldots, X_{nb}^*\}$ $(b = 1, 2, \ldots, B)$ を $F_n(\cdot)$ からの無作為標本(ブートストラップ・データ)とし, $\widehat{\theta}_{nb}^*$ を $\{X_{1b}^*, X_{2b}^*, \ldots, X_{nb}^*\}$ に基づいて計算された量とする. このとき

$$y_b^* = \sqrt{n}(\widehat{\theta}_{nb}^* - \widehat{\theta}_n)$$

とおき, y_b^* を小さいほうから並べた順序統計量の実現値を $y_{(1)}^* \leq y_{(2)}^* \leq \cdots \leq y_{(B)}^*$ とする. このとき α-点の近似は

$$\widehat{x}_\alpha^{(SD)} = y_{([B\alpha+1])}^* \tag{4.6}$$

で与えられる. ただし $[a]$ は a を超えない最大整数を表すガウス記号である. この方法が α-点の推測で最初に考案されたものである.

 上記の例は単純なブートストラップ法であるが, 近似の良さの観点では次に述べる**ブートストラップ-t 法** の方が優れていることが示されている.

● 例 **4.8** 元になる統計量としてスチューデント化統計量

$$S_n^{(ST)} = \frac{\widehat{\theta}_n - \theta}{D_n}$$

を利用する. ここで D_n は $V(\widehat{\theta}_n)$ の推定量である. この統計量の分布

$$H_n^{(ST)}(x; F) = P\left\{ S_n^{(ST)} \leq x \right\}$$

を使って, θ の信頼区間を構成することができる. 分布 $H_n^{(ST)}(\cdot; F)$ の α-点を $x_\alpha^{(ST)}$, すなわち

$$x_\alpha^{(ST)} = \inf\{x | H_n^{(ST)}(x; F) \geq \alpha\}$$

を満たす点とする. このとき信頼係数 $1 - \alpha$ $(0 < \alpha < \frac{1}{2})$ の母数 θ の両側信頼区間は

$$\widehat{\theta}_n - x_{1-\alpha/2}^{(ST)} D_n \leq \ \theta \ \leq \widehat{\theta}_n - x_{\alpha/2}^{(ST)} D_n$$

で与えられる. $x_\alpha^{(ST)}$ のブートストラップ推定量は経験分布関数 $F_n(\cdot)$ を使って

$$\widehat{x}_\alpha^{(ST)} = \inf\{x | H_n^{(ST)}(x; F_n) \geq \alpha\}$$

となる. この推定量が明示的でないときは, $\widehat{\theta}_{nb}^*$, D_{nb}^* をブートストラップ・データ $\{X_{1b}^*, X_{2b}^*, \ldots, X_{nb}^*\}$ に基づいて計算された量とし

$$z_b^* = \frac{\widehat{\theta}_{nb}^* - \widehat{\theta}_n}{D_{nb}^*} \quad (b = 1, 2, \ldots, B)$$

とおく. z_b^* を小さいほうから並べた順序統計量の実現値を $z_{(1)}^* \leq z_{(2)}^* \leq \cdots \leq z_{(B)}^*$ とするとき α-点の近似は

$$\widehat{x}_\alpha^{(ST)} = z_{([B\alpha+1])}^* \tag{4.7}$$

で与えられる.

4.2.3 ブートストラップ検定

未知母数 θ についての帰無仮説 $H_0 : \theta = \theta_0$ vs. 対立仮説 $H_1 : \theta > \theta_0$ の片側検定を考える. この検定を行うには $S_n^{(SD)} = \sqrt{n}(\widehat{\theta}_n - \theta)$ の確率点を利用

すればよい. 有意水準を α とおくと式 (4.6) の確率点の近似を使って, 実現値 $s_n^{(SD)}$ に対して

$$s_n^{(SD)} \geq y_{([B(1-\alpha)+1])}^*$$

の時に帰無仮説 H_0 を棄却することになる.

スチューデント化に基づくときは $S_n^{(ST)} = \frac{\widehat{\theta}_n - \theta}{D_n}$ の実現値 $s_n^{(ST)}$ に対して式 (4.7) の確率点を使って,

$$s_n^{(ST)} \geq z_{([B(1-\alpha)+1])}^*$$

の時に帰無仮説 H_0 を棄却する. これらの検定は漸近的に有意水準を満たすことが示せる. また近似の精度を上げたいときには, 次に述べる**反復ブートストラップ法 (bootstrap iteration)** を利用すればよい.

4.2.4 反復ブートストラップ法

ブートストラップ法は統計量の分布や構造等が明示的に求まらなくても適用できる汎用性を持った手法であるが, 汎用性が高い分推測の精度が落ちる場合もある. そこで推測の精度の改善のためにいろいろな手法が提案されており, その一つが反復ブートストラップ法である. この反復法は原理的にはすべての統計的推測に適用可能であるが, ここではバイアス修正と信頼区間の被覆確率の改善について解説する.

$X_1, X_2, \ldots, X_n$ を母集団分布 $F(\cdot; \theta) = F^0(\cdot)$ からの無作為標本 (互いに独立で同じ分布 $F^0(\cdot)$ に従う確率変数) とする. このとき未知母数 $\theta = \theta(F^0)$ のブートストラップ推定量 $\widehat{\theta} = \theta(\widehat{F}^1)$ を考える. ただし $\widehat{F}^1(\cdot)$ は無作為標本から推定される分布関数で, ここでは経験分布関数を考える.

分布関数の関数である汎関数 $d_t (t \in \mathbb{R})$ を考えて

$$E[d_t(F^0, \widehat{F}^1)|F^0] = 0 \tag{4.8}$$

を満たす $t = t_0$ を求めるという定式化を考える. ここで $E[\,\cdot\,|F^0]$ は $F^0(\cdot)$ の条件付き期待値の計算を $F^0(\cdot)$ の下で行うものとする. 例えば

$$d_t(F^0, \widehat{F}^1) = \theta(\widehat{F}^1) - \theta(F^0) + t$$

とおけば，式 (4.8) を満たす t_0 を求めると $\widehat{\theta} + t_0$ はバイアス修正推定量となる．また $I\{\cdot\}$ を定義関数とし，$0 < \alpha < 1$ に対して

$$d_t(F^0, \widehat{F}^1) = I\{\theta(F^0) \leq \theta(\widehat{F}^1) + t\} - (1 - \alpha)$$

とおき，式 (4.8) を満たす t_0 を使うと信頼係数 $1 - \alpha$ の片側信頼区間を構成することができる．

式 (4.8) の解 t_0 は未知の母集団分布 $F^0(\cdot)$ に依存するために，直接求めることができない．この問題に対して次のような反復ブートストラップ法による推測法が提案されている．$X_1^*, X_2^*, \ldots, X_n^*$ を母集団分布 $\widehat{F}^1(\cdot)$ からの無作為標本とし，このブートストラップサンプルから推定される経験分布関数を $\widehat{F}^2(\cdot)$ とする．このとき式 (4.8) の近似として $F^0(\cdot), \widehat{F}^1(\cdot)$ を $F^1(\cdot), \widehat{F}^2(\cdot)$ で置き換えた

$$E[d_t(\widehat{F}^1, \widehat{F}^2)|\widehat{F}^1] = 0 \tag{4.9}$$

を利用する．この解を $\widehat{t}_0$ とすると，バイアス修正推定量は

$$\widehat{\theta} + \widehat{t}_0$$

となる．具体的には

$$E[d_t(\widehat{F}^1, \widehat{F}^2)|F^1] = E[\theta(\widehat{F}^2) - \theta(\widehat{F}^1) + t|\widehat{F}^1]$$
$$= E[\theta(\widehat{F}^2)|\widehat{F}^1] - \theta(\widehat{F}^1) + t = 0$$

の解であるから

$$\widehat{t}_0 = \theta(\widehat{F}^1) - E[\theta(\widehat{F}^2)|\widehat{F}^1]$$

となり，バイアス推定量は

$$2\theta(\widehat{F}^1) - E[\theta(\widehat{F}^2)|\widehat{F}^1]$$

で与えられる．もし $E[\theta(\widehat{F}^2)|\widehat{F}^1]$ を直接求めることができないときは X_{1b}^{**}, $X_{2b}^{**}, \ldots, X_{nb}^{**}$ を $\widehat{F}^2(\cdot)$ からの無作為標本とし，この経験分布関数を $\widehat{F}_b^3(\cdot)$ とするとき，$b = 1, 2, \ldots, B$ の繰り返し標本に基づいて

$$\frac{1}{B}\sum_{b=1}^{B}\theta(\widehat{F}_b^3) \quad \approx \quad E[\theta(\widehat{F}^2)|\widehat{F}^1]$$

のモンテカルロシミュレーションで求めることになる.

また信頼区間の場合は, 式 (4.9) の解 $\widehat{t}_0$ を使って, 信頼係数 $1 - \alpha$ の信頼区間を

$$\theta(F_0) \leq \widehat{\theta} + \widehat{t}_0$$

と構築できる. 具体的な信頼区間の構成法については後で例として挙げる.

反復ブートストラップ法については 1980 年代に理論的な研究がなされ, 推測の精度を上げることが示されている. ここでは2つの例だけを考えることにして, 理論的に詳しいことは Hall (1992) を参照されたい.

●**例 4.9** $X_1, X_2, \ldots, X_n$ を平均 $\mu = E(X_1)$ を持つ母集団分布からの無作為標本とし, μ^2 の推定を $\widehat{\theta} = \theta(\widehat{F}^1) = \overline{X}^2$ を元にして考える. このとき簡単な計算より $\sigma^2 = E[(X_1 - \mu)^2]$ とおくと

$$E[\theta(\widehat{F}^1)|F^0] = E[(\overline{X} - \mu)^2 + 2\mu(\overline{X} - \mu) + \mu^2] = \mu^2 + \frac{\sigma^2}{n}$$

となり, n^{-1} のオーダーのバイアスがある. また $X_1^*, X_2^*, \ldots, X_n^*$ を $\widehat{F}^1(\cdot)$ からの無作為標本とすると

$$E[X_1^*|\widehat{F}^1] = \overline{X},$$

$$V(X_1^*|\widehat{F}^1) = E[(X_1^* - \overline{X})^2|\widehat{F}^1] = \tilde{\sigma}^2 = \frac{1}{n}\sum_{i=1}^{n}(X_i - \overline{X})^2$$

であるから $\theta(\widehat{F}^2) = (\overline{X}^*)^2$ の条件付き期待値は

$$E[\theta(\widehat{F}^2)|\widehat{F}^1] = \overline{X}^2 + \frac{\tilde{\sigma}^2}{n}$$

と計算できる. したがってバイアス修正推定量は

$$2\theta(\widehat{F}^1) - E[\theta(\widehat{F}^2)|\widehat{F}^1] = \overline{X}^2 - \frac{\tilde{\sigma}^2}{n}$$

となる. このときバイアス修正推定量の期待値は

$$E\left[\overline{X}^2 - \frac{\tilde{\sigma}^2}{n}\Big|F^0\right] = \mu^2 + \frac{\sigma^2}{n} - \frac{(n-1)\sigma^2}{n^2} = \mu^2 + \frac{\sigma^2}{n^2}$$

４.２　ブートストラップ法　　135

となり，不偏推定量ではないが，バイアスのオーダーを改善していることが分かる．また，この反復をさらに繰り返していけば不偏推定量に近づくことが示される．

　次に信頼区間の構成法について考えよう．

● 例 **4.10**　$X_1, X_2, \ldots, X_n$ の母平均 $\theta(F^0) = E(X_1)$ の信頼区間の構成を $\widehat{\theta} = \theta(F^1) = \overline{X}$ に基づいて考察する．目的は

$$E[d_t(F^0, \widehat{F}^1)|F^0] = P\{\theta(F^0) \leq \overline{X} + t\} - (1-\alpha) = 0 \qquad (4.10)$$

を満たす解 $t_{0,1-\alpha}$ を求めることである．$X_{1b}^*, X_{2b}^*, \ldots, X_{nb}^*$ $(b = 1, 2, \ldots, B)$ を $F^1(\cdot)$ からのブートストラップ標本とし，$\overline{X}_b^* = \sum_{i=1}^n X_{ib}^*/n$ とおくとき，(4.10) に対応する方程式は

$$\frac{\#\{\overline{X} \leq \overline{X}_b^* + t, b = 1, 2, \ldots, B\}}{B} - (1-\alpha) = 0$$

となる．この式の解 $\widehat{t}_{0,1-\alpha}$ を使ってブートストラップ信頼区間が構成できる．ここで $\#\{\cdot\}$ は条件を満たす添え字の個数を表す．等号は必ずしも正確に成り立つわけではないが，一番近い t を解 $\widehat{t}_{0,1-\alpha}$ とする．以下の等式でも同様である．

　このブートストラップ信頼区間は，X_i の分布に依存せず，汎用性のあるものであるが，この信頼区間の被覆確率は十分に $1-\alpha$ に近いとは言えない．そこで $X_{1c}^{**}, X_{1c}^{**}, \ldots, X_{nc}^{**}$ $(c = 1, 2, \ldots, C)$ を $X_{1b}^*, X_{2b}^*, \ldots, X_{nb}^*$ の経験分布関数 $F_b^2(\cdot)$ からの無作為標本とする．このとき $\overline{X}_c^{**} = \sum_{i=1}^n X_{ic}^{**}/n$ とし

$$\frac{\#\{\overline{X}_b^* \leq \overline{X}_c^{**} + t, c = 1, 2, \ldots, C\}}{C} - (1-\gamma) = 0$$

の解 $\widehat{t}_{b,1-\gamma}$ を求める．この解を使ってさらに

$$\frac{\#\{\overline{X} \leq \overline{X}_b^* + \widehat{t}_{b,1-\gamma}, b = 1, 2, \ldots, B\}}{B} - (1-\alpha) = 0$$

を満たす $1 - \widehat{\gamma}$ を求める．このとき

$$\theta(F^0) \leq \overline{X} + \widehat{t}_{0,1-\widehat{\gamma}}$$

が被覆確率を改善する信頼係数 $1 - \alpha$ の信頼区間になる．こうして求めた信頼区間の方が被覆確率の意味で良い区間推定になっている．

　上記の反復ブートストラップ法は理論的に推測精度の高いものであるということが示されている．しかし反復ブートストラップ法は $n \times B \times C$ 回のリサンプリングが必要で，B, C はそれぞれ数百回以上の反復数が必要となるために，計算回数は数千万回になり，計算負荷の大きな手法である．この計算回数の軽減のための方法もいろいろ提案されており，Hall & Maesono (2000) では，重み付きブートストラップ法を活用した軽減法が議論されている．

　ブートストラップ法は今まで見てきたように適用範囲の広い手法で，推測の精度も高いことから様々な問題に応用され，理論的な性質も明らかにされている．他の応用等ついては Efron & Tibshirani (1993), Davison & Hinkley (1997) を参照されたい．

第5章 ◇ カーネル法に基づく ノンパラメトリック推測

確率密度関数を滑らかに推測するノンパラメトリックな手法として，カーネル推定量がある．この方法は Fix & Hodges (1951) や Akaike (1954) によって導入されており, Rosenblatt (1956) や Parzen (1962) などによりその性質が研究され，現在も盛んに議論されている．この考え方は多次元に拡張され，条件付き密度関数，それに基づくノンパラメトリック回帰の研究へと発展してきた．ノンパラメトリック回帰の初期のものは Nadaraya (1964) と Watson (1964) により導入されてナダラヤ・ワトソン推定量 (Nadaraya-Watson estimator) として定着している．その後，分布関数やハザード関数 (hazard function) の推定など様々な拡張がなされている．

5.1 密度関数のカーネル推定

滑らかな推測結果を与えるカーネル推定の基本となる密度関数の推定を最初に解説する．密度関数を考えるから，ここでは母集団分布は連続型とする．

5.1.1 カーネル推定量

カーネル法はノンパラメトリックな設定の下での密度関数の推定として，Akaike (1954), Rosenblatt (1956) 等によって**経験分布関数 (empirical distribution)** をもとに提案され，その性質が研究されている．$X_1, X_2, \ldots, X_n$ を無作為標本とし

$$F_n(x) = \frac{1}{n} \sum_{i=1}^{n} I(X_i \leq x)$$

を経験分布関数とする．ここで $I(\cdot)$ は定義関数である．このとき密度関数の推定量として彼らは

$$f_n(x) = \frac{F_n(x+h) - F_n(x-h)}{2h}$$

を提案した。この推定量は経験分布関数が階段関数であるために $f_n(\cdot)$ が滑らかではないという難点と，区間幅を決める h をどのように選べばよいかという問題があった。このような問題を解決するために観測数に依存させて h を選ぶと共に，滑らかさを持つ推定量のクラスである**カーネル推定量 (kernel estimator)** が提案された。n に依存するカーネル $K_n(\cdot, \cdot)$ に対して

$$\widehat{f}_n(x) = \int_{-\infty}^{\infty} K_n(x, y) dF_n(y)$$

がカーネル推定量である。この推定量を書き換えると

$$\widehat{f}_n(x) = \frac{1}{n} \sum_{i=1}^{n} K_n(x, X_i)$$

となる。カーネルの典型的な選び方はカーネル関数 $K(\cdot)$ を考えて

$$K_n(x, y) = \frac{1}{h} K\left(\frac{x-y}{h}\right)$$

とおくものである。ここで $h = h_n$ は**バンド幅 (bandwidth)** あるいは**平滑化パラメータ (smoothing parameter)** と呼ばれ，n を大きくするときに $h \to 0$, $nh \to \infty$ となる数列である。簡単のために n を省略して h を使う。このバンド幅の選択によって推定量 $\widehat{f}_n(\cdot)$ の収束のオーダーは大きく変化する。

$\widehat{f}_n(\cdot)$ が密度関数となるためには，$K(\cdot)$ は非負で $\mathbb{R}$ での積分が 1 となることから，カーネル関数は

$$K(u) \geq 0, \qquad \int_{-\infty}^{\infty} K(u) du = 1$$

の条件を満たすことになる。この仮定に加えて

$$\int_{-\infty}^{\infty} u K(u) du = 0, \qquad \int_{-\infty}^{\infty} u^2 K(u) du = \sigma_K^2 > 0$$

の条件を満たす **2次オーダー・カーネル (second order kernel)** と呼ばれる
ものがよく利用される．もし $K(-u) = K(u)$ が成り立つ対称カーネルであ
れば

$$\int_{-\infty}^{\infty} uK(u)du = -\int_{-\infty}^{\infty} tK(t)dt$$

が成り立つから，$\int uK(u) = 0$ となる．代表的な関数としては下記のものが
ある．

表5.1 カーネル関数

	$K(u)$
一様型	$\frac{1}{2}I(|u| \leq 1)$
三角型	$(1 - |u|)I(|u| \leq 1)$
イパネクニコフ	$\frac{3}{4}(1 - u^2)I(|u| \leq 1)$
ガウス型	$(2\pi)^{-1/2}e^{-u^2/2}$

密度関数の推定としては非負のカーネルが望ましいが，バイアスの縮小が
必要な場合は負の値をとるカーネルを使用することもある．イパネクニコフ・
カーネルは2次オーダーの多項式カーネル関数の中で後述する漸近平均二乗誤
差を最小化するものになっている．

図5.1は，母集団分布が $0.4N(0,1) + 0.6N(2,4)$ の混合正規分布のとき，ガ
ウス型カーネルを利用して推定したものである．標本数は $n = 50$ でバンド幅
は $h = 0.05$, 0.2, 1.0 の3通りの推定を行ったものである．実線が真の密度関
数で，点線 $\cdots$ は $h = 0.05$, 一点鎖線 $-\cdot-\cdot-$ は $h = 0.2$, 破線 $---$ は
$h = 1.0$ をそれぞれ表している．バンド幅の選択は推定した密度の形状に大き
な影響を与えることがわかる．

5.1.2 漸近的性質とバンド幅の選択

$\widehat{f}_n(\cdot)$ のバイアスと分散は次の定理で与えられ，カーネル推定量は一致性を
持つことが分かる．ここで関数 $g(\cdot)$ に対して

$$R(g) = \int_{-\infty}^{\infty} g^2(x)dx$$

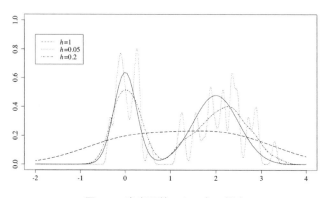

図 5.1　密度関数のカーネル推定

と定義する.

定理 5.1　$f(x)$ は3回連続微分可能で $f^{(3)}(x)$ は有界とする. バンド幅は, $n \to \infty, h \to 0$ かつ $nh \to \infty$ を満たし, $K(\cdot)$ は2次オーダーのカーネルで, $\sigma_K^2 = \int u^2 K(u) du$, $R(K) = \int K^2(u) du < \infty$, $\int |u|^3 [K(u)]^\ell du < \infty (\ell = 1, 2)$ とする. このとき期待値と分散は

$$E\left[\widehat{f}_n(x)\right] = f(x) + \frac{h^2 \sigma_K^2 f''(x)}{2} + O(h^3),$$

$$V[\widehat{f}_n(x)] = \frac{f(x) R(K)}{nh} + O(n^{-1})$$

となる. したがって分散の主要項とバイアスの主要項の二乗の和である**漸近平均二乗誤差 (asymptotic mean squared error)** は

$$AMSE(\widehat{f}_n) = \frac{f(x) R(K)}{nh} + \frac{h^4 \sigma_K^4 \{f''(x)\}^2}{4} \tag{5.1}$$

で与えられる.

証明　$\widehat{f}_n(x)$ は独立で同一分布に従う確率変数の和であるから, 変数変換 $t = \frac{x-y}{h}$ とテーラー展開を使うとカーネル関数の性質から

$$E[\widehat{f}_n(x)] = \int_{-\infty}^{\infty} \frac{1}{h} K\left(\frac{x-y}{h}\right) f(y) dy$$

$$= \int_{-\infty}^{\infty} K(t)f(x - ht)dt$$

$$= \int_{-\infty}^{\infty} K(t) \left\{ f(x) - htf'(x) + \frac{h^2 t^2}{2} f''(x) - O(h^3)t^3 \right\} dt$$

$$= f(x) + \frac{h^2 \sigma_K^2 f''(x)}{2} + O(h^3)$$

となる. 同様に

$$E \left[\frac{1}{h^2} K^2 \left(\frac{x - X_1}{h} \right) \right]$$

$$= \int_{-\infty}^{\infty} \frac{1}{h^2} K^2 \left(\frac{x - y}{h} \right) f(y)dy$$

$$= \frac{1}{h} \int_{-\infty}^{\infty} K^2(t)f(x - ht)dt$$

$$= \frac{1}{h} \int_{-\infty}^{\infty} K^2(t) \left\{ f(x) - htf'(x) + \frac{h^2 t^2}{2} f''(x) - O(h^3)t^3 \right\} dt$$

$$= \frac{1}{h} f(x)R(K) + O(1)$$

が得られる. したがって

$$V[\widehat{f}_n(x)] = \frac{f(x)R(K)}{nh} + O(n^{-1})$$

が成り立つ.　∎

　上記の定理で分かるように, 密度関数のカーネル推定量のバイアスを小さくするには h を小さくすればよいが, h が小さな値になると, 分散は大きくなるというトレード・オフの関係がある. この定理を利用して x の全領域で積分すると**漸近平均積分二乗誤差 (asymptotic mean integrated squared error)** を求めることができる. 式 (5.1) を積分すると

$$AMISE(\widehat{f}_n) = \int_{-\infty}^{\infty} \left[\frac{f(x)R(K)}{nh} + \frac{h^4 \sigma_K^4 \left\{ f''(x) \right\}^2}{4} \right] dx$$

$$= \frac{R(K)}{nh} + \frac{h^4 \sigma_K^4 R(f'')}{4}$$

が得られて，この $AMISE$ を最小にする最適なバンド幅は

$$h^* = \left[\frac{R(K)}{\sigma_K^4 R(f'')} \right]^{1/5} n^{-1/5}$$

となる．

この最適なオーダーを使うと，次の漸近正規性が成り立つ．

定理5.2 定理 5.1 と同じ仮定の下で，$h = cn^{-1/5}$ のとき

$$\sqrt{nh} \left(\widehat{f}_n(x) - f(x) \right) \xrightarrow{L} N \left(\frac{1}{2} c^{5/2} \sigma_K^2 f''(x), f(x) R(K) \right)$$

が成り立つ．

証明 $\widehat{f}_n(x)$ は互いに独立で同じ分布に従う確率変数の平均であるから，分散の収束のオーダーを考慮すると，漸近正規性は $\sqrt{nh}$ を掛けて成り立つ． ■

先に見たように，バンド幅の選択は推定した関数の形状に大きな影響を与える．漸近平均積分二乗誤差を最小にする h^* は推定すべき密度関数 $f(\cdot)$ に依存する．これを解消するために Rudemo (1982) の**クロス・ヴァリデーション (cross validation)** による h の選択法，Hall (1983) や Stone (1984) らによる**プラグ・イン法 (plug in method)** などが提案され，その理論的な性質も明らかにされている．

5.1.3 バイアスの縮小

バイアスの縮小については様々な方法が提案されている．一番簡単なのはカーネルの非負性を犠牲にした高次カーネルを使う方法である．カーネル関数 $K(\cdot)$ は負の値を取り得るとする．ここで

$$\mu_j(K) = \int_{-\infty}^{\infty} u^j K(u) du$$

5.1 密度関数のカーネル推定

とおき

$$\mu_j(K) = 0, j = 1, \ldots, \ell - 1, \qquad \mu_\ell(K) \neq 0$$

が成り立つとき, $K(\cdot)$ を ℓ-次カーネルと呼ぶ. ℓ-次のカーネル $K_\ell(\cdot)$ を使うと

$$E\left[\frac{1}{h}K_\ell\left(\frac{x - X_1}{h}\right)\right] = f(x) + (-1)^\ell \frac{\mu_\ell(K_\ell)}{\ell!} h^\ell f^{(\ell)}(x) + o(h^\ell)$$

となる. 分散については変わらないので, 漸近平均積分二乗誤差は

$$AMISE(\widehat{f}_n) = \frac{R(K_\ell)}{nh} + h^{2\ell}\left\{\frac{\mu_\ell(K_\ell)}{\ell!}\right\}^2 R(f^{(\ell)})$$

となる. このときバンド幅を $O(n^{-1/(2\ell+1)})$ にとると, 平均二乗誤差の収束率は $O\left(n^{-2\ell/(2\ell+1)}\right)$ のオーダーまで改善される. この手法の問題点は推定値が負の値をとり得るということである.

正の値を維持しながらバイアスを修正する方法として Terrel & Scott (1980) はバンド幅の違う推定量を利用して, 次のような冪乗を利用した推定量を提案した. 2次のカーネルを使った

$$\widehat{f}_h(x) = \frac{1}{nh}\sum_{i=1}^n K\left(\frac{x - X_i}{h}\right)$$

に対して

$$\widehat{f}_h^*(x) = \widehat{f}_h(x)^{4/3}\widehat{f}_{2h}(x)^{-1/3}$$

とおくとバイアスを改善しているものになる. これは

$$e_h(x) = E\left[\widehat{f}_h(x)\right], \qquad Z_h = \widehat{f}_h(x) - e_h(x)$$

とするとき

$$\widehat{f}_h(x) = e_h(x) + Z_h, \qquad \widehat{f}_{2h}(x) = e_{2h}(x) + Z_{2h}$$

となり, Z_h と Z_{2h} は分散が $1/(nh)$ のオーダーの確率変数である. $K(\cdot)$ は2次のカーネルだから定理 5.1 より

$$e_h(x) = f(x) + \frac{h^2\sigma_K^2 f''(x)}{2} + O(h^4),$$

$$e_{2h}(x) = f(x) + \frac{4h^2\sigma_K^2 f''(x)}{2} + O(h^4)$$

となる. ここでテーラー展開より

$$\widehat{f}_h(x)^{4/3}\widehat{f}_{2h}(x)^{-1/3}$$

$$= \left\{ f(x)^{4/3} + \frac{4}{3}f(x)^{1/3}\left[\frac{h^2\sigma_K^2 f''(x)}{2} + Z_h + O(h^4)\right]\cdots \right\}$$

$$\times \left\{ f(x)^{-1/3} - \frac{1}{3}f(x)^{-4/3}\left[\frac{4h^2\sigma_K^2 f''(x)}{2} + Z_{2h} + O(h^4)\right]\cdots \right\}$$

$$= f(x) + \frac{4}{3}\left[\frac{h^2\sigma_K^2 f''(x)}{2} + Z_h + O(h^4)\right]$$

$$- \frac{1}{3}\left[\frac{4h^2\sigma_K^2 f''(x)}{2} + O(h^4)\right]$$

$$- \frac{4}{9}f(x)^{-1}h^4\sigma_K^4\{f''(x)\}^2 - \frac{2}{9}f(x)^{-1}h^2\sigma_K^2 f''(x)Z_{2h}$$

$$- \frac{8}{9}f(x)^{-1}h^2\sigma_K^2 f''(x)Z_h - \frac{4}{9}f(x)^{-1}Z_h Z_{2h} + O(h^4) + \cdots$$

となる. ここで $E(Z_h) = E(Z_{2h}) = 0$ で $V(Z_h) = O(1/nh)$, $V(Z_{2h}) = O(1/nh)$ だから

$$E\left(Z_h Z_{2h}\right) = O\left(\frac{1}{nh}\right)$$

が得られる. よって期待値の近似として

$$E\left[\widehat{f}_h(x)^{4/3}\widehat{f}_{2h}(x)^{-1/3}\right] \approx f(x) + O\left(h^4 + \frac{1}{nh}\right)$$

が得られる. したがってバイアスは h^4 まで改善しており, 分散は $\frac{1}{nh}$ のオーダーのままである. この修正法は $\left\{\widehat{f}_h(x)\right\}^{a^2/(a^2-1)}\left\{\widehat{f}_{ah}(x)\right\}^{-1/(a^2-1)}$ と一般化可能である. これは平均二乗誤差を小さくすることはできるが, その対価として $\widehat{f}_h^*(\cdot)$ を $\mathbb{R}$ で積分しても 1 にはならないという弱点がある. 積分して 1 になるような修正も提案されている.

5.2 多次元密度関数の推定

カーネル法の多次元への拡張は理論的には容易である. $\boldsymbol{X}_1, \boldsymbol{X}_2, \ldots, \boldsymbol{X}_n$ を p-次元母集団からの無作為標本とするとき多次元確率密度関数のカーネル推定量は

$$\widehat{f}(\boldsymbol{x}) = \frac{1}{n|\boldsymbol{H}|^{1/2}} \sum_{i=1}^{n} \boldsymbol{K} \left[\boldsymbol{H}^{-1/2} (\boldsymbol{x} - \boldsymbol{X}_i) \right]$$

で与えられる. ただし $\boldsymbol{H}$ は $p \times p$ の正定値のバンド幅行列とし, $\boldsymbol{K}$ は $\mathbb{R}^p \to \mathbb{R}$ の p-変数関数で

$$\int_{\boldsymbol{R}^p} \boldsymbol{K}(\boldsymbol{u}) d\boldsymbol{u} = 1$$

を満たすカーネル関数である. このカーネルの構成には p-次元の確率密度関数を使えばよいが, 取り扱いが易しい次の 2 つが代表的なものである. K を一次元のカーネルとするとき, **積カーネル (product kernel)**

$$\boldsymbol{K}_P(\boldsymbol{u}) = \prod_{j=1}^{p} K(u_i)$$

をカーネルとする方法と,

$$\boldsymbol{K}_S(\boldsymbol{u}) = c_{K,p}^{-1} K \left\{ (\boldsymbol{u}^T \boldsymbol{u})^{1/2} \right\}$$

の方法がある. ただし

$$c_{K,p} = \int_{\boldsymbol{R}^p} K \left\{ (\boldsymbol{u}^T \boldsymbol{u})^{1/2} \right\} d\boldsymbol{u}$$

である. 特に p-次元標準正規分布

$$\boldsymbol{K}_N(\boldsymbol{u}) = (2\pi)^{-p/2} \exp \left(-\frac{1}{2} \boldsymbol{u}^T \boldsymbol{u} \right)$$

は上記の2つのカーネルの定義に当てはまるものである. このとき $|\boldsymbol{H}|^{-1/2} \boldsymbol{K}_N \{\boldsymbol{H}^{-1/2}(\boldsymbol{x} - \boldsymbol{X}_i)\}$ は $N_p(\boldsymbol{X}_i, \boldsymbol{H})$ の正規分布の密度関数である.

バンド幅行列の一番簡単な選択として

$$
\boldsymbol{H} = \begin{pmatrix} h_1^2 & 0 & \cdots & 0 \\ 0 & h_2^2 & \cdots & 0 \\ \vdots & \vdots & \ddots & \vdots \\ 0 & 0 & \cdots & h_p^2 \end{pmatrix} \tag{5.2}
$$

が使われることが多い. このときの推定量は

$$
\widehat{f}(\boldsymbol{x}) = n^{-1} \left(\prod_{j=1}^{p} h_j \right)^{-1} \sum_{i=1}^{n} K \left(\frac{x_1 - X_{i1}}{h_1}, \ldots, \frac{x_p - X_{ip}}{h_p} \right)
$$

となる. ただし $\boldsymbol{x}^T = (x_1, \ldots, x_p)$, $\boldsymbol{X}_i^T = (X_{i1}, \ldots, X_{ip})$ である.

多変数関数のテーラー展開を利用すると, 1 次元の場合と同様にバイアスと分散を求めることができる. 多変数関数 $g(\boldsymbol{x})$ の勾配ベクトル $\nabla_g(\boldsymbol{x})$ とヘッセ行列 $\mathcal{H}_g(\boldsymbol{x})$

$$
\nabla_g(\boldsymbol{x}) = \begin{pmatrix} \frac{\partial g(\boldsymbol{x})}{\partial x_1} \\ \frac{\partial g(\boldsymbol{x})}{\partial x_2} \\ \vdots \\ \frac{\partial g(\boldsymbol{x})}{\partial x_p} \end{pmatrix}, \quad \mathcal{H}_g(\boldsymbol{x}) = \begin{pmatrix} \frac{\partial^2 g(\boldsymbol{x})}{\partial x_1 \partial x_1} & \frac{\partial^2 g(\boldsymbol{x})}{\partial x_1 \partial x_2} & \cdots & \frac{\partial^2 g(\boldsymbol{x})}{\partial x_1 \partial x_p} \\ \frac{\partial^2 g(\boldsymbol{x})}{\partial x_2 \partial x_1} & \frac{\partial^2 g(\boldsymbol{x})}{\partial x_2 \partial x_2} & \cdots & \frac{\partial^2 g(\boldsymbol{x})}{\partial x_2 \partial x_p} \\ \vdots & \vdots & \ddots & \vdots \\ \frac{\partial^2 g(\boldsymbol{x})}{\partial x_p \partial x_1} & \frac{\partial^2 g(\boldsymbol{x})}{\partial x_p \partial x_2} & \cdots & \frac{\partial^2 g(\boldsymbol{x})}{\partial x_p \partial x_p} \end{pmatrix}
$$

を利用すると

$$
g(\boldsymbol{x} + \boldsymbol{\delta}) = g(\boldsymbol{x}) + \boldsymbol{\delta}^T \nabla_g(\boldsymbol{x}) + \frac{1}{2} \boldsymbol{\delta}^T \mathcal{H}_g(\boldsymbol{x}) \boldsymbol{\delta} + o \left(\boldsymbol{\delta}^T \boldsymbol{\delta} \right)
$$

が成り立つ. ここでヘッセ行列の成分はすべて連続と仮定している.

[仮定] 密度関数 $f(\cdot)$, ヘッセ行列 $\mathcal{H}_g(\cdot)$ 及びカーネル関数に対して次の仮定を置く.

(i) ヘッセ行列関数 $\mathcal{H}_g(\cdot)$ はすべての成分について, 区分的に連続である.

(ii) バンド幅行列 $\boldsymbol{H} = \boldsymbol{H}_n$ のすべての成分は 0 に収束し, $n^{-1}|\boldsymbol{H}|^{-1/2}$ も 0

に収束する．さらに $\boldsymbol{H}$ の最大固有値と最小固有値の比は有界とする．

(iii) カーネル関数は有界でサポートはコンパクトとする．また

$$\int_{\boldsymbol{R}^p} \boldsymbol{u} K(\boldsymbol{u}) d\boldsymbol{u} = \boldsymbol{0}, \qquad \int_{\boldsymbol{R}^p} \boldsymbol{u}\boldsymbol{u}^T K(\boldsymbol{u}) d\boldsymbol{u} = \mu_2(\boldsymbol{K})\boldsymbol{I}$$

が成り立つ．ただし $\mu_2(\boldsymbol{K}) = \int u_i^2 K(\boldsymbol{u}) d\boldsymbol{u}$ は i に無関係で，$\boldsymbol{I}$ は p 次単位行列とする．

この時漸近バイアスと分散は次の定理で与えられる．

定理5.3 仮定 (i), (ii), (iii) が成り立つと仮定し，$\boldsymbol{K}(\boldsymbol{u})$ は原点に対して対称すなわち $\boldsymbol{K}(-\boldsymbol{u}) = \boldsymbol{K}(\boldsymbol{u})$ なカーネルとすると

$$E[\widehat{f}(\boldsymbol{x})] = f(\boldsymbol{x}) + \frac{1}{2}\mu_2(\boldsymbol{K}) \operatorname{tr}\{\boldsymbol{H}\mathcal{H}_g(\boldsymbol{x})\} + o(\operatorname{tr}(\boldsymbol{H})),$$

$$V[\widehat{f}(\boldsymbol{x})] = n^{-1}|\boldsymbol{H}|^{-1/2} f(\boldsymbol{x}) R(\boldsymbol{K}) + o(n^{-1}|\boldsymbol{H}|^{-1/2})$$

となる．ただし $R(\boldsymbol{K}) = \int \boldsymbol{K}^2(\boldsymbol{u}) d\boldsymbol{u}$ で tr はトレース，すなわち行列の対角成分の和を表す．したがって漸近平均二乗誤差は

$$AMSE[\widehat{f}(\boldsymbol{x})] = n^{-1}|\boldsymbol{H}|^{-1/2} f(\boldsymbol{x}) R(\boldsymbol{K}) + \frac{1}{4}\mu_2^2(\boldsymbol{K}) \left[\operatorname{tr}\{\boldsymbol{H}\mathcal{H}_g(\boldsymbol{x})\}\right]^2$$

となる．

証明 $\widehat{f}(\boldsymbol{x})$ は独立で同一分布に従う確率変数の和であるから，変数変換 $\boldsymbol{z} = \boldsymbol{H}^{-1/2}(\boldsymbol{x} - \boldsymbol{y})$，多次元のテーラー展開とトレースの性質を使うと $\boldsymbol{K}(\boldsymbol{u})$ は対称なカーネルだから

$$E[\widehat{f}(\boldsymbol{x})] = \int_{\boldsymbol{R}^p} |\boldsymbol{H}|^{-1/2} \boldsymbol{K}\left[\boldsymbol{H}^{-1/2}(\boldsymbol{x} - \boldsymbol{y})\right] f(\boldsymbol{y}) d\boldsymbol{y}$$

$$= \int_{\boldsymbol{R}^p} \boldsymbol{K}(\boldsymbol{z}) f\left(\boldsymbol{z} - \boldsymbol{H}^{1/2}\boldsymbol{z}\right) d\boldsymbol{z}$$

$$= \int_{\boldsymbol{R}^p} \boldsymbol{K}(\boldsymbol{z}) \left\{ f(\boldsymbol{x}) - \left(\boldsymbol{H}^{1/2}\boldsymbol{z}\right)^T \nabla_f(\boldsymbol{x}) \right.$$

$$+ \frac{1}{2} \left(\boldsymbol{H}^{1/2} \boldsymbol{z} \right)^T \mathcal{H}_f(\boldsymbol{x}) \left(\boldsymbol{H}^{1/2} \boldsymbol{z} \right) \Big\} d\boldsymbol{z} + o\left(\mathrm{tr}\{\boldsymbol{H}\} \right)$$

$$= f(\boldsymbol{x}) - \int_{\boldsymbol{R}^p} \left(\boldsymbol{H}^{1/2} \boldsymbol{z} \right)^T \nabla_f(\boldsymbol{x}) d\boldsymbol{z}$$

$$+ \frac{1}{2} \int_{\boldsymbol{R}^p} \boldsymbol{z}^T \boldsymbol{H}^{1/2} \mathcal{H}_f(\boldsymbol{x}) \left(\boldsymbol{H}^{1/2} \boldsymbol{z} \right) d\boldsymbol{z} + o\left(\mathrm{tr}\{\boldsymbol{H}\} \right)$$

$$= f(\boldsymbol{x}) + \frac{1}{2} \mathrm{tr} \left\{ \boldsymbol{H}^{1/2} \mathcal{H}_f(\boldsymbol{x}) \boldsymbol{H}^{1/2} \int_{\boldsymbol{R}^p} \boldsymbol{z}^T \boldsymbol{z} K(\boldsymbol{z}) \, d\boldsymbol{z} \right\}$$

$$+ o\left(\mathrm{tr}\{\boldsymbol{H}\} \right)$$

$$= f(\boldsymbol{x}) + \frac{1}{2} \mu_2(\boldsymbol{K}) \, \mathrm{tr} \left\{ \boldsymbol{H} \mathcal{H}_f(\boldsymbol{x}) \right\} + o\left(\mathrm{tr}\{\boldsymbol{H}\} \right)$$

が得られる. 同様にして

$$V[\widehat{f}(\boldsymbol{x})] = \frac{1}{n} \left[|\boldsymbol{H}|^{-1/2} \int_{\boldsymbol{R}^p} K^2(\boldsymbol{z}) f\left(\boldsymbol{x} - \boldsymbol{H}^{1/2} \boldsymbol{z} \right) d\boldsymbol{z} \right.$$

$$\left. - \left\{ \int_{\boldsymbol{R}^p} K(\boldsymbol{z}) f\left(\boldsymbol{x} - \boldsymbol{H}^{1/2} \boldsymbol{z} \right) d\boldsymbol{z} \right\}^2 \right]$$

$$= n^{-1} |\boldsymbol{H}|^{-1/2} R(\boldsymbol{K}) f(\boldsymbol{x}) + o(n^{-1} |\boldsymbol{H}|^{-1/2})$$

が得られる. ■

　この場合もバンド幅行列をどのように選べば良いかが問題になるが，最適な
バンド幅は明確な式で得られないことが多く難しい. またバンド幅行列として
(5.2) の対角行列を使うと

$$\boldsymbol{H}^{-1/2} = \left(\prod_{\ell=1}^p h_\ell \right)^{-1}$$

となり次元が高くなると分散の収束のオーダーが遅くなるという**次元の呪い**
(curse of dimensionality) の問題が発生する.

5.3 分布関数のカーネル推定

前節で述べたように，確率密度関数のカーネル推定量は $\sqrt{n}$ の一致性を持たない．しかし分布関数のカーネル推定量は $\sqrt{n}$ の一致性を回復する．推定量は

$$\widehat{F}_n(x) = \int_{-\infty}^{x} \widehat{f}_n(u)du = \frac{1}{n}\sum_{i=1}^{n} W\left(\frac{x-X_i}{h}\right)$$

となる．ただし

$$W(t) = \int_{-\infty}^{t} K(u)du$$

である．密度関数の推定量と同様にバイアスと分散を以下のように求めることができる．

定理5.4 $f(x)$ は2回連続微分可能で $f^{(2)}(x)$ は有界とする．バンド幅は，$n \to \infty, h \to 0$ かつ $nh \to \infty$ を満たし，$K(\cdot)$ は2次オーダーカーネルで，$k_1 = \int tK(t)W(t)dt < \infty$ とする．このとき

$$E[\widehat{F}_n(x)] = F(x) + \frac{h^2\sigma_K^2 f'(x)}{2} + O(h^3),$$

$$V[\widehat{F}_n(x)] = \frac{F(x)\{1-F(x)\}}{n} - \frac{2hf(x)k_1}{n} + o\left(\frac{h}{n}\right)$$

となる．漸近平均二乗誤差 $AMSE$ を積分した漸近平均積分二乗誤差は

$$AMISE(\widehat{F}_n) = \frac{h^4\sigma_K^4}{4}\int_{-\infty}^{\infty} [f'(x)]^2 dx + \frac{1}{n}\int_{-\infty}^{\infty} F(x)\{1-F(x)\}dx - \frac{2hk_1}{n}$$

となる．

証明 $\widehat{F}_n(x)$ は独立で同一分布に従う確率変数の和で，$W(\cdot)$ は分布関数であるから，部分積分を使うと

$$E[\widehat{F}_n(x)] = \int_{-\infty}^{\infty} W\left(\frac{x-y}{h}\right)f(y)dy$$

$$= \left[W\left(\frac{x-y}{h}\right) F(y) \right]_{-\infty}^{\infty} + \int_{-\infty}^{\infty} \frac{1}{h} K\left(\frac{x-y}{h}\right) F(y) dy$$

$$= 0 + \int_{-\infty}^{\infty} \frac{1}{h} K\left(\frac{x-y}{h}\right) F(y) dy$$

と変形できる．密度関数推定量と同じように，変数変換 $t = \frac{x-y}{h}$ とテーラー展開を使うとカーネル関数の性質から

$$E[\widehat{F}_n(x)] = \int_{-\infty}^{\infty} K(t) F(x - ht) dt$$

$$= \int_{-\infty}^{\infty} K(t) \left\{ F(x) - htf(x) + \frac{h^2 t^2}{2} f'(x) - O(h^3) t^3 \right\} dt$$

$$= F(x) + \frac{h^2 \sigma_K^2 f'(x)}{2} + O(h^3)$$

となる．同様に

$$E\left[W^2\left(\frac{x-X_1}{h}\right) \right]$$

$$= \left[W^2\left(\frac{x-y}{h}\right) F(y) \right]_{-\infty}^{\infty} + \int_{-\infty}^{\infty} \frac{2}{h} K\left(\frac{x-y}{h}\right) W\left(\frac{x-y}{h}\right) F(y) dy$$

$$= 0 + \int_{-\infty}^{\infty} 2K(t) W(t) F(x - ht) dt$$

$$= \int_{-\infty}^{\infty} 2K(t) W(t) \left\{ F(x) - htf(x) + O(h^2) t^2 \right\} dt$$

$$= F(x) \int_{-\infty}^{\infty} 2K(t) W(t) dt - hf(x) \int_{-\infty}^{\infty} 2tK(t) W(t) dt + O(h^2)$$

となるから，$s = W(t)$ と変数変換すると

$$\int_{-\infty}^{\infty} 2K(t) W(t) dt = 2 \int_0^1 s ds = 1$$

となる．したがって

$$E\left[W^2\left(\frac{x-X_1}{h}\right) \right] = F(x) - 2hf(x) k_1 + O(h^2)$$

が得られる．したがって

$$V[\widehat{F}_n(x)] = \frac{1}{n}\left\{E\left[W^2\left(\frac{x-X_1}{h}\right)\right] - \left(E\left[W\left(\frac{x-X_1}{h}\right)\right]\right)^2\right\}$$

$$= \frac{F(x)\{1-F(x)\}}{n} - \frac{2hf(x)k_1}{n} + o\left(\frac{h}{n}\right)$$

が成り立つ． ∎

漸近平均積分二乗誤差は

$$AMISE(\widehat{F}_n) = \frac{h^4\sigma_K^4}{4}\int_{-\infty}^{\infty}[f'(x)]^2 dx + \frac{1}{n}\int_{-\infty}^{\infty}F(x)\{1-F(x)\}dx - \frac{2hk_1}{n}$$

となる．この $AMISE$ を h の関数としたときに最小にするバンド幅は

$$h^{**} = \left(\frac{2k_1}{\sigma_K^4\int[f'(x)]^2 dx}\right)^{1/3}n^{-1/3}$$

で与えられる．

5.4 密度比の推定

統計学において，比の統計量には重要なものが多くある．ここではその中の密度比とハザード比について議論する．密度比はいわゆる尤度比と考えることができ，その応用は幅広いものがある．例えば二標本の等分布の検定，変化点の検出，判別分析などがある．互いに独立な分布の密度 $f(x)$, $g(x)$ の比 $f(x)/g(x)$ の最も自然な推定量は $\widehat{f}(x)/\widehat{g}(x)$ で定義される．ここで $\widehat{f}(x)$, $\widehat{g}(x)$ は通常のカーネル密度推定量である．数学的には，定数 $T > 0$ に対して

$$\frac{\widehat{f(x)}}{g(x)} = \begin{cases} \frac{\widehat{f}(x)}{\widehat{g}(x)}, & \widehat{g}(x) > 0 \\ T, & \widehat{g}(x) = 0 \end{cases}$$

と定義した方が扱いやすい．この推定量の漸近平均二乗誤差 $(AMSE)$ は Chen et al. (2009) によって調べられている． $X_1, X_2, \ldots, X_m$ と $Y_1, Y_2, \ldots, Y_n$

152 　　第5章　カーネル法に基づくノンパラメトリック推測

を互いに独立な無作為標本とする. X_i は共通の分布 $F(\cdot)$, Y_j は $G(\cdot)$ にしたがい, その密度関数を $f(\cdot)$, $g(\cdot)$ とし $g(x) > 0$ を仮定する. このときそれぞれの密度関数のカーネル推定量は

$$\widehat{f}(x) = \frac{1}{mh_{f,m}} \sum_{i=1}^{m} K_f\left(\frac{x - X_i}{h_{f,m}}\right), \quad \widehat{g}(x) = \frac{1}{nh_{g,n}} \sum_{j=1}^{n} K_g\left(\frac{x - Y_j}{h_{g,n}}\right)$$

となる. 簡単のために $m = n$, $h_{f,m} = h_{g,n} = h$, $K_f \equiv K_g \equiv K$ の場合を考察する. 一般の場合への拡張は容易である. このとき漸近バイアスと漸近分散を求めることができる. まずカーネル密度推定量のモーメントの評価を行う.

<u>補題5.5</u>　$f(\cdot)$ にたいして定理5.1の条件を仮定する. また $K(\cdot)$ は対称カーネルで, $p \geq 2$ に対して $\int |u|^p |K(u)|^p du < \infty$ かつ $\int |K(u)|^p du < \infty$ のとき

$$E\{|\widehat{f}(x) - f(x)|^p\} = O\left(n^{-p/2} h^{1-p}\right) + O(h^{2p})$$

が成り立つ.

証明　$\widehat{f}(x)$ は互いに独立で同じ分布に従う確率変数の平均であるから, マルチンゲールに対するモーメントの評価を利用して補題が示せる. $\widehat{f}(x)$ はバイアスがあるので次の分解

$$\widehat{f}(x) - f(x)$$
$$= \widehat{f}(x) - E\left[\frac{1}{h}K\left(\frac{x - X_1}{h}\right)\right] + E\left[\frac{1}{h}K\left(\frac{x - X_1}{h}\right)\right] - f(x)$$

を考える. $K(\cdot)$ は対称カーネルなので

$$E\left[\frac{1}{h}K\left(\frac{x - X_1}{h}\right)\right] - f(x) = -\frac{\sigma_K^2 h^2}{2} f''(x) + O(h^3)$$

が成り立つ. ここで $\sigma_K^2 = \int u^2 K(u) du$ である. 変数変換 $t = (x - u)/h$ を使うと, 仮定 $\int |u|^p |K(u)|^p du < \infty$ および定理5.1の仮定より

$$E\left|\frac{1}{h}K\left(\frac{x - X_1}{h}\right)\right|^p$$
$$= h^{-p} \int_{-\infty}^{\infty} \left|K\left(\frac{x - u}{h}\right)\right|^p f(u) du$$

$$= h^{1-p} \int_{-\infty}^{\infty} |K(t)|^p \, f(x - th) dt$$

$$= h^{1-p} \int_{-\infty}^{\infty} |K(t)|^p \left\{ f(x) - htf'(x) + \frac{h^2 t^2}{2} f''(x) - O(h^3) t^3 \right\} dt$$

$$= O(h^{1-p})$$

が成り立つ．したがって第1章のマルチンゲールに対するモーメントの評価の定理 1.30 を使うと $p \geq 2$ に対して

$$E \left| \widehat{f}(x) - E \left[\frac{1}{h} K \left(\frac{x - X_1}{h} \right) \right] \right|^p \leq cn^{-p/2} h^{1-p}$$

と評価できる．したがって

$$E \left| \widehat{f}(x) - f(x) \right|^p \leq 2^{p-1} E \left| \widehat{f}(x) - E \left[\frac{1}{h} K \left(\frac{x - X_1}{h} \right) \right] \right|^p$$

$$+ 2^{p-1} \left| E \left[\frac{1}{h} K \left(\frac{x - X_1}{h} \right) \right] - f(x) \right|^p$$

$$= O \left(n^{-p/2} h^{1-p} \right) + O(h^{2p})$$

が成り立つ． ∎

この補題を利用すると，$\widehat{\frac{f(x)}{g(x)}}$ のバイアスと分散を次のように求めることができる．ここでは $g(x) > 0$ を仮定する．

定理 5.6 $f^{(i)}(\cdot)$, $g^{(i)}(\cdot)(i = 1, 2, 3)$ が存在し，$g^{(3)}(\cdot)$, $f^{(3)}(\cdot)$ は有界であると仮定する．また $K(\cdot)$ は対称カーネルで，$z \in \{y | K(y) \neq 0\}$ に対して $m, M > 0$ の定数が存在して $m < K(z) < M$ とする．このとき点 x において $nh^2 \to \infty$ の極限を考えると期待値は

$$E \left[\widehat{\frac{f(x)}{g(x)}} \right] = \frac{f(x)}{g(x)} + h^2 \left\{ \frac{f''(x)}{2g(x)} - \frac{f(x)g''(x)}{2g^2(x)} \right\} \sigma_K^2 + O(h^4) + O \left(\frac{1}{nh} \right)$$

で与えられ，分散は

$$V\left[\frac{\widehat{f(x)}}{g(x)}\right] = \frac{1}{nh}\left\{\frac{f(x)}{g^2(x)} + \frac{f^2(x)}{g^3(x)}\right\}R(K) + o\left(\frac{1}{nh}\right) + O(h^5)$$

となる．したがって漸近平均二乗誤差は

$$AMSE\left[\frac{\widehat{f(x)}}{g(x)}\right]$$

$$= \frac{1}{nh}\left\{\frac{f(x)}{g^2(x)} + \frac{f^2(x)}{g^3(x)}\right\}R(K) + h^4\left\{\frac{f''(x)}{2g(x)} - \frac{f(x)g''(x)}{2g^2(x)}\right\}^2\sigma_K^4$$

で与えられる．

証明 $N = \{\widehat{g}(x) = 0\}$ とおくと

$$E\left[\frac{\widehat{f(x)}}{g(x)}\right] = E\left[\frac{\widehat{f(x)}}{g(x)}I(N)\right] + E\left[\frac{\widehat{f(x)}}{g(x)}I(N^c)\right]$$

$$= TP\{\widehat{g}(x) = 0\} + E\left[\frac{\widehat{f(x)}}{g(x)}I(N^c)\right]$$

となる．ここで $g(x) > 0$ より

$$P\{\widehat{g}(x) = 0\} \le P\left(|\widehat{g}(x) - g(x)| \ge \frac{1}{2}g(x)\right)$$

となる．このとき

$$P\left(|\widehat{g}(x) - g(x)| \ge \frac{g(x)}{2}\right)$$

$$\le P\left(|\widehat{g}(x) - E[\widehat{g}(x)]| \ge \frac{g(x)}{4}\right) + P\left(|E[\widehat{g}(x)] - g(x)| \ge \frac{g(x)}{4}\right) \quad (5.3)$$

と評価される．また十分に大きな n に対して

$$P\left(|E[\widehat{g}(x)] - g(x)| \ge \frac{g(x)}{4}\right) = 0$$

となる. $\widehat{g}(x)$ は互いに独立で同じ分布に従う確率変数の和であるから, 大偏差確率の評価 (カーネル密度関数については Rao (1983 p.184), U-統計量については Malevich & Abdalimov (1979) を参照) が適用できて

$$P\left(|\widehat{g}(x) - E[\widehat{g}(x)]| \geq \frac{g(x)}{4}\right) \leq \exp\{-Cnh\}$$

の上限が得られる. 指数のオーダーに $-n$ があるから, 任意の $d > 0$ に対して n^{-d} よりも早く 0 に収束し, 式 (5.3) は $O(h^4) + O\left(\frac{1}{nh}\right)$ のオーダーで抑えられる.

$\omega \in N^c$ のときは, テーラー展開を利用して

$$\frac{\widehat{f}(x)}{\widehat{g}(x)} = \frac{\widehat{f}(x)}{g(x)} - \frac{\widehat{f}(x)}{g^2(x)}\{\widehat{g}(x) - g(x)\} + \frac{\widehat{f}(x)}{g^3(x)}\{\widehat{g}(x) - g(x)\}^2 + \widehat{f}(x)R_n$$

となる. ただし

$$R_n = \frac{1}{\widehat{g}(x)} - \frac{1}{g(x)} + \frac{1}{[g(x)]^2}[\widehat{g}(x) - g(x)] - \frac{1}{[g(x)]^3}[\widehat{g}(x) - g(x)]^2$$

である.

まず残差項の評価を議論する. $S = \left\{\omega \mid |\widehat{g}(x) - g(x)| \leq \frac{1}{2}g(x)\right\}$ とおくと定義関数 $I(\cdot)$ に対して, $\widehat{f}(x)$ と $R_n I(N^c)$ は独立であるから

$$E[|\widehat{f}(x)R_n I(N^c)|] = O(1)E[|R_n|I(S \cap N^c)] + O(1)E[|R_n|I(S^c \cap N^c)]$$

となる. このときテーラー展開より $|\tau| \leq 1$ があって, $\omega \in N^c$ のときは

$$R_n = \frac{1}{\{g(x) + \tau[\widehat{g}(x) - g(x)]\}^4}[\widehat{g}(x) - g(x)]^3$$

と表せる. S の上では

$$\frac{1}{\{g(x) + \tau[\widehat{g}(x) - g(x)]\}^4} = O(1)$$

であるからマルコフの不等式と補題 5.5 より

$$E[|R_n I(S \cap N^c)|] = O(1)E|\widehat{g}(x) - g(x)|^3 = O(n^{-3/2}h^{-2})$$

$$= O\left(\frac{1}{nh}\right) O\left(\{nh^2\}^{-1/2}\right) = o\left(\frac{1}{nh}\right)$$

が成り立つ.

$\omega \in S^c \cap N^c$ のときを考える. R_n を直接変形すると

$$|R_n| = \left| \frac{1}{\widehat{g}(x)} - \frac{1}{g(x)} + \frac{1}{[g(x)]^2}[\widehat{g}(x) - g(x)] - \frac{1}{[g(x)]^3}[\widehat{g}(x) - g(x)]^2 \right|$$

$$\leq \left| \frac{1}{\widehat{g}(x)} + \frac{3}{g(x)} + \frac{3\widehat{g}(x)}{[g(x)]^2} + \frac{[\widehat{g}(x)]^2}{[g(x)]^3} \right|$$

が得られる. ここで $\widehat{g}(x) > 0$ だから $\widehat{g}(x) \geq \frac{m}{nh}$ となり $\widehat{g}(x)^{-1} \leq \frac{nh}{m}$ が成り立つ. さらに $\widehat{g}(x) \leq \frac{M}{h}$ であるから

$$|R_n| \leq \left| \frac{nh}{m} + \frac{3}{g(x)} + \frac{M}{h[g(x)]^2} + \frac{M^2}{h^2[g(x)]^3} \right|$$

の評価が得られる. よって $B > 0$ が存在して

$$|E[R_n I(S^c \cap N^c)]| \leq B\frac{nh}{m}E[I(S^c \cap N)]$$

$$\leq B\frac{nh}{m}P\left(|\widehat{g}(x) - g(x)| \geq \frac{g(x)}{2}\right)$$

が成り立つ. したがって先の評価と同じようにして, これは $O(h^4) + O\left(\frac{1}{nh}\right)$ となることが示せる.

以上より期待値は

$$E\left[\left(\frac{\widehat{f}(x)}{g(x)} - \frac{\widehat{f}(x)}{g^2(x)}\{\widehat{g}(x) - g(x)\} + \frac{\widehat{f}(x)}{g^3(x)}\{\widehat{g}(x) - g(x)\}^2 \right) I(N^c) \right]$$

を計算すればよい. ここで

$$E\left[\left(\frac{\widehat{f}(x)}{g(x)} - \frac{\widehat{f}(x)}{g^2(x)}\{\widehat{g}(x) - g(x)\} + \frac{\widehat{f}(x)}{g^3(x)}\{\widehat{g}(x) - g(x)\}^2 \right) I(N^c) \right]$$

$$= E\left[\frac{\widehat{f}(x)}{g(x)} - \frac{\widehat{f}(x)}{g^2(x)}\{\widehat{g}(x) - g(x)\} + \frac{\widehat{f}(x)}{g^3(x)}\{\widehat{g}(x) - g(x)\}^2\right]$$

$$+ E\left[\left(\frac{\widehat{f}(x)}{g(x)} - \frac{\widehat{f}(x)}{g^2(x)}\{\widehat{g}(x) - g(x)\} + \frac{\widehat{f}(x)}{g^3(x)}\{\widehat{g}(x) - g(x)\}^2\right)I(N)\right]$$

となる．第二項は残差項の評価と同じようにして $O(h^4) + O\left(\frac{1}{nh}\right)$ で抑えられる．したがって第一項について $\widehat{f}(x)$ と $\widehat{g}(x)$ が独立であることを使ってそれぞれの期待値を求めていけばよい．定理 5.1 より

$$E\left[\frac{\widehat{f}(x)}{g(x)}\right] = \frac{f(x)}{g(x)} + \frac{h^2 f''(x)\sigma_K^2}{2g(x)} + O(h^4),$$

$$E\left[\frac{\widehat{f}(x)}{g^2(x)}\{\widehat{g}(x) - g(x)\}\right]$$

$$= \frac{f(x)}{g^2(x)}E\left[\widehat{g}(x) - g(x)\right] + E\left[\frac{\widehat{f}(x) - f(x)}{g^2(x)}\right]E\left[\widehat{g}(x) - g(x)\right]$$

$$= h^2 \frac{f(x)g''(x)}{g^2(x)}\sigma_K^2 + O(h^4),$$

$$E\left[\frac{\widehat{f}(x)}{g^3(x)}\{\widehat{g}(x) - g(x)\}^2\right] = O\left(\frac{1}{nh}\right)$$

となる．よって求める期待値の評価を得ることができる．

次に分散を考えるが，期待値のときと同様にすれば $N = \{\widehat{g}(x) = 0\}$ の処理ができる．ここで

$$V\left[\frac{\widehat{f}(x) - f(x)}{g^2(x)}\{\widehat{g}(x) - g(x)\}\right]$$

$$= \frac{1}{g^4(x)}\left\{E\left[\{\widehat{f}(x) - f(x)\}^2\right]E\left[\{\widehat{f}(x) - f(x)\}^2\right]\right\}$$

$$- \left\{E[\widehat{f}(x) - f(x)]E[\widehat{g}(x) - g(x)]\right\}^2$$

158 第5章 カーネル法に基づくノンパラメトリック推測

$$= o\left(\frac{1}{nh}\right) + O(h^5)$$

が成り立つから

$$V\left[\frac{\widehat{f}(x)}{g(x)} - \frac{f(x)}{g^2(x)}\{\widehat{g}(x) - g(x)\}\right]$$

を求めればよい. $\widehat{f}(x)$ と $\widehat{g}(x)$ は独立であるから

$$V\left[\frac{\widehat{f}(x)}{g(x)}\right] + V\left[\frac{f(x)}{g^2(x)}\{\widehat{g}(x) - g(x)\}\right]$$

$$= \frac{f(x)R(K)}{nhg^2(x)} + \frac{f^2(x)R(K)}{nhg^3(x)} + O(n^{-1})$$

が成り立つ. ∎

　密度比 $f(x)/g(x)$ の他の推定量としては直接型推定量が Ćwik & Mielniczuk (1989) によって提案されている. この推定量はバイアスは少し大きくなるが, 分散を改良する性質をもつ. $F_n(\cdot)$, $G_n(\cdot)$ を経験分布関数, すなわち

$$F_m(x) = \frac{1}{m}\sum_{i=1}^{m} I(X_i \le x), \quad G_n(x) = \frac{1}{n}\sum_{i=1}^{n} I(Y_i \le x)$$

とおくとき, 直接型推定量は

$$\widetilde{\frac{f(x)}{g(x)}} = \frac{1}{h}\int_{-\infty}^{\infty} K\left(\frac{G_n(x) - G_n(y)}{h}\right) dF_m(y)$$

で与えられる. ここで

$$r(u) = \frac{f\left(G^{-1}(u)\right)}{g\left(G^{-1}(u)\right)}$$

とおくとき $m = n$ のときのバイアスと分散は次の式で与えられる.

$\boxed{\text{定理 5.7}}$　$f^{(i)}(\cdot)$, $g^{(i)}(\cdot)(i = 1, 2, 3, 4)$ が存在し, $g^{(4)}(\cdot)$, $f^{(4)}(\cdot)$ は有界であると仮定する. さらに $K(\cdot)$ のサポートは $[-d, d](d > 0)$ で $\sigma_K^2 =$

5.4 密度比の推定

$\int u^2 K(u)du < \infty$ かつ $K''(\cdot)$ は有界とする. $nh^2 \to \infty$, $O(nh^3) = O([\log n]^2)$ が成り立ち, $r^{(i)}(\cdot)(i = 1, 2, 3)$ が存在し, $r^{(4)}(\cdot)$ は有界とする. このときバイアスは

$$E\left[\widetilde{\frac{f(x)}{g(x)}}\right] = \frac{f(x)}{g(x)} + h^2\frac{r''(G(x))\sigma_K^2}{2} + O(h^4) + O\left(\sqrt{\frac{\log n}{n}}\right) + O\left(\frac{\log n}{n^2 h}\right)$$

で与えられ, 分散は

$$V\left[\widetilde{\frac{f(x)}{g(x)}}\right] = \frac{1}{nh}\left\{\frac{f(x)}{g(x)} + \frac{f^2(x)}{g^2(x)}\right\}R(K) + O\left(\sqrt{\frac{\log n}{n^2 h}}\right)$$

となる. ただし $R(K) = \int K^2(u)du$ である. したがって漸近平均二乗誤差は

$$AMSE\left[\widetilde{\frac{f(x)}{g(x)}}\right] = \frac{1}{nh}\left\{\frac{f(x)}{g(x)} + \frac{f^2(x)}{g^2(x)}\right\}R(K) + h^4\frac{[r''(G(x))]^2\sigma_K^4}{4}$$

で与えられる.

証明 Chen et al. (2009) 参照. ∎

$r''(G(x))$ は

$$r''(G(x)) = \frac{g(x)f''(x) - f(x)g''(x)}{g^4(x)} - \frac{3g'(x)[g(x)f'(x) - f(x)g'(x)]}{g^5(x)}$$

となる. $f(x) = g(x)$ のときはゼロである. 定理 5.6 と定理 5.7 を比較すると, 分散は直接型推定量の方が小さくなっている. しかし推定量は経験分布関数 $F_n(\cdot)$ で積分するので, 滑らかさがなくなっている. これを克服するためにスムーズな分布関数のカーネル推定量 $\widehat{G}(x)$ を使った

$$\widetilde{\frac{f(x)}{g(x)}} = \frac{1}{mh_{f,m}}\sum_{i=1}^{m} K_f\left(\frac{\widehat{G}(x) - \widehat{G}(X_i)}{h_{f,m}}\right)$$

が Motoyama & Maesono (2018) で提案されている. ただし

$$\widehat{G}(x) = \frac{1}{n}\sum_{i=1}^{n} W_g\left(\frac{x - Y_i}{h_{g,n}}\right), \quad W(t) = \int_{-\infty}^{t} K_g(u)du$$

である．彼らはこの推定量の漸近平均二乗誤差を求めており，それらは直接推定量と自然な推定量の中間の値をとる場合が多いことを示している．

5.5 ハザード関数の推定

点 x におけるハザード比は

$$H(x) = \frac{f(x)}{1 - F(x)}$$

で定義され，この**ハザード関数**の推定は生存時間解析において基本的なものである．ハザード比はいわゆる'死'や破産などのイベントの発生の条件付き確率の極限

$$\lim_{\Delta t \to 0} \frac{P(t \leq T < t + \Delta t | T \geq t)}{\Delta t}$$

を意味する．ここではこの関数のカーネル推定を考える．

$X_1, X_2, \ldots, X_n$ を互いに独立で同じ分布に従う確率変数とし，その分布を $F(\cdot)$，密度関数を $f(\cdot)$ とし $f(x) > 0$，すなわち $1 - F(x) > 0$ を仮定する．このとき $H(x)$ の自然なカーネル推定量として

$$\widehat{H}(x) = \frac{\widehat{f}(x)}{1 - \widehat{F}(x)}$$

が考えられる．ただし

$$\widehat{f}(x) = \frac{1}{nh} \sum_{i=1}^{n} K\left(\frac{x - X_i}{h}\right), \quad \widehat{F}(x) = \frac{1}{n} \sum_{i=1}^{n} W\left(\frac{x - X_i}{h}\right)$$

で $K(\cdot)$ はカーネル関数，$W(\cdot)$ はその積分

$$W(t) = \int_{-\infty}^{t} K(u)du$$

である．この自然な推定量の漸近バイアスと分散は次で与えられる．ただし密度関数比の時と同様に $1 - F(x) > 0$ であるから n が十分大きい時には

$1 - \widehat{F}(x) > 0$ となる．したがって下記の議論では n が十分大きい時で，期待値および分散が存在すると想定する．

定理 5.8 $f^{(3)}(\cdot)$ が存在して有界，$K(\cdot)$ は 2 次オーダーカーネルで $\int u^2 K(u) du < \infty$，$\int K^2(u) du < \infty$ とする．このとき期待値と分散は

$$E\left[\widehat{H}(x)\right] = H(x) + h^2 \frac{A_{2,1}}{2} \left[\frac{(1-F)f'' + ff'}{(1-F)^2}\right](x) + O(h^3),$$

$$V\left[\widehat{H}(x)\right] = \frac{A_{0,2}}{nh} \left[\frac{f}{(1-F)^2}\right](x) + O\left(\frac{1}{nh^{1/2}}\right)$$

となる．ただし

$$A_{i,j} = \int_{-\infty}^{\infty} u^i K^j(u) du$$

である．また記号は

$$\left[\frac{(1-F)f'' + ff'}{(1-F)^2}\right](x) = \frac{(1-F(x))f''(x) + f(x)f'(x)}{(1-F(x))^2}$$

を表す．よって漸近平均二乗誤差は

$$AMSE\left[\widehat{H}(x)\right] = \frac{A_{0,2}}{nh} \left[\frac{f}{(1-F)^2}\right](x) + h^4 \frac{A_{2,1}^2}{4} \left\{\left[\frac{(1-F)f'' + ff'}{(1-F)^2}\right](x)\right\}^2$$

で与えられる．

証明 比の推定量と同様にテーラー展開を利用して

$$\widehat{H}(x) = \frac{\widehat{f}(x)}{1-F(x)} + \frac{f(x)}{[1-F(x)]^2}\{\widehat{F}(x) - F(x)\}$$

$$+ \frac{\widehat{f}(x) - f(x)}{[1-F(x)]^2}\{\widehat{F}(x) - F(x)\} + \widehat{f}(x) D_n$$

となる．ただし

$$D_n = \frac{1}{[1-\widehat{F}(x)][1-F(x)]^2}[\widehat{F}(x) - F(x)]^2$$

である. それぞれの期待値を求めると定理 5.1 と定理 5.4 から

$$E\left[\frac{\widehat{f}(x)}{1-F(x)}\right] = H(x) + h^2\frac{A_{2,1}f''(x)}{2[1-F(x)]} + O(h^3),$$

$$E\left\{\frac{f(x)}{[1-F(x)]^2}[\widehat{F}(x)-F(x)]\right\} = h^2\frac{f(x)}{[1-F(x)]^2}f'(x)A_{2,1} + O(h^3)$$

となる. ここで

$$E\left[\left\{\widehat{f}(x)-f(x)\right\}\left\{\widehat{F}(x)-F(x)\right\}\right]$$
$$= E\left[\left\{\widehat{f}(x)-E[\widehat{f}(x)]\right\}\left\{\widehat{F}(x)-E[\widehat{F}(x)]\right\}\right]$$
$$\quad + \left\{E[\widehat{f}(x)]-f(x)\right\}\left\{E[\widehat{F}(x)]-F(x)\right\} + O(h^3)$$
$$= \frac{1}{n}\left\{E\left[\frac{1}{h}K\left(\frac{x-X_1}{h}\right)W\left(\frac{x-X_1}{h}\right)\right]\right.$$
$$\quad \left. -E\left[\frac{1}{h}K\left(\frac{x-X_1}{h}\right)\right]E\left[W\left(\frac{x-X_1}{h}\right)\right]\right\} + O(h^3)$$
$$= O\left(\frac{1}{n}\right) + O(h^3)$$

が成り立つ. 他の項の共分散は

$$\left|\mathrm{Cov}\left\{\widehat{f}(x),\widehat{F}(x)-F(x)\right\}\right| \leq \sqrt{V[\widehat{f}(x)]V[\widehat{F}(x)]} = O\left(\frac{1}{nh^{1/2}}\right)$$

のように評価できて, 定理が成り立つ. ∎

5.6 ノンパラメトリック回帰

(X,Y) の二変量データに対して, X と Y の関係を捉える方法として**回帰分析 (regression analysis)** がある. 一番よく利用されるのは**線形回帰 (linear regression)** であるが, 一般的な方法として近年ノンパラメトリック回帰 (**nonparametric regression**) が研究されており, その一つにカーネル法を

利用したものがある. Y を X の関数 $m(X)$ として説明するときに, 平方和の期待値に関して条件付き期待値 $E(Y|X)$ を使うと

$$E[Y - m(X)]^2$$
$$= E[Y - E(Y|X) + E(Y|X) - m(X)]^2$$
$$= E[Y - E(Y|X)]^2 + 2E[\{Y - E(Y|X)\}\{E(Y|X) - m(X)\}]$$
$$+ E[E(Y|X) - m(X)]^2$$

と変形できる. ここで条件付き期待値の性質から

$$E[\{Y - E(Y|X)\}\{E(Y|X) - m(X)\}]$$
$$= E[E(\{Y - E(Y|X)\}\{E(Y|X) - m(X)\}|X)]$$
$$= E[E(\{Y - E(Y|X)\}|X)\{E(Y|X) - m(X)\}]$$
$$= E[E(\{E(Y|X) - E(Y|X)\})\{E(Y|X) - m(X)\}]$$
$$= 0$$

となる. よって任意の関数 $m(\cdot)$ に対して

$$E[Y - E(Y|X)]^2 \le E[Y - m(X)]^2$$

が成り立つ. したがって X を与えたときの条件付き期待値が最小二乗推定量となる. 条件付き期待値の推定量を構成することができれば, 良い推定となる.

5.6.1 ナダラヤ・ワトソン推定

回帰モデルとして

$$y_i = m(x_i) + \varepsilon_i$$

を考える. 回帰関数 $m(x)$ は条件付き期待値 $m(x) = E(Y|X = x)$ で, $E(\varepsilon|X = x) = 0$ 及び $V(\varepsilon|X = x) = \sigma^2(x)$ とする. 回帰関数は, $f(\cdot, \cdot)$ を同

時密度, $f_X(\cdot)$ を X の周辺密度とすると

$$m(x) = \int_{-\infty}^{\infty} y \frac{f(x,y)}{f_X(x)} dy \tag{5.4}$$

となる. ここで $f(x,y)$ の積カーネルを使った推定量は

$$\widehat{f}(x,y) = \frac{1}{nh_x h_y} \sum_{i=1}^{n} K\left(\frac{x-X_i}{h_x}\right) K\left(\frac{y-Y_i}{h_y}\right)$$

で与えられ, $f_X(x)$ のカーネル推定量は

$$\widehat{f}_X(x) = \frac{1}{nh_x} \sum_{i=1}^{n} K\left(\frac{x-X_i}{h_x}\right)$$

となるから, 条件付き密度関数 $f_Y(y|x)$ のカーネル推定は

$$\widehat{f}_Y(y|x) = \frac{\widehat{f}(x,y)}{\widehat{f}_X(x)} \tag{5.5}$$

となる. ここで h_x, h_y はこれまでに扱ってきたバンド幅 h である. このカーネル推定量に対してバイアスと分散は次の定理で与えられる.

$\boxed{\text{定理 5.9}}$　$f_X^{(i)}(\cdot)$, $\frac{\partial^{i+j}}{\partial x^i \partial y^j} f(x,y)(1 \leq i+j \leq 3)$ が存在し, $f_X^{(3)}(\cdot)$, $\frac{\partial^3}{\partial x^i \partial y^j} f(x,y)$ は有界であると仮定する. さらに $K(\cdot)$ は対称カーネルで $m, M > 0$ の定数に対して $m < K(x) < M$, $x \in \{y | K(y) \neq 0\}$ とする. $nh^2 \to \infty$ のとき $\widehat{f}_Y(y|x)$ の期待値と分散は下記のようになる.

$$E\left[\widehat{f}_Y(y|x)\right] = f_Y(y|x) + \frac{\sigma_K^2}{2f_X(x)} \left\{ h_x^2 f_{xx}(x,y) + h_y^2 f_{yy}(x,y) \right.$$

$$\left. - h_x^2 f(x,y) \frac{f_X''(x)}{f_X(x)} \right\} + O(h_x^3 + h_y^3),$$

$$V\left[\widehat{f}_Y(y|x)\right] = \frac{R(K)}{nh_x h_y} \frac{f(x,y)}{f_X^2(x)} + O\left(\frac{1}{nh_x} + \frac{1}{nh_y}\right)$$

となる．ただし $\sigma_K^2 = \int u^2 K(u)du < \infty,\ R(K) = \int K^2(u)du < \infty$ である．
したがって漸近平均二乗誤差は

$$AMSE\left\{\widehat{f}_Y(y|x)\right\}$$

$$= \frac{R^2(K)}{nh_x h_y}\frac{f(x,y)}{f_X^2(x)} + \frac{\sigma_K^4}{4f_X^2(x)}\left[h_x^2 f_{xx}(x,y) + h_y^2 f_{yy}(x,y) - h_x^2 f(x,y)\frac{f_X''(x)}{f_X(x)}\right]^2$$

で与えられる．

証明 密度比のカーネル推定量と同様に

$$\frac{1}{\widehat{f}_X(x)} = \frac{1}{f_X(x)} - \frac{1}{f_X^2(x)}\left[\widehat{f}_X(x) - f_X(x)\right]$$

$$+ \frac{1}{f_X^3(x)}\left[\widehat{f}_X(x) - f_X(x)\right]^2 + D_n$$

と変形できる．ただし

$$D_n = \frac{1}{\widehat{f}_X(x)f_X^3(x)}\left[f_X(x) - \widehat{f}_X(x)\right]^3$$

である．したがって

$$\frac{\widehat{f}(x,y)}{\widehat{f}_X(x)}$$

$$= \frac{\widehat{f}(x,y)}{f_X(x)} - \frac{\widehat{f}(x,y) - f(x,y)}{f_X^2(x)}\left[\widehat{f}_X(x) - f_X(x)\right] \tag{5.6}$$

$$- \frac{f(x,y)}{f_X^2(x)}\left[\widehat{f}_X(x) - f_X(x)\right] + \frac{\widehat{f}(x,y)}{f_X^3(x)}\left[\widehat{f}_X(x) - f_X(x)\right]^2 + D_n\widehat{f}(x,y)$$

となる．密度比の証明と同様に，残差項 $D_n\widehat{f}(x,y)$ は無視できる．1次元と2次元のカーネル推定量のバイアスの結果とコーシー・シュヴァルツの不等式より

$$E\left[\frac{\widehat{f}(x,y)}{f_X(x)}\right] = \frac{f(x,y)}{f_X(x)} + \frac{\sigma_K^2}{2}\left\{h_x^2 f_{xx}(x,y) + h_y^2 f_{yy}(x,y)\right\} + O(h_x^3 + h_y^3),$$

$$E\left\{-\frac{f(x,y)}{f_X^2(x)}\left[\widehat{f}_X(x) - f_X(x)\right]\right\} = -h_x^2 f(x,y)\frac{f_X''(x)}{f_X(x)} + O(h_x^3),$$

$$E\left|\left[\widehat{f}(x,y) - f(x,y)\right]\left[\widehat{f}_X(x) - f_X(x)\right]\right|$$

$$\leq \sqrt{E\left[\widehat{f}(x,y) - f(x,y)\right]^2 E\left[\widehat{f}_X(x) - f_X(x)\right]^2}$$

$$= O\left(\{h_x + h_y\}^4 + \frac{1}{nh_x^2} + \frac{1}{nh_y^2}\right)$$

が得られる. 他の項の期待値も同様に無視できる. 分散については式 (5.6) の最初の2つの項を考えると

$$V\left[\frac{\widehat{f}(x,y)}{f_X(x)}\right] = \frac{R(K)}{nh_x h_y}\frac{f(x,y)}{f_X^2(x)} + O\left(\frac{1}{nh_x} + \frac{1}{nh_y}\right),$$

$$V\left[-\frac{f(x,y)}{f_X^2(x)}\left\{\widehat{f}_X(x) - f_X(x)\right\}\right] = O\left(\frac{1}{nh_x}\right),$$

$$\left|\text{Cov}\left[\frac{\widehat{f}(x,y)}{f_X(x)}, -\frac{f(x,y)}{f_X^2(x)}\left\{\widehat{f}_X(x) - f_X(x)\right\}\right]\right| = O\left(\frac{1}{nh_x^{1/2}h_y}\right)$$

となる. 他の項も同様に評価できるから定理の結果が得られる. ■

条件付き密度関数の推定量 (5.5) を式 (5.4) に代入し, $\int K(u)du = 1$, $\int uK(u)du = 0$ となる2次オーダー・カーネルを考えると

$$\int_{-\infty}^{\infty} y\frac{1}{h_y}\left(\frac{y - Y_i}{h_y}\right)dy = \int_{-\infty}^{\infty}(h_y u + Y_i)K(u)dy$$

$$= h_y\int_{-\infty}^{\infty} uK(u)du + Y_i\int_{-\infty}^{\infty} K(u)du$$

$$= Y_i$$

が成り立つ. したがって $m(x)$ の推定量としては

$$\widehat{m}_{NW}(x) = \int_{-\infty}^{\infty} y\frac{\widehat{f}(x,y)}{\widehat{f}_X(x)}dy$$

$$
= \frac{1}{\sum_{i=1}^n K\left(\frac{x-X_i}{h_x}\right)} \sum_{i=1}^n K\left(\frac{x-X_i}{h_x}\right) \int_{-\infty}^{\infty} y \frac{1}{h_y} K\left(\frac{y-Y_i}{h_y}\right) dy
$$

$$
= \frac{1}{\sum_{i=1}^n K\left(\frac{x-X_i}{h_x}\right)} \sum_{i=1}^n K\left(\frac{x-X_i}{h_x}\right) \int_{-\infty}^{\infty} (h_y u + Y_i) K(u) du
$$

$$
= \frac{\sum_{i=1}^n K\left(\frac{x-X_i}{h_x}\right) Y_i}{\sum_{i=1}^n K\left(\frac{x-X_i}{h_x}\right)}
$$

が得られる．これを**ナダラヤ・ワトソン推定量 (Nadaraya-Watson estimator)** と呼ぶ．この推定量の平均二乗誤差は次の定理で与えられる．

定理 5.10 定理 5.9 の条件を仮定し，$X_1 = x$ を与えたときの条件付き分散 $V[Y_1|x]$ が存在するとする．また $\lim_{y\to\pm\infty} y f_y(x,y) = \lim_{y\to\pm\infty} f(x,y) = 0$ と仮定する．このとき $\widehat{m}_{NW}(x)$ の平均と分散は

$$
E[\widehat{m}_{NW}(x)]
$$
$$
= m(x) + \frac{h_x^2 \sigma_K^2}{2} \int y \left\{ \frac{f_{xx}(x,y)}{f_X(x)} - \frac{f(x,y) f_X''(x)}{f_X^2(x)} \right\} dy + O\left(h_x^3 + h_y^3\right),
$$

$$
V[\widehat{m}_{NW}(x)]
$$
$$
= \frac{R(K)}{nh_x f_X(x)} V[Y|x] + O\left(\{h_x^3 + h_y^3\}^2\right) + O\left(\frac{1}{n}\right)
$$

となり，平均二乗誤差は

$$
E\left[\widehat{m}_{NW}(x) - m(x)\right]^2
$$
$$
= \frac{h_x^4 \sigma_K^4}{4} \left[\int y \left\{ \frac{f_{xx}(x,y)}{f_X(x)} - \frac{f(x,y) f_X''(x)}{f_X^2(x)} \right\} dy \right]^2
$$
$$
+ \frac{R(K)}{nh_x f_X(x)} V[Y|x] + O\left(\{h_x^3 + h_y^3\}^2\right) + O\left(\frac{1}{n}\right)
$$

で与えられる．

証明 条件付き密度関数の期待値より y を掛けて積分をすればよいから

$$\int_{-\infty}^{\infty} y f_{yy}(x,y) dy = [y f_y(x,y)]_{-\infty}^{\infty} - \int_{-\infty}^{\infty} f_y(x,y) dy$$

$$= 0 - [f(x,y)]_{-\infty}^{\infty} = 0$$

となる. これを使って誤差項を精密に評価すると

$$E[\widehat{m}_{NW}(x)]$$

$$= m(x) + \frac{h_x^2 \sigma_K^2}{2} \int_{-\infty}^{\infty} y \left\{ \frac{f_{xx}(x,y)}{f_X(x)} - \frac{f(x,y) f_X''(x)}{f_X^2(x)} \right\} dy + O\left(h_x^3 + h_y^3\right)$$

が得られる. また分散の主要項は比のカーネル推定量と同じようにして

$$V\left[\frac{\sum_{i=1}^{n} K\left(\frac{x-X_i}{h_x}\right) Y_i/(nh_x)}{f_X(x)} \right]$$

である.

式 (5.6) と同様に $T_i = K\left(\frac{x-X_i}{h_x}\right) Y_i/h_x$ とおくと主要項は

$$\widehat{m}_{NW}(x) \approx \frac{\frac{1}{n}\sum_{i=1}^{n} T_i}{f_X(x)} - \frac{\frac{1}{n}\sum_{i=1}^{n} T_i}{f_X^2(x)}\{\widehat{f}_X(x) - f_X(x)\}$$

となる. さらに通常のカーネル推定量の期待値と同様に

$$E(T_i) = f_X(x) m(x) + O(h_x^2)$$

だから

$$\widehat{m}_{NW}(x) \approx \frac{\frac{1}{n}\sum_{i=1}^{n} T_i}{f_X(x)} - \frac{m(x)}{f_X(x)}\{\widehat{f}_X(x) - f_X(x)\}$$

と近似される. よって分散の近似は

$$V[\widehat{m}_{NW}] \approx \frac{1}{n} V\left[\frac{Y_i - m(x)}{f_X(x)} \frac{1}{h_x} K\left(\frac{x-X_i}{h_x}\right) \right]$$

5.6 ノンパラメトリック回帰

となる. ここで

$$E\left[\frac{Y_i - m(x)}{f_X(x)}\frac{1}{h_x}K\left(\frac{x - X_i}{h_x}\right)\right] = O(h_x)$$

であるから, 二乗の期待値を求めると

$$
\begin{aligned}
&E\left[\frac{\{Y_i - m(x)\}^2}{f_X^2(x)}\frac{1}{h_x^2}K^2\left(\frac{x - X_i}{h_x}\right)\right]\\
&= \frac{1}{h_x^2 f_X^2(x)}\iint_{\mathbf{R}^2}\{y - m(x)\}^2 K^2\left(\frac{x - z}{h_x}\right)f(z,y)dzdy\\
&= \frac{1}{h_x f_X^2(x)}\iint_{\mathbf{R}^2}\{y - m(x)\}^2 K^2(u)f(x - h_x u, y)dudy\\
&= \frac{R(K)}{h_x f_X(x)}\int_{-\infty}^{\infty}\{y - m(x)\}^2\frac{f(x,y)}{f_X(x)}dy + O(h_x^2)\\
&= \frac{R(K)}{h_x f_X(x)}V[Y|x] + O(h_x^2)
\end{aligned}
$$

が得られる. したがって定理が成り立つ. ∎

この推定量は各データに対して変数 x に依存して局所的に重み

$$w_i(x) = \frac{K\left(\frac{x - X_i}{h_x}\right)}{\sum_{i=1}^{n}K\left(\frac{x - X_i}{h_x}\right)}$$

を付けて, 加えたものになっている. 一般には $m(x)$ のノンパラメトリック推定量は

$$\widehat{m}(x) = \sum_{i=1}^{n}w(X_i, x)Y_i$$

の形で議論されており, **スプライン平滑化法 (spline smoothing method)** や**動径基底関数 (radial basis function)** による $w(X_i, x)$ の構築法も提案され, その理論的な性質も研究されている (井元・小西 (1999), 安道・井元・小西 (2001)).

5.6.2 シングル・インデックスモデル

回帰分析において，共変量が多次元の時に次元の呪いを回避する1つの方法として，パラメトリックな推測を取り入れたセミ・パラメトリックな**シングル・インデックスモデル (single index model)** がある．目的変数を $Y \in \mathbb{R}$，説明変数（共変量）を $\boldsymbol{X} \in \mathbb{R}^d$ $(d \geq 1)$ とする．このとき回帰関数 $E(Y|\boldsymbol{X})$ の推定を考える．カーネル法を直接適用すると，$\boldsymbol{X}$ の周辺密度関数及び，$(Y, \boldsymbol{X})$ の同時確率密度関数の推定量を利用することになり，次元が高くなると，収束のオーダーが遅くなるという次元の呪いを受ける．そこで $\boldsymbol{X}$ の影響は $\boldsymbol{X} \in \mathbb{R}^d$ から $\mathbb{R}$ への関数 $s(\boldsymbol{x}; \boldsymbol{\beta})$ を通して Y に及ぶと仮定するものである．すなわち

$$E(X|\boldsymbol{X}) = g\left\{s(\boldsymbol{X}; \boldsymbol{\beta})\right\}$$

の構造を仮定する．ここで関数 $s(\boldsymbol{x}; \boldsymbol{\beta})$ は $\boldsymbol{\beta}$ は未知であるが，他は既知で，関数 $g(\cdot)$ は未知とする．推定法としては，まず $\sqrt{n}$ のオーダーの一致性を持つ推定量 $\widehat{\boldsymbol{\beta}}$ を推定し，その後にナダラヤ・ワトソン推定を行うものである．$\boldsymbol{\beta}$ の推定としては，最小二乗法や最尤推定などのパラメトリックな手法を使うことが多い．これらは多くの場合 $\sqrt{n}$ のオーダーの一致性を持つ．

d-次元の共変量 $\boldsymbol{X}$ と d-次元の未知係数（重み）に対して $g(\cdot)$ を未知の滑らかな関数とし

$$Y_i = g\left\{s(\boldsymbol{X}_i; \boldsymbol{\beta})\right\} + \varepsilon_i \qquad (n = 1, 2, \ldots, n)$$

のモデルを考える．典型的な例としては $s(\boldsymbol{x}; \boldsymbol{\beta}) = \boldsymbol{x}^T \boldsymbol{\beta}$ の線形モデルである．このとき $\boldsymbol{\beta}$ を最小二乗法で推定し $\widehat{\boldsymbol{\beta}}$ を求め，インデックスの値 $\widehat{\theta}_i = \boldsymbol{X}_i^T \widehat{\boldsymbol{\beta}}$ に対して

$$\widehat{g}_h(z) = \frac{\sum_{i=1}^n \left(\frac{z - \widehat{\theta}_i}{h}\right) Y_i}{\sum_{i=1}^n \left(\frac{z - \widehat{\theta}_i}{h}\right)}$$

が得られる．このほかにもセミパラメトリックな重み付き最小二乗法

$$\min_{\boldsymbol{\beta}} \frac{1}{n} \sum_{i=1}^n \left[Y_i - E\{Y_i | s(\boldsymbol{X}_i; \boldsymbol{\beta})\}\right]^2 w(\boldsymbol{X}_i)$$

のような方法も提案されている. ここで $w(\boldsymbol{X}_i)$ は重みである. このモデルの動機付けは Ichimura (1993) に説明されており, Härdle et al. (2004) で詳しく解説されている.

5.7 カーネル法の順位検定の連続化への応用

順位に基づく検定では, 統計量の分布が離散分布になるために, 有意確率を計算し, その値が小さければ棄却するという方法で行うことが多い. これらの順位検定については第3章で議論したように漸近相対効率で比較するのが主流である. しかし Lehmann & D'abrera (2006) や Brown et al. (2001) でも指摘されているように, データの少しの変動で有意確率が大きく変動することがある. また以下に述べるように分布の刻みが小さい検定統計量に基づく有意確率の方が小さい値をとる傾向がある. ここでは一標本問題についてこの事実を確認し, 問題を解決するためにカーネル法を用いた統計量の連続化について考察する.

$X_1, X_2, \ldots, X_n$ を互いに独立で同じ母集団分布 $F(x - \theta)$ にしたがう無作為標本とする. ここで対応する確率密度関数は $f(-x) = f(x)$ を満たす原点対称な分布とする. θ は未知母数で, 帰無仮説 $H_0 : \theta = 0$ に対して対立仮説 $H_1 : \theta > 0$ の検定問題を考える. この問題に対して第3章でみたように, 多くの順位検定統計量が提案されている. 代表的なものは符号検定とウィルコクソンの符号付き順位検定である. これらの検定統計量は離散型の分布を持つために有意水準 α を設定して検定するやり方ではなく, 有意確率を評価して, その値が十分に小さい時に帰無仮説を棄却する方法がよく利用される. この有意確率については Lehmann & D'abrera (2006) でも指摘されているように, 検定統計量の取り得る値が細かいほど有意確率が小さくなる傾向がある.

$\psi(x) = 1 \ (x \geq 0), \ = 0 \ (x < 0)$ とおくとき, 符号検定 S とウィルコクソンの符号付き順位検定 W は

$$S = S(\boldsymbol{X}) = \sum_{i=1}^{n} \psi(X_i),$$

$$W = W(\boldsymbol{X}) = \sum_{1 \leq i \leq j \leq n} \psi(X_i + X_j)$$

と同値になる．ここで $\boldsymbol{X} = (X_1, X_2, \ldots, X_n)^T$ である．観測値 $\boldsymbol{x} = (x_1, x_2, \ldots, x_n)^T$ に対して $s = S(\boldsymbol{x})$ を計算し，もし有意確率 $P_0(S \geq s)$ が十分小さいと判断されるときは帰無仮説 H_0 を棄却することになる．同様に $w = W(\boldsymbol{x})$ に対して $P_0(W \geq w)$ が小さい時 H_0 を棄却する．ただし $P_0(\cdot)$ は帰無仮説の下での確率を表す．次の表は有意確率が小さくなる裾の領域における有意確率の大小の割合を検証したものである．

$$\Omega_{|x|} = \left\{ \boldsymbol{x} \in \mathbb{R}^n \ \| \ |x_1| < |x_2| < \cdots < |x_n| \right\}$$

とおき，標準正規分布の $(1-\alpha)$-点 $z_{1-\alpha}$ に対して，

$$\Omega_\alpha = \left\{ \boldsymbol{x} \in \Omega_{|x|} \ \left\| \ \frac{s - E_0(S)}{\sqrt{V_0(S)}} \geq z_{1-\alpha}, \text{ または } \frac{w - E_0(W)}{\sqrt{V_0(W)}} \geq z_{1-\alpha} \right. \right\}$$

の裾の領域を考える．ただし $E_0(\cdot)$, $V_0(\cdot)$ は帰無仮説の下での期待値と分散を表す．ここで統計量の実現値は標本 $\boldsymbol{x} = (x_1, x_2, \ldots, x_n)^T$ の成分の入れ替えについて不変であるから $|x_1| < |x_2| < \cdots < |x_n|$ の場合だけを考察して，2^n 個の符号の組み合わせ $\text{sign}(x_i) = \pm 1 (i = 1, 2, \ldots, n)$ について数え上げればよい．表 5.2 では W の有意確率が S の有意確率よりも小さい比率 W/S を表している．

表 5.2　S と W の有意確率の大小

	sample size	$n = 10$	$n = 20$	$n = 30$
$z_{0.90}$	W/S	3.28	1.367	1.477
$z_{0.95}$	W/S	1.92	1.449	1.425
$z_{0.975}$	W/S	4.2	1.674	1.572

表でもわかるように，もし小さい有意確率を得たいのであれば，ウィルコクソンの符号付き順位検定を使った方が有意確率が小さい場合が多く，なるべく大きい有意確率を得たいのであれば符号検定を使った方が良いというように，

5.7 カーネル法の順位検定の連続化への応用

検定の恣意性が生じてくる．この理由は検定統計量の分布が離散分布であることに起因する．ここではカーネル法を利用した統計量の分布の連続化を提案しその性質を考察する．

経験分布関数を $F_n(\cdot)$ とすると，定義関数 $I(\cdot)$ に対して

$$F_n(0) = \frac{1}{n} \sum_{i=1}^{n} I(X_i \le 0)$$

となり

$$S = n - nF_n(0-).$$

の関係式が成り立ち，符号検定との関連が分かる．経験分布関数のカーネル法に基づく平滑化は，カーネル型密度関数推定量を積分して

$$\widetilde{F}_n(0) = \frac{1}{n} \sum_{i=1}^{n} K\Big(\frac{0 - X_i}{h_n}\Big)$$

が原点での推定量になる．ただし $K(\cdot)$ はカーネル関数 $k(\cdot)$ の積分

$$K(t) = \int_{-\infty}^{t} k(u)du$$

を表わし h はバンド幅で $h \to 0,\ nh \to \infty\ (n \to \infty)$ を満足する．したがって S の連続化として

$$\widetilde{S} = n - n\widetilde{F}_n(0) = n - \sum_{i=1}^{n} K\left(-\frac{X_i}{h}\right)$$

が考えられる．帰無仮説の H_0 の下で，$\widetilde{S}$ の漸近平均と漸近分散は母集団分布 $F(\cdot)$ に依存しないことが示される．

同様にウィルコクソンの符号付き順位検定統計量の連続化を得ることができる．簡単のためにマン・ホイットニー検定統計量

$$M = \sum_{i=1}^{n} \psi(X_i + Y_i)$$

を考察する．この統計量は $P\left(\frac{X_1+X_2}{2}>0\right)$ の推定量と見なすことができるので，連続化として

$$\widetilde{W} = \frac{n(n+1)}{2} - \sum_{1\leq i\leq j\leq n} K\left(-\frac{X_i+X_j}{2h}\right)$$

を提案する．この統計量の分布は帰無仮説の下でも母集団分布に依存することになるが，$\widetilde{S}$ と同様に漸近平均と漸近分散は $F(\cdot)$ に依存しない．この $\widetilde{S}$, $\widetilde{W}$ は次の定理で示されるように S, W と一次のオーダーの意味で同値になる．

$\boxed{\text{定理 5.11}}$　$f'(\cdot)$ が存在し $-\theta$ の周りで連続であると仮定する．バンド幅を $h = cn^{-d}(c>0, \frac{1}{4}<d<\frac{1}{2})$ とする．ここで

$$0 < \lim_{n\to\infty} V_\theta\left[1 - K\left(-\frac{X_1}{h}\right)\right] < \infty,$$

$$0 < \lim_{n\to\infty} \mathrm{Cov}_\theta\left[1 - K\left(-\frac{X_1+X_2}{2h}\right), 1 - K\left(-\frac{X_1+X_3}{2h}\right)\right] < \infty$$

が成り立ち，$k(\cdot)$ は原点に対して対称なカーネルとする．このとき次が成り立つ．

(i) 標準化した符号検定統計量と標準化した平滑化符号検定は

$$\lim_{n\to\infty} E_\theta\left\{\frac{S - E_\theta(S)}{\sqrt{V_\theta(S)}} - \frac{\widetilde{S} - E_\theta(\widetilde{S})}{\sqrt{V_\theta(\widetilde{S})}}\right\}^2 = 0$$

を満たし，漸近的に同値である．

(ii) 標準化 W と $\widetilde{W}$ に対しては

$$\lim_{n\to\infty} E_\theta\left\{\frac{W - E_\theta(W)}{\sqrt{V_\theta(W)}} - \frac{\widetilde{W} - E_\theta(\widetilde{W})}{\sqrt{V_\theta(\widetilde{W})}}\right\}^2 = 0$$

が成り立ち，漸近的に同値である．

5.7 カーネル法の順位検定の連続化への応用 175

証明 符号検定 S に対しては

$$V_\theta(S) = nF(\theta)[1 - F(\theta)]$$

となる．また定理 5.4 より

$$V_\theta(\widetilde{S}) = nF(\theta)\{1 - F(\theta)\} + O\left(\frac{h}{n}\right)$$

であるから

$$E_\theta\left[\{S - F(\theta)\}\left\{\widetilde{S} - E_\theta(\widetilde{S})\right\}\right] = n\left\{F(\theta)[1 - F(\theta)] + O(h)\right\}$$

を示せばよい．S と $\widetilde{S}$ は互いに独立で同じ分布に従う確率変数の和である
から

$$E_\theta\left[\{S - E_\theta(S)\}\left\{\widetilde{S} - E_\theta(\widetilde{S})\right\}\right]$$
$$= nE_\theta\left[\{\psi(X_1) - E_\theta(\psi)\}\left\{1 - K\left(-\frac{X_1}{h}\right) - e_1(\theta)\right\}\right]$$

が成り立つ．ただし

$$e_1(\theta) = E_\theta\left[1 - K\left(-\frac{X_1}{h}\right)\right]$$

である．変数変換 $u = x/h$ と部分積分を使うと，テーラー展開より

$$\int_{-\infty}^{\infty} \psi(x)\left[1 - K\left(-\frac{x}{h}\right)\right] f(x - \theta)dx = F(\theta) + O(h_n)$$

が成り立つ．ここで

$$E_\theta[\psi(X_1)] = F(\theta), \qquad E_\theta(1 - K) = F(\theta) + O(h^2)$$

が成り立つから

$$E_\theta\left[\{S - E_\theta(S)\}\left\{\widetilde{S} - E_\theta(\widetilde{S})\right\}\right] = n\{F(\theta) - [F(\theta)]^2 + O(h)\}$$

が得られる.

第6章の U-統計量の分散の表現を使うと

$$V_\theta(W) = n^3 \left[\int_{-\infty}^\infty F^2(x+2\theta)f(x)dx - G^2(\theta) \right] + O(n^2)$$

が得られる. ただし

$$G(\theta) = \int_{-\infty}^\infty F(x+2\theta)f(x)dx$$

で $(X_1 + X_2)/2$ の分布関数である. 同様にして

$$V_\theta(\widetilde{W}) = \frac{n^3}{4} E\left[\alpha_n^2(X_1) \right] + O(n^2)$$

$$= n^3 \left[\int_{-\infty}^\infty F^2(x+2\theta)f(x)dx - G^2(\theta) \right] + O(n^2 + n^3 h^2)$$

が得られる. したがって

$$\lim_{n\to\infty} \frac{V_\theta(\widetilde{W})}{V_\theta(W)} = 1$$

となる. また変数変換とテーラー展開を使って計算すると

$$\mathrm{Cov}_\theta(\widetilde{W}, W)$$

$$= n^3 \left[\int_{-\infty}^\infty \left\{ F(x+\theta) + O(h^2) \right\} F(x+\theta)f(x-\theta)dx - G^2(\theta) + O(h^2) \right]$$

$$= n^3 \left[\int_{-\infty}^\infty F^2(x+2\theta)f(x)dx - G^2(\theta) + O(h^2) \right]$$

を示すことができる. ∎

このことから $\widetilde{S}$ と $\widetilde{W}$ の漸近性規性が成り立ち, 漸近相対効率も一致することが示せる.

$\widetilde{S}$ と $\widetilde{W}$ の分布は連続型の分布になっており, 有意確率の偏りの問題はかなり改善される. これを検証するために S と W の有意確率の比較と同じよう

5.7 カーネル法の順位検定の連続化への応用

表 5.3 $\widetilde{S}$ と $\widetilde{W}$ の有意確率の大小

	sample size	$n = 10$	$n = 20$	$n = 30$
$z_{0.90}$	$\widetilde{W}/\widetilde{S}$	1.284	1.182	1.148
$z_{0.95}$	$\widetilde{W}/\widetilde{S}$	1.166	1.199	1.111
$z_{0.975}$	$\widetilde{W}/\widetilde{S}$	1.437	1.240	1.113

に，統計量の分布の裾の部分

$$\widetilde{\Omega}_\alpha = \left\{ \boldsymbol{x} \in \mathbb{R}^n \;\middle\|\; \frac{\widetilde{s}(\boldsymbol{x}) - E_0(\widetilde{S})}{\sqrt{V_0(\widetilde{S})}} \geq z_{1-\alpha}, \text{ または } \frac{\widetilde{w}(\boldsymbol{x}) - E_0(\widetilde{W})}{\sqrt{V_0(\widetilde{W})}} \geq z_{1-\alpha} \right\}$$

での有意確率の比較を行ったのが表 5.3 である．$\widetilde{S}$ と $\widetilde{W}$ の分布は帰無仮説の下でも元の母集団分布に依存するので，ここでは標準化した統計量の正規分布での近似を利用してシミュレーションにより有意確率の比較を行い，表の数値は有意確率が小さくなった回数の比を表している．シミュレーションの繰り返し数は 100,000 回である．表 5.2 と比較すると，連続化したことにより，有意確率が一方的に小さい傾向を持つという問題点はかなり解消されていることが分かる．

第6章 ◇ 漸近正規統計量

　　本章では統計的推測において重要な役割を果たす中心極限定理の精密化と一般の統計量への拡張を議論する．特に U-統計量及び多くの統計量が含まれる漸近 U-統計量についての基本的な性質について統一的に議論し，多くの統計量が U-統計量で近似できること示す．まず互いに独立で同じ分布にしたがう確率変数に基づく標本平均の分布の高次近似について議論し，その後標本平均を一般化した U-統計量の正規近似の精密化を議論する．さらに L-統計量と呼ばれる統計量のクラスが漸近 U-統計量であることを示し，エッジワース展開を求める．同時に実用上大事なスチューデント化統計量の正規近似の精密化も議論する．

6.1　中心極限定理の精密化

　本章では中心極限定理の精密化を考える．まず互いに独立で同じ分布に従う確率変数 $X_1, X_2, \ldots, X_n$ に基づく標本平均 $\overline{X} = \sum_{i=1}^{n} X_i/n$ の分布の近似について議論する．条件付き期待値を利用した**射影法 (projection method)** を使うと多くの統計量が適当な条件の下で，独立で同一分布にしたがう X_i の関数についての標本平均で近似されるので，漸近正規性を議論するときには基本となるものである．

6.1.1　ベリー・エシーン限界

　中心極限定理は，$E(X_i^2) < \infty$ 及び $V(X_i) > 0$ の条件の下で，任意の $x \in \mathbb{R}$ に対して $n \to \infty$ のとき

$$P\left(\frac{\overline{X} - E(\overline{X})}{\sqrt{V(\overline{X})}} \le x\right) = \Phi(x) + o(1)$$

が成り立つことを意味する．ここで $\Phi(\cdot)$ は標準正規分布 $N(0,1)$ の分布関数

を表す. $\{\overline{X} - E(\overline{X})\}/\sqrt{V(\overline{X})}$ の分布関数の標準正規分布への収束のオーダーは $n^{-1/2}$ であることが, ベリーとエシーンによって示された.

分布関数とその近似の差を直接評価するのはかなり煩雑であり, 場合によっては不可能である. このような時に利用されるのが, 分布関数とその近似関数の差を特性関数の差を使って評価するエシーンの**スムージング・レンマ** (**smoothing lemma**)(Esséen (1945)) である.

定理6.1 (スムージング・レンマ) $F(\cdot)$ は単調非減少, $G(\cdot)$ は微分可能で有界変分関数とし, $G'(\cdot)$ は有界, すなわち $|G'(x)| \leq K < \infty$ とする. さらに $F(\pm\infty) = G(\pm\infty)$ とする. このとき $t \in \mathbb{R}$ について

$$f(t) = \int_{-\infty}^{\infty} e^{itx} dF(x), \quad g(t) = \int_{-\infty}^{\infty} e^{itx} dG(x)$$

とおくと, 任意の $T > 0$ に対して

$$\Delta = \sup_x |F(x) - G(x)| \leq \frac{1}{\pi} \int_{-T}^{T} \left| \frac{g(t) - f(t)}{t} \right| dt + \frac{24}{\pi} \frac{K}{T}$$

が成り立つ.

証明 清水 (1976) または Feller (1971) を参照. ∎

この不等式を使うとベリー・エシーン限界 (**Berry-Esséen bound**) が得られる. 補題 6.2 では $E(X_i) = 0$ を仮定するが, $E(X_i) = \mu_i$ の時には改めて $X_i - \mu_i$ を X_i と考えればよいから, $E(X_i) = 0$ の仮定は本質的ではないことに注意する. まず次の特性関数についての評価を示す.

補題6.2 $X_1, X_2, \ldots, X_n$ を互いに独立で $E(X_j) = 0$, $\sigma_j^2 = V(X_j) > 0$, $\alpha_j = E(|X_j|^3)$ が存在する確率変数とする. ここで

$$B_n^2 = \sum_{j=1}^{n} \sigma_j^2, \quad L_n = B_n^{-3} \sum_{j=1}^{n} \alpha_j$$

とおく. $\varphi_n(t)$ を標準化した和 $B_n^{-1}\sum_{j=1}^n X_j$ の特性関数とする. このとき $|t| \leq \frac{1}{4L_n}$ に対して

$$|\varphi_n(t) - e^{-t^2/2}| \leq 16L_n|t|^3 e^{-t^2/3} \tag{6.1}$$

が成り立つ.

証明 まず $\frac{1}{2L_n^{1/3}} \leq |t| \leq \frac{1}{4L_n}$ の場合を考える. もしこのような t が存在しないときは後半の部分だけで十分である. ここでもし $|\varphi_n(t)|^2 \leq e^{-2t^2/3}$ ならば

$$|\varphi_n(t) - e^{-t^2/2}| \leq |\varphi_n(t)| + e^{-t^2/2} \leq 2e^{-t^2/3} \leq 16L_n|t|^3 e^{-t^2/3}$$

となる. よって

$$|\varphi_n(t)|^2 \leq e^{-2t^2/3} \tag{6.2}$$

が成り立つことを示す.

$v_j(t) = E(e^{itX_j})$ とおき, Y_j を X_j と同じ分布にしたがい, X_j と独立とする. このとき対称化確率変数を $\widetilde{X}_j = X_j - Y_j$ とおくと, 特性関数は $|v_j(t)|^2$ で, 平均 $E(\widetilde{X}_j) = 0$, 分散は $V(\widetilde{X}_j) = 2\sigma_j^2$ となる. さらに

$$E(|\widetilde{X}_j|^3) \leq 4[E(|X_j|^3) + E(|Y_j|^3)] \leq 8E(|X_j|^3)$$

が成り立つ. したがって

$$|v_j(t)|^2 = \int_{-\infty}^{\infty} e^{itx}d\widetilde{F}_j(x) = \int_{-\infty}^{\infty}\left(1 + itx - \frac{t^2x^2}{2} + \frac{\theta t^3 x^3}{6}\right)d\widetilde{F}_j(x)$$

と展開できる. ただし $\widetilde{F}_j(x)$ は $\widetilde{X}_j$ の分布関数で, $|\theta| \leq 1$ である. さらに

$$\left|\int_{-\infty}^{\infty}\theta t^3 x^3 d\widetilde{F}_j(x)\right| \leq |t|^3 \int_{-\infty}^{\infty}|x|^3 d\widetilde{F}_j(x) \leq 8|t|^3 E(|X_j|^3)$$

となり, $|\theta| \leq 1$ で $E(X_j) = 0$ より

$$|v_j(t)|^2 \leq 1 - \sigma_j^2 + \frac{4|\theta||t|^3}{3}E(|X_j|^3)$$

が成り立つ. すべての x に対して $1 + x \le e^x$ が成り立つから

$$|v_j(t)|^2 \le 1 - \sigma_j^2 t^2 + \frac{4|t|^3}{3} E(|X_j|^3) \le \exp\left\{-\sigma_j^2 t^2 + \frac{4|t|^3}{3} E(|X_j|^3)\right\}$$

となる. したがって $|t| \le \frac{1}{4L_n}$ に対して

$$|\varphi_n(t)|^2 = \prod_{j=1}^n |v_j(B_n^{-1}t)|^2 \le \exp\left\{-t^2 + \frac{4}{3}|t|^3 L_n\right\} \le e^{-2t^2/3}$$

となり式 (6.2) が成り立つ.

次に $|t| \le \frac{1}{2L_n^{1/3}}$ の場合を考える. ヘルダーの不等式より

$$\sigma_j^2 = E(X_j^2) \le [E(|X_j|^3)]^{2/3}$$

だから $\sigma_j \le [E(|X_j|^3)]^{1/3}$ となり, さらに $E(|X_j|^3) \le B_n^3 L_n$ が成り立つ. よって

$$\sigma_j |t| B_n^{-1} \le [E(|X_j|^3)]^{1/3} |t| B_n^{-1} \le L_n^{1/3} |t| \le \frac{1}{2}$$

が成り立つ. また

$$v_j(B_n^{-1}t) = 1 - r_j$$

とおける. ただし

$$r_j = \frac{\sigma_j^2 t^2}{2B_n^2} + \frac{\theta_j^* |t|^3 E(|X_j|^3)}{6B_n^3}, \quad |\theta_j^*| \le 1$$

である. この r_j に対して

$$|r_j|^2 \le 2\left(\frac{\sigma_j^2 t^2}{2B_n^2}\right)^2 + 2\left(\frac{|t|^3 E(|X_j|^3)}{6B_n^3}\right)^2$$

となり

$$2\left(\frac{\sigma_j^2 t^2}{2B_n^2}\right)^2 \le \frac{1}{2}\left(\frac{\sigma_j^2 t^2}{B_n^2}\right)^{1/2}\left(\frac{\sigma_j^2 t^2}{B_n^2}\right)^{3/2} \le \frac{1}{4}\frac{|t|^3 E(|X_j|^3)}{B_n^3},$$

$$2\left(\frac{|t|^3 E(|X_j|^3)}{6B_n^3}\right)^2 \leq \frac{1}{144}\frac{|t|^3 E(|X_j|^3)}{B_n^3}$$

が得られる. $1/4 + 1/144 < 1/3$ だから

$$|r_j|^2 \leq \frac{1}{3}\frac{|t|^3 E(|X_j|^3)}{B_n^3}$$

となる. さらに $|z| < \frac{1}{2}$ に対して

$$\log(1+z) = z + \eta z^2, \quad |\eta| \leq 1$$

が示せるから

$$\log v_j(B_n^{-1}t) = -\frac{\sigma_j^2 t^2}{2B_n^2} + \frac{\eta_j^* |t|^3 E(|X_j|^3)}{2B_n^3}$$

と展開できて

$$\log \varphi_n(t) = \sum_{j=1}^n \log v_j(B_n^{-1}t) = -\frac{t^2}{2} + \frac{\eta^* |t|^3 L_n}{2}, \quad |\eta^*| \leq 1$$

となる. さらに任意の複素数 z に対して

$$|e^z - 1| \leq |z|e^{|z|}$$

が成り立ち, $L_n|t|^3 < \frac{1}{8}$ のとき $\exp\{\frac{L_n|t|^3}{2}\} < 2$ である. したがって

$$\left|\varphi_n(t) - e^{-t^2/2}\right| \leq e^{-t^2/2}\left|\exp\left\{\frac{\eta^* L_n|t|^3}{2}\right\} - 1\right|$$

$$\leq \frac{1}{2}L_n|t|^3 \exp\left\{-\frac{t^2}{2} + \frac{L_n|t|^3}{2}\right\} \leq L_n|t|^3 e^{-t^2/2}$$

が得られる. これは不等式 (6.1) より強い結果である. よって補題が成り立つ. ∎

この特性関数の近似の評価を利用すると次のベリー・エシーン限界が得られる.

6.1 中心極限定理の精密化

定理 6.3 (ベリー・エシーン限界)　$X_1, X_2, \ldots, X_n$ を互いに独立で $E(X_i) = 0$, $\sigma_i^2 = V(X_i)$, $\alpha_i = E(|X_i|^3)$ が存在する確率変数とする. ここで

$$B_n^2 = \sum_{i=1}^n \sigma_i^2, \qquad L_n = B_n^{-3} \sum_{i=1}^n \alpha_i$$

とおく. このとき, 標準化した和 $B_n^{-1} \sum_{i=1}^n X_i$ の分布関数を $F_n(x)$ とおくと

$$\sup_x |F_n(x) - \Phi(x)| \le C L_n$$

が成り立つ. ただし C は $n, \sigma_i, \alpha_i (i = 1, 2, \ldots, n)$ には依存しない定数である.

証明　定理 6.1 において $F(x) \equiv F_n(x)$, $G(x) \equiv \Phi(x)$ と考え, $b = \frac{1}{\pi}$, $T = \frac{1}{4L_n}$ とおく. さらに

$$\Phi'(x) = \frac{1}{\sqrt{2\pi}} e^{-\frac{x^2}{2}} \le \frac{1}{\sqrt{2\pi}}$$

であるから

$$\sup_x |F_n(x) - \Phi(x)| \le \frac{1}{\pi} \int_{|t| \le \frac{1}{4L_n}} \left| \frac{\varphi_n(t) - e^{-t^2/2}}{t} \right| dt + C_1 L_n$$

が成り立つ. $\varphi_n(\cdot)$ は $F_n(\cdot)$ の特性関数であるから, 補題 6.2 を適用すると

$$\int_{|t| \le \frac{1}{4L_n}} t^2 e^{-t^2/3} dt \le \int_{-\infty}^{\infty} t^2 e^{-t^2/3} dt < \infty$$

となり定理が得られる. ∎

特に同じ分布に従い, 3 次のモーメントが存在するときは, $\sigma^2 = V(X_1)$, $\alpha = E(|X_1|^3)$ とおくと

$$B_n^2 = n\sigma^2, \qquad L_n = \frac{n\alpha}{(n\sigma^2)^{3/2}} = \frac{\alpha}{\sigma^3} n^{-1/2}$$

184　　　　　　　　　第6章　漸近正規統計量

であるから

$$\sup_x |F_n(x) - \Phi(x)| \le C \frac{\alpha}{\sigma^3} n^{-1/2}$$

が成り立ち，正規分布への収束のオーダーは $n^{-1/2}$ であることが示される．

6.1.2　エルミート多項式とキュムラント

　正規近似の改良としては，分布関数を $n^{-1/2}$ の冪で展開する**エッジワース展開 (Edgeworth expansion)** が求められている．エッジワース展開を求めるときには**エルミート多項式 (Hermite polynomial)** と**キュムラント (cumulant)** が必要になるのでそれを準備する．標準正規分布の確率密度関数

$$\phi(x) = \frac{1}{\sqrt{2\pi}} e^{-x^2/2}$$

に対して k 回の微分 $\phi^{(k)}(x)$ は最高次の係数が $(-1)^k$ の k 次多項式と $\phi(x)$ との積になる．この k 回微分に対して

$$\phi^{(k)}(x) = (-1)^k H_k(x) \phi(x)$$

を満たす多項式を k-次のエルミート多項式と呼ぶ．このエルミート多項式についてはいろいろな性質が研究されている．最初のいくつかの多項式は

$$\begin{aligned}
H_0(x) &= 1, \\
H_1(x) &= x, \\
H_2(x) &= x^2 - 1, \\
H_3(x) &= x^3 - 3x, \\
H_4(x) &= x^4 - 6x^2 + 3, \\
H_5(x) &= x^5 - 10x^3 + 15x, \\
&\vdots
\end{aligned}$$

となる．また $\phi(\cdot)$ の性質より恒等式

$$\phi^{(k+1)}(x) + x\phi^{(k)}(x) + k\phi^{(k-1)}(x) \equiv 0$$

が成り立つから

$$H_{k+1}(x) - xH_k(x) + kH_{k-1}(x) \equiv 0$$

である．またエルミート多項式の定義より

$$(-1)^{k+1}H_{k+1}(x)\phi(x) = \phi^{(k+1)}(x) = \frac{d}{dx}(-1)^k H_k(x)\phi(x)$$

$$= (-1)^k \{H_k'(x)\phi(x) - xH_k(x)\phi(x)\}$$

が成り立つ．この2つの等式を使うと

$$H_k'(x) = kH_{k-1}(x)$$

が得られる．部分積分を利用すると $m \geq k$ に対して

$$\int_{-\infty}^{\infty} H_k(x)H_m(x)d\Phi(x) = (-1)^m \int_{-\infty}^{\infty} H_k(x)\phi^{(m)}(x)dx$$

$$= (-1)^m \left\{ \left[H_k(x)\phi^{(m-1)}(x) \right]_{-\infty}^{\infty} - \int_{-\infty}^{\infty} H_k'(x)\phi^{(m-1)}(x)dx \right\}$$

$$= k(-1)^{m-1} \int_{-\infty}^{\infty} H_{k-1}(x)\phi^{(m-1)}(x)dx$$

$$= k!(-1)^{m-k} \int_{-\infty}^{\infty} H_0(x)\phi^{(m-k)}(x)dx$$

となる．ここで $m > k$ のとき

$$\int_{-\infty}^{\infty} \phi^{(m-k)}(x)dx = 0$$

であるから

$$\int_{-\infty}^{\infty} H_k(x)H_m(x)d\Phi(x) = \begin{cases} k!, & k = m \\ 0, & k \neq m \end{cases}$$

を満たす．よってエルミート多項式は $d\Phi(x)$ の意味で直交系をなす．

確率変数 X の特性関数を $\varphi(\cdot)$ とすると，$E(|X|^k) < \infty$ のとき原点のまわりで

$$\log \varphi(t) = \sum_{j=1}^{k} \frac{\kappa_j}{j!}(it)^j + o(t^k) \qquad (t \to 0)$$

と展開できる.この係数 κ_j を **j-次のキュムラント**と呼ぶ.j-次のモーメント
を $\mu_j = E(X^j)$ とおくと,モーメントとキュムラントには

$$\kappa_1 = \mu_1,$$
$$\kappa_2 = \mu_2 - \mu_1^2,$$
$$\kappa_3 = \mu_3 - 3\mu_1\mu_2 + 2\mu_1^3,$$
$$\kappa_4 = \mu_4 - 3\mu_2^2 - 4\mu_1\mu_3 + 12\mu_1^2\mu_2 - 6\mu_1^4,$$
$$\vdots$$

の関係がある.

　独立な確率変数 X, Y に対して,その和 $X + Y$ の特性関数は 定理1.12 の
(5) よりそれぞれの特性関数の積になるから,対数特性関数はそれぞれの対数
特性関数の和になる.したがって $X + Y$ のキュムラントはそれぞれのキュム
ラントの和になる.

6.1.3　エッジワース展開

　エルミート多項式とキュムラントを使うと,中心極限定理の精密化である
エッジワース展開を求めることができる.$X_1, X_2, \ldots, X_n$ を互いに独立で同
じ分布 $F(\cdot)$ に従う確率変数で $E(X_1) = \mu$, $V(X_1) = \sigma^2$ とする.このとき標
本平均 $\overline{X}$ を標準化した

$$\frac{\overline{X} - E(\overline{X})}{\sqrt{V(\overline{X})}} = \sum_{i=1}^{n} \frac{X_i - \mu}{\sqrt{n}\sigma}$$

の特性関数を $\varphi_n(\cdot)$,また $(X_1 - \mu)/\sigma$ の特性関数を $\varphi(\cdot)$ とおくと,形式的に

$$\log \varphi_n(t) = \log \left[\varphi \left(\frac{t}{\sqrt{n}} \right) \right]^n$$
$$= n \log \varphi \left(\frac{t}{\sqrt{n}} \right) = -\frac{t^2}{2} + \sum_{j=3}^{\infty} n^{1-j/2} \frac{\kappa_j}{j!} (it)^j$$

と展開できる.ここで κ_j は $(X_1 - \mu)/\sigma$ の j-次のキュムラントである.さ
らに

$$\exp\left\{\sum_{j=3}^{\infty} n^{1-j/2} \frac{\kappa_j}{j!}(it)^j\right\} = \sum_{k=0}^{\infty} P_k(it)n^{-k/2}$$

の展開を考える. 右辺の式に現れる $P_k(t)$ は多項式で, キュムラントを使うと

$$P_0(t) = 1,$$

$$P_1(t) = \frac{\kappa_3}{6}t^3,$$

$$P_2(t) = \frac{\kappa_4}{24}t^4 + \frac{\kappa_3^2}{72}t^6,$$

$$P_3(t) = \frac{\kappa_5}{120}t^5 + \frac{\kappa_3\kappa_4}{144}t^7 + \frac{\kappa_3^3}{1296}t^9,$$

$$\vdots$$

と表せる. この展開に対して次の誤差評価が求まる.

補題 6.4 $E(|X_1|^k) < \infty$ と仮定して, $\rho_k = \frac{E[(X_1-\mu)^k]}{\sigma^k}$ とおく. このとき $|t| \le T_{k,n} = \frac{\sqrt{n}}{8k\rho_k^{3/k}}$ に対して

$$\left| \varphi_n(t) - e^{-t^2/2}\left(1 + \sum_{j=1}^{k-2} P_j(it)n^{-j/2}\right) \right|$$

$$\le C\frac{\varepsilon(n)}{(T_{k,n})^{k-2}}(|t|^k + |t|^{3(k-2)})e^{-t^2/4}$$

が成り立つ. ただし C は n に依存しない定数で, $\lim_{n\to\infty} \varepsilon(n) = 0$ である.

証明 Gnedenko & Kolmogorov (1968) を参照. ∎

この特性関数の近似を反転させたものがエッジワース展開である. その展開は

$$G_{k-2}(x)$$

$$= \Phi(x) + n^{-1/2}\phi(x)Q_1(x) + n^{-1}\phi(x)Q_2(x) + \cdots + n^{1-k/2}\phi(x)Q_{k-2}(x)$$

で与えられる. ただし

$$Q_1(x) = -\frac{\kappa_3}{6}H_2(x) = -\frac{\kappa_3}{6}(x^2 - 1),$$

188　　　　　　　　　　　第 6 章　漸近正規統計量

$$Q_2(x) = -\frac{\kappa_4}{24} H_3(x) - \frac{\kappa_3^2}{72} H_5(x)$$

$$= -\frac{\kappa_4}{24}(x^3 - 3x) - \frac{\kappa_3^2}{72}(x^5 - 10x^3 + 15x)$$

等である．この展開の**有効性 (validity)** は次の定理で与えられる．

定理 6.5　$E(|X_j|^k) < \infty (k \geq 3)$，でクラーメルの条件

$$\limsup_{|t| \to \infty} |E(\exp\{itX_j\})| < 1$$

が成り立つとき

$$\sup_x \left| P\left\{ \frac{\overline{X} - E(\overline{X})}{\sqrt{V(\overline{X})}} \leq x \right\} - G_{k-2}(x) \right| = o(n^{1-k/2})$$

となる．

証明　Gnedenko & Kolmogorov (1968) を参照．　　　　　　　　　■

統計的推測でよく利用されるのは n^{-1} の項までの展開である．

6.2　U-統計量

U-**統計量 (U-statistic)** は，Halmos (1946) によって不偏性を考慮して，標本平均の一般化として提案され，Hoeffding (1948) の論文によって注目されるようになった統計量のクラスである．$X_1, X_2, \ldots, X_n$ を互いに独立で同一分布 $F(\cdot)$ に従う確率変数とする．関数 $h(x_1, \ldots, x_r) : \mathbb{R}^r \to \mathbb{R}$ を変数 $x_1, \ldots, x_r$ のすべての順列に対して不変，すなわち $\{1, \ldots, r\}$ の任意の順列 $\{i_1, \ldots, i_r\}$ に対して

$$h(x_1, \ldots, x_r) = h(x_{i_1}, \ldots, x_{i_r})$$

とするとき，一標本 U-統計量 U_n は

$$U_n = \binom{n}{r}^{-1} \sum_{C_{n,r}} h(X_{i_1}, \ldots, X_{i_r})$$

と定義される．ここで $\sum_{C_{n,r}}$ は $1 \le i_1 < \cdots < i_r \le n$ を満たすすべての組み合わせ $(i_1, \ldots, i_r)$ についての和を表す．U_n は母数

$$\theta(F) = E[h(X_1, \ldots, X_r)] = \int \cdots \int h(x_1, \ldots, x_r) dF(x_1) \cdots dF(x_r)$$

の**不偏推定量 (unbiased estimator)** になっている．$h(x_1, \ldots, x_r)$ を r 次の**シンメトリックカーネル (r-th symmetric kernel)** と呼ぶが，h が変数のすべての順列に対して不変という仮定は統計的には自然な仮定である．もし h が不変ではなく $E[h(X_1, \ldots, X_r)] = \theta(F)$ のときは

$$h^*(x_1, \ldots, x_r) = \frac{1}{r!} \sum_{P_r} h(x_{i_1}, \ldots, x_{i_r})$$

を考える．ただし $\sum_{P_r}$ は $r!$ 個の順列 $(i_1, \ldots, i_r)$ に対する和を表す．このとき h^* は変数のすべての順列に対して不変で，期待値の線形性より

$$E[h^*(X_1, \ldots, X_r)] = \theta(F)$$

となる．したがってこの h^* に基づいて改めて U-統計量を考えればよい．また X_i は必ずしも一次元の確率変数に限らず，k 次元確率ベクトルでもよいが，特に断らない限り一次元とする．

●**例 6.6** (1) $h(x) = x \ (r = 1)$ とおくと

$$U_n = \binom{n}{1}^{-1} \sum_{i=1}^{n} h(X_i) = \frac{1}{n} \sum_{i=1}^{n} X_i = \overline{X}$$

となり標本平均になる．

(2) $h(x, y) = \frac{(x-y)^2}{2} \ (r = 2)$ とおくと，$(X_i - X_i)^2 = 0$ であるから

$$U_n = \binom{n}{2}^{-1} \sum_{1 \le i < j \le n} h(X_i, X_j)$$

$$= \frac{2}{n(n-1)} \frac{1}{2} \sum_{1 \le i < j \le n} (X_i - X_j)^2$$

$$= \frac{1}{n(n-1)} \frac{1}{2} \sum_{i=1}^{n} \sum_{j=1}^{n} (X_i - X_j)^2$$

$$= \frac{1}{2n(n-1)} \sum_{i=1}^{n} \sum_{j=1}^{n} \{(X_i - \overline{X} - (X_j - \overline{X})\}^2$$

$$= \frac{1}{2n(n-1)} \sum_{i=1}^{n} \sum_{j=1}^{n} [(X_i - \overline{X})^2 - 2(X_i - \overline{X})(X_j - \overline{X})$$

$$+ (X_j - \overline{X})^2]$$

$$= \frac{1}{n-1} \sum_{i=1}^{n} (X_i - \overline{X})^2$$

となり，不偏標本分散に一致する．

　これらの例でも分かるように，実際に使われる多くの統計量が U-統計量の
クラスに属したり，このクラスの統計量で近似されたりする．統計的仮説検定
においてもこのクラスは重要な役割を担っている．特にノンパラメトリック検
定においてよく利用されるウィルコクソンの符号付き順位検定と同値なマン・
フォイットニー検定は2つの U-統計量の線形和として表される．

●**例6.7**　$X_1, X_2, \ldots, X_n$ を，互いに独立で同じ分布 $F(x - \theta)$ に従う無作為
標本とする．ここで $F(\cdot)$ は原点について対称な分布，即ち $F(-x) = 1 - F(x)$
とする．このとき帰無仮説 $H_0 : \theta = 0$ vs. 対立仮説 $H_1 : \theta > 0$ の検定を考え
る．第3章で議論したように，この検定問題に対するノンパラメトリックな検
定であるウィルコクソンの符号付き順位検定と同値なマン・ホイットニー検定
統計量は

$$M = \sum_{1 \le i \le j \le n} \Psi(X_i + X_j)$$

で与えられる．ここで

$$\Psi(x) = \begin{cases} 1, & x \geq 0 \\ 0, & x < 0. \end{cases}$$

この統計量は分布 $F(\cdot)$ が連続型で,帰無仮説 H_0 が正しいときに母集団分布に依存しない検定である.この M は

$$M = \sum_{i=1}^{n} \Psi(X_i) + \sum_{1 \leq i < j \leq n} \Psi(X_i + X_j)$$

$$= n\binom{n}{1}^{-1} \sum_{i=1}^{n} \Psi(X_i) + \frac{n(n-1)}{2} \binom{n}{2}^{-1} \sum_{1 \leq i < j \leq n} \Psi(X_i + X_j)$$

となり,2つの U-統計量の線形和で表せる.

他にも多くの新しい検定統計量が U-統計量の考え方から導かれている.さらに複数個の母集団からのデータに基づく多標本 U-統計量への拡張,カーネル h の値域を多次元にした場合の研究等も行われ,適用範囲の広いクラスになっている.またデータに従属性があるときの研究も行われ,タイトルが「U-統計量」という Lee (1990) の本が出版されるなど,関心を集めている.

6.2.1 基本的性質

Halmos (1946) の U-統計量に関する最初の論文では,有限な台を持つ離散型の分布族の下で,$\theta(F)(= E(U_n))$ の不偏推定量の存在性や対称な不偏推定量すなわち U-統計量の一意性を述べ,U_n が**最小分散不偏推定量 (minimum variance unbiased estimator)** であることを示している.その後次の様な最適性が示されている.

定理 6.8　もし F の属する分布族 $\mathfrak{F}$ がすべての絶対連続な分布関数を含むならば,U_n は $\theta(F) = E(U_n)$ の一様最小分散不偏推定量である.

証明　$S = S(X_1, \ldots, X_n)$ を $\theta(F)$ の不偏推定量とする.このとき

$$\frac{1}{n!} \sum_{P_n} S(X_{i_1}, \ldots, X_{i_n}) \quad (\sum_{P_n} \text{はすべての } n \text{ 個の順列についての和})$$

をカーネルとする U-統計量を考えると，この U-統計量は

$$U_n = E[S|\boldsymbol{X}_{(n)}]$$

と表せる．ここで $\boldsymbol{X}_{(n)}$ は順序統計量を表す．コーシー・シュヴァルツの不等式と条件付き期待値の性質 定理 1.14 の式 (1.4) より

$$E(U_n^2) = E\Big(\{E[S|\boldsymbol{X}_{(n)}]\}^2\Big) \le E\Big(E[S^2|\boldsymbol{X}_{(n)}]\Big) = E(S^2)$$

が成り立つ．したがって

$$V(U_n) = E(U_n^2) - [\theta(F)]^2 \le E(S^2) - [\theta(F)]^2 = V(S)$$

となる．もし分布族 $\mathfrak{F}$ がすべての絶対連続な分布関数を含むならば，順序統計量は完備十分統計量であるから（Lehmann (1983) を参照），U_n は最小分散不偏推定量である． ∎

6.2.2 Hoeffding-分解

次に漸近的な性質を調べるのに有用な Hoeffding (1961) による U_n のフォワード・マルチンゲールへの分解 **Hoeffding-分解 (Hoeffding decomposition)** を述べる．次の記号を準備する．

|| **定義 6.9** ||　$E[|h(X_1,\ldots,X_r)|] < \infty$ のとき $1 \le k \le r$ に対して

$$a_k(x_1,\ldots,x_k) = E[h(X_1,\ldots,X_r)|X_1 = x_1,\ldots,X_k = x_k] - \theta(F),$$

$$g_1(x_1) = a_1(x_1),$$

$$g_2(x_1,x_2) = a_2(x_1,x_2) - g_1(x_1) - g_1(x_2),$$

$$\vdots$$

$$g_r(x_1,\ldots,x_r) = a_r(x_1,\ldots,x_r) - \sum_{k=1}^{r-1}\sum_{1 \le i_1 < \cdots < i_k \le r} g_k(x_{i_1},\ldots,x_{i_k}),$$

$$A_k = \sum_{C_{n,k}} g_k(X_{i_1},\ldots,X_{i_k}),$$

$$\xi_k^2 = E[g_k^2(X_1, \ldots, X_k)],$$

$$\sigma_n^2 = \mathrm{Var}(U_n)$$

と定義する.

このとき次の定理が成り立つ.

定理6.10 (1) 次の等式が成り立つ.

$$U_n - E(U_n) = \binom{n}{r}^{-1} \sum_{k=1}^r \binom{n-k}{r-k} A_k. \tag{6.3}$$

(2) 確率 1 (a.s.) で

$$E[g_k(X_1, \cdots, X_k)|X_1, \ldots, X_{k-1}] = 0 \tag{6.4}$$

が成り立つ.

(3) $\pi(x_1, \ldots, x_\ell)$ を $E[|g_k(X_{i_1}, \ldots, X_{i_k})\pi(X_{j_1}, \ldots, X_{j_\ell})|] < \infty$ を満たす ℓ-変数関数とする. 添え字の集合 $\{i_1, \ldots, i_k\}$ に対して $i_m \notin \{j_1, \ldots, j_\ell\}$ なる $i_m \in \{i_1, \ldots, i_k\}$ があれば

$$E[g_k(X_{i_1}, \ldots, X_{i_k})\pi(X_{j_1}, \ldots, X_{j_\ell})] = 0$$

が成り立つ.

(4) U_n の分散 σ_n^2 は ξ_k^2 を使うと

$$\sigma_n^2 = \mathrm{Var}(U_n) = \sum_{k=1}^r \binom{r}{k}^2 \binom{n}{k}^{-1} \xi_k^2 \tag{6.5}$$

$$= \frac{r^2}{n}\xi_1^2 + \frac{[r(r-1)]^2}{2n(n-1)}\xi_2 + \cdots + \frac{r!}{n(n-1)\cdots(n-r+1)}\xi_r^2$$

と表せる.

証明 (1) 定義より

$$U_n - E(U_n)$$

$$= \binom{n}{r}^{-1} \sum_{C_{n,r}} a_r(X_{i_1}, \ldots, X_{i_r})$$

$$= \binom{n}{r}^{-1} \sum_{C_{n,r}} \sum_{k=1}^{r} \sum_{1 \le j_1 < \cdots < j_k \le r} g_k(X_{i_{j_1}}, \ldots, X_{i_{j_k}})$$

$$= \binom{n}{r}^{-1} \sum_{k=1}^{r} \sum_{C_{n,r}} \sum_{1 \le j_1 < \cdots < j_k \le r} g_k(X_{i_{j_1}}, \ldots, X_{i_{j_k}})$$

となる. ここで $\{i_{j_1}, \ldots, i_{j_k}\}$ を固定すると, 残りの $n-k$ から $r-k$ 個を取り出す個数だけ g_k が重複して数えられている. よって等式が成り立つ.

(2) k についての帰納法で証明する. $k=1$ のときは

$$E[g_1(X_1)] = E\{E[h(X_1, \ldots, X_n)|X_1]\} - \theta(F)$$

$$= E[h(X_1, \ldots, X_n)] - \theta(F) = 0$$

となり, 成立する. $k=2$ のとき 定理 1.14 の式 (1.5) より

$$E[g_2(X_1, X_2)|X_1] = E[a_2(X_1, X_2)|X_1] - g_1(X_1) - E[g_1(X_2)|X_1]$$

$$= g_1(X_1) - g_1(X_1) - E[g_1(X_2)] = 0 \quad \text{a.s.}$$

が成り立つ. $k-1$ まで成り立つと仮定する. このとき

$$E[g_k(X_1, \ldots, X_k)|X_1 = x_1, \ldots, X_{k-1} = x_{k-1}]$$

$$= E[a_k(X_1, \ldots, X_k)|X_1 = x_1, \ldots, X_{k-1} = x_{k-1}]$$

$$- \sum_{j=1}^{k-1} \sum_{C_{k,j}} E[g_j(X_{i_1}, \ldots, X_{i_j})|X_1 = x_1, \ldots, X_{k-1} = x_{k-1}]$$

である. ここですべての添え字について $\{i_1, \ldots, i_j\} \subset \{1, \ldots, k-1\}$ でなければ, 帰納法の仮定より条件付き期待値が 0 になる. すなわち X_k の含まれる項の条件付き期待値は 0 だから, g_{k-1} の定義より

$$E[g_k(X_1, \ldots, X_k)|X_1 = x_1, \ldots, X_{k-1} = x_{k-1}]$$

$$= a_{k-1}(x_1, \ldots, x_{k-1}) - \sum_{j=1}^{k-1} \sum_{C_{k-1,j}} g_j(x_{i_1}, \ldots, x_{i_j}) = 0$$

となる．したがって与式が得られる．

(3) X_{i_m} 以外のすべての確率変数が与えられたとして条件付き期待値を計算すると (2) より

$$E[g_k(X_{i_1}, \ldots, X_{i_k})\pi(X_{j_1}, \ldots, X_{j_\ell})]$$

$$= E\left\{ E[g_k(X_{i_1}, \ldots, X_{i_m}, \ldots, X_{i_k})\pi(X_{j_1}, \ldots, X_{j_\ell}) \Big| X_{i_1}, \ldots, X_{i_{m-1}}, X_{i_{m+1}}, \ldots, X_{i_k}, X_{j_1}, \ldots, X_{j_\ell}] \right\}$$

$$= E\left\{ \pi(X_{j_1}, \ldots, X_{j_\ell}) E[g_k(X_{i_1}, \ldots, X_{i_m}, \ldots, X_{i_k}) \Big| X_{i_1}, \ldots, X_{i_{m-1}}, X_{i_{m+1}}, \ldots, X_{i_k}, X_{j_1}, \ldots, X_{j_\ell}] \right\}$$

$$= 0$$

が得られる．

(4) (1) の表現を使うと

$$\sigma_n^2 = E\left[\left\{ \binom{n}{r}^{-1} \sum_{k=1}^{r} \binom{n-k}{r-k} A_k \right\}^2 \right]$$

$$= \binom{n}{r}^{-2} \sum_{k=1}^{r} \sum_{\ell=1}^{r} \binom{n-k}{r-k} \binom{n-\ell}{r-\ell} E(A_k A_\ell)$$

となり，(2) より $k \neq \ell$ のとき $E(A_k A_\ell) = 0$ で

$$E(A_k A_k) = \sum_{C_{n,k}} \sum_{C_{n,k}} E[g_k(X_{i_1}, \ldots, X_{i_k})g_k(X_{j_1}, \ldots, X_{j_k})]$$

$$= \sum_{C_{n,k}} E[g_k^2(X_{i_1}, \ldots, X_{i_k})] = \binom{n}{k} \xi_k^2$$

となる. また

$$\binom{n}{r}^{-2}\binom{n-k}{r-k}^2\binom{n}{k} = \binom{r}{k}^2\binom{n}{k}^{-1}$$

であるから, 与式が成り立つ. ∎

　この定理より $g_k(1 \le k \le r)$ は共分散が 0 の意味で直交しており, $\{A_k\}_{k \le n}(1 \le k \le r)$ はフォワード・マルチンゲールであることが分かる. この分解は **H-分解 (H-decomposition)** または **ANOVA-分解 (ANOVA-decomposition)** と呼ばれ, 分散分析, ジャックナイフ推測等の統計の分野で広く利用されている便利な手法である. また同じ考え方で Hájek (1968) は, ノンパラメトリックな統計的推測に使われる線形順位統計量の漸近正規性を示している. それは条件付き期待値をとることにより独立な確率変数の和への射影を作り, 元の統計量との差を評価する方法である. この方法は, ノンパラメトリックな推測において漸近正規性を示すときの基本になっている.

　A_k の絶対モーメント (**absolute moment**) については von Bahr & Esséen (1965) 及び Dharmadhikari et al. (1968) のマルチンゲールに対するモーメントの評価を使うと, 次の上限が得られる.

定理 6.11　　モーメントの存在条件の下で, $h, F(\cdot)$ に依存するが n には依存しない, 次の不等式を満たす定数 C_h が存在する. ただし, C_h は各不等式で異なるが簡単のために一つの記号を使う.

(1) $1 \le p < 2$ に対して $E[|g_k(X_1,\ldots,X_k)|^p] < \infty$ ならば

$$E(|A_k|^p) \le C_h n^k$$

が成り立つ.

(2) $p \ge 2$ に対して $E[|g_k(X_1,\ldots,X_k)|^p] < \infty$ ならば

$$E(|A_k|^p) \le C_h n^{pk/2} \tag{6.6}$$

となる.

(3) $1 \le n_1 < n_2 < \cdots < n_k \le n$ に対して A_k を一般化した

$$B_k(n_1, n_2, \ldots, n_k) = \sum_{i_1=1}^{n_1} \sum_{i_2=i_1+1}^{n_2} \cdots \sum_{i_k=i_{k-1}+1}^{n_k} g_k(X_{i_1}, X_{i_2}, \ldots, X_{i_k})$$

を考える. このとき $1 \leq p < 2$ に対して $E[|g_k(X_1, \ldots, X_k)|^p] < \infty$ ならば

$$E[|B_k(n_1, n_2, \ldots, n_k)|^p] \leq C_h \Big(\prod_{i=1}^{k} n_i\Big)^p$$

が成り立ち, $p \geq 2$ に対して $E[|g_k(X_1, \ldots, X_k)|^p] < \infty$ ならば

$$E[|B_k(n_1, n_2, \ldots, n_k)|^p] \leq C_h \Big(\prod_{i=1}^{k} n_i\Big)^{p/2}$$

となる.

証明 (3) の $p \geq 2$ の場合を証明する. そのために $1 \leq s \leq k$, $1 \leq m_1 < m_2 < \cdots < m_s < i_{s+1}, \ldots, i_k, n$ に対して

$$E\Big[\Big|\sum_{i_1=1}^{m_1} \sum_{i_2=i_1+1}^{m_2} \cdots \sum_{i_s=i_{s-1}+1}^{m_s} g_k(X_{i_1}, X_{i_2}, \ldots, X_{i_s}, \ldots, X_{i_k})\Big|^p\Big]$$

$$\leq (C_p)^s E[|g_k(X_1, X_2, \ldots, X_k)|^p] \Big(\prod_{i=1}^{s} m_i\Big)^{p/2} \tag{6.7}$$

を s についての帰納法で示す. $s = 1$ のとき $Y_0 = 0$,

$$Y_j = \sum_{i_1=1}^{j} g_k(X_{i_1}, X_{i_2}, \ldots, X_{i_k}) \quad (j = 1, 2, \ldots, m_1)$$

とおくと, $Y_j - Y_{j-1} = g_k(X_j, X_{i_2}, \ldots, X_{i_k})$ かつ $j < i_2, \ldots, i_k$ である. $Y_1, Y_2, \ldots, Y_{j-1}$ は $X_1, X_2, \ldots, X_{j-1}, X_{i_2}, \ldots, X_{i_k}$ の関数であるから $Y_1, Y_2, \ldots, Y_{j-1}$ から生成される σ-加法族は $X_1, X_2, \ldots, X_{j-1}, X_{i_2}, \ldots, X_{i_k}$ から生成される σ-加法族に含まれる. ただしこれらの σ-加法族の生成元には X_j が含まれていない. よって式 (6.4) より

$$E(Y_j - Y_{j-1}|Y_1, Y_2, \ldots, Y_{j-1})$$

$$= E\left\{E[g_k(X_j, X_{i_2}, \ldots, X_{i_k})|X_1, X_2, \ldots, X_{j-1}, X_{i_2}, \ldots, X_{i_k}] \right.$$

$$\left. \Big| Y_1, Y_2, \ldots, Y_{j-1}\right\}$$

$$= 0 \quad \text{a.s.}$$

したがって $\{Y_j\}_{0 \leq j \leq m_1}$ はフォワード・マルチンゲールである. Dharmadhikari et al. (1968) のモーメントの評価式 (1.7) より $s = 1$ のとき式 (6.7) が成り立つ.

$1, 2, \ldots, s-1$ に対して式 (6.7) が成り立つと仮定する. $s \leq j \leq m_s$ に対して $\tilde{m}_i(j) = \min(m_i, j-s+i)$ $(i = 1, 2, \ldots, s-1)$ とし

$$Z_j = \sum_{i_1=1}^{\tilde{m}_i(j)} \cdots \sum_{i_{s-1}=i_{s-2}+1}^{\tilde{m}_{s-1}(j)} g_k(X_{i_1}, \ldots, X_{i_{s-1}}, X_{i_s}, \ldots, X_{i_k})$$

とおくと $\{Z_j\}_{0 \leq j \leq m_s}$ はフォワード・マルチンゲールである. ただし $Z_j = 0$ $(0 \leq j < s)$ とする. 再び Dharmadhikari et al. (1968) のモーメントの評価式 (1.7) を使って s の場合も式 (6.7) が成り立つことが示せる.

$1 \leq p < 2$ のときは von Bahr & Esséen (1965) によるマルチンゲールに対するモーメントの評価式 (1.6) を使って示せる. ∎

漸近分布を議論するときは, 標準化して考えるから, 標準化 U-統計量の H-分解を考え, そのモーメントを評価することになる. 式 (6.3) を利用して

$$\sigma_n^{-1}[U_n - E(U_n)] = \sum_{k=1}^{r} d_k A_k$$

とおく. ここで

$$d_k = \sigma_n^{-1}\binom{n}{r}^{-1}\binom{n-k}{r-k}$$

である. また分散の表現 (6.5) より $d_k = O(n^{1/2-k})$ である. さらに $E[|h(X_1, \ldots, X_r)|^p] < \infty$ ならば $E[|g_k(X_1, \ldots, X_k)|^p] < \infty$ である. よって次の系が成り立つ.

系 6.12　(1)　$1 \leq p < 2$ に対して $E[|h(X_1, \ldots, X_r)|^p] < \infty$ ならば

$$E(|d_k A_k|^p) \leq C_h n^{p/2+(1-p)k}$$

が成り立つ.

(2)　$p \geq 2$ に対して $E[|h(X_1, \ldots, X_r)|^p] < \infty$ ならば

$$E(|d_k A_k|^p) \leq C_h n^{p(1-k)/2}$$

が成り立つ.

　$\xi_1^2 = 0$ 即ち $g_1(X_1) = 0$ a.s. の退化した場合の U-統計量の漸近分布は, Gregory (1977), Neuhaus (1977), Eagleson (1982) 等によって χ^2-分布の重み付き和の分布であることが示されている. さらに高次 (即ち $a_k(X_1, \ldots, X_k) = 0$ a.s.) の退化した U-統計量についても研究されている. これらは単に理論的な興味だけで考えられたものではなく, Fisher & Lee (1986) に見られるように具体的な問題から生じたものである. しかしここでは, $\xi_1^2 > 0$ の退化しない場合を扱う.

6.2.3　U-統計量の中心極限定理

　独立な確率変数の和の極限分布については, 中心極限定理として古くから研究されてきた. U-統計量については Hoeffding (1948) により次の基本的な結果が得られた.

定理 6.13　$E[h^2(X_1, \ldots, X_r)] < \infty$, $\xi_1^2 > 0$ ならば, r を固定し $n \to \infty$ としたとき

$$\sigma_n^{-1}[U_n - E(U_n)] \xrightarrow{L} G$$

である. ただし G は標準正規分布 $N(0, 1)$ に従う確率変数である.

証明　系 6.12 の (2) より $d_k^2 = O(n^{1-2k})$ だから

$$E\left[\left(\sum_{k=2}^r d_k A_k\right)^2\right] \leq (r-1) \sum_{k=2}^r E\left[\left(d_k A_k\right)^2\right]$$

$$\leq (r-1) \sum_{k=2}^{r} d_k^2 C_h n^k = O(n^{-1})$$

となり，マルコフの不等式より任意の $\varepsilon > 0$ に対して

$$P\Big(\Big|\sum_{k=2}^{r} d_k A_k\Big| \geq \varepsilon\Big) \leq \frac{(r-1)\sum_{k=2}^{r} d_k^2 C_h n^k}{\varepsilon^2} = o(1)$$

が成り立つ．よって

$$\sum_{k=2}^{r} d_k A_k \xrightarrow{P} 0$$

である．また $d_1 = n^{-1/2}\xi_1^{-1}(1 + O(n^{-1}))$, $\xi_1^2 = E[g_1^2(X_1)]$ である．ここで

$$E\left(\left[\Big\{d_1 - \frac{1}{\sqrt{n}\xi_1}\Big\} A_1\right]^2\right) = O(n^{-2})$$

となるから，マルコフの不等式より

$$\Big\{d_1 - \frac{1}{\sqrt{n}\xi_1}\Big\} A_1 \xrightarrow{P} 0$$

が成り立つ．さらに中心極限定理より

$$\frac{1}{\sqrt{n}\xi_1} A_1 \xrightarrow{L} G$$

である．したがってスラツキーの 定理 1.22 より漸近正規性が示せる． ∎

　上記の結果は U-統計量のクラスの広さから，多くの統計量に適用されるもので意義深い．条件もカーネル h の 2 次のモーメントの存在と $\xi_1^2 > 0$ という極めて弱いものである．独立で同一分布に従う確率変数の和の平均 $\sum_{i=1}^{n} X_i/n$ については，Kolmogorov によって示された大数の強法則もよく知られている．Hoeffding (1961) は U_n のフォワード・マルチンゲールへの分解を使って，また Berk (1966) は U-統計量がリバース・マルチンゲールになっていることを利用して次の大数の強法則を証明した．

定理 6.14 $E[|h(X_1, \ldots, X_r)|] < \infty$ ならば,

$$P\Big(\lim_{n \to \infty} U_n = \theta(F) \Big) = 1.$$

すなわち U_n は $\theta(F)$ に概収束する.

証明 Lee (1990) を参照. ∎

U-統計量に対するベリー・エシーン限界の研究は, Grams & Serfling (1973), Bickel (1974), Chan & Wierman (1977) 等によって進められ, Callaert & Janssen (1978) によって次の定理が得られた.

定理 6.15 $E[|h(X_1, \ldots, X_r)|^3] < \infty$, $\xi_1^2 > 0$ のとき

$$\sup_x \Big| P\Big(\sigma_n^{-1}[U_n - E(U_n)] \le x \Big) - \Phi(x) \Big| \le C_h n^{-1/2}$$

が成り立つ.

証明 Callaert & Janssen (1978) を参照. ∎

Helmers & van Zwet (1982) は上記の条件を少し緩め, $E[|h(X_1, \ldots, X_r)|^p] < \infty \ (p > \frac{5}{3})$, $E[|g_1(X_1)|^3] < \infty$ の下で同じ限界を求めている. van Zwet (1984) は U-統計量や他の統計量をほとんど含むシンメトリック統計量のクラスに対してベリー・エシーン限界を求めている. しかしこれは条件をチェックするのが難しく, U-統計量等の限られたものしか今のところ満足しない. この結果は Friedrich (1989) によって多標本を含む形で一般化されている.

6.3 漸近 U-統計量

エッジワース展開でよく利用される $o(n^{-1})$ の残差項の議論には, H-分解の3項までで十分である. このことを踏まえて, Lai & Wang (1993) は, 母数 θ に関連する統計量 $S = S(X_1, \ldots, X_n)$ が

202　　　第 6 章　漸近正規統計量

$$S - \theta = n^{-1} \sum_{i=1}^{n} a_1(X_i) + n^{-2} \sum_{i=1}^{n} \widetilde{a}_1(X_i) + n^{-2} \sum_{1 \le i < j \le n} a_2(X_i, X_j)$$

$$+ n^{-3} \sum_{1 \le i < j < k \le n} a_3(X_i, X_j, X_k) + o_\ell(n^{-1}) \tag{6.8}$$

と表され，スチューデント化した S が

$$\frac{\sqrt{n}(S - \theta)}{\widehat{\sigma}_S} = n^{-1/2}\delta + V_n + o_L(n^{-1}) \tag{6.9}$$

の漸近表現を持つという仮定の下でエッジワース展開を求めている．ただし

$$V_n = n^{-1/2} \sum_{i=1}^{n} \alpha_1(X_i) + n^{-3/2} \sum_{i=1}^{n} \widetilde{\alpha}_1(X_i) + n^{-3/2} \sum_{1 \le i < j \le n} \alpha_2(X_i, X_j)$$

$$+ n^{-5/2} \sum_{1 \le i < j < k \le n} \alpha_3(X_i, X_j, X_k)$$

で，$\widehat{\sigma}_S$ は S の標準偏差 $\sqrt{nV(S)}$ の一致推定量であり δ は定数である．さらに α_2, α_3 は成分の入れ替えについて不変な関数で，H-分解されていると仮定する．すなわち

(A1) $E[\alpha_1(X_1)] = E[\widetilde{\alpha}_1(X_1)] = 0, \qquad E[\alpha_1^2(X_1)] = 1,$

(A2) $E[\alpha_2(X_1, X_2)|X_1] = E[\alpha_3(X_1, X_2, X_3)|X_1, X_2] = 0$ a.s.

を満たすとする．また残差項はそれぞれ $n \to \infty$ のとき

$$P\left(|o_\ell(n^{-1})| \ge n^{-1}(\log n)^{-3/2}\right) = o(n^{-1}),$$

$$P\left(|o_L(n^{-1})| \ge n^{-1}\varepsilon_n\right) = o(n^{-1})$$

を満たすとする．ただし ε_n は $n \to \infty$ のとき $\varepsilon_n \to 0$ の数列である．エッジワース展開の微分が有界であるから $o_L(n^{-1})$ は n^{-1} の項までの近似を議論するときには無視できることが分かる．他方 $o_\ell(n^{-1})$ はスチューデント化の時に，比の確率変数の評価を行うときに必要となるものである．$o_\ell(n^{-1})$ であれば，$o_L(n^{-1})$ であることに注意しておく．

6.3 漸近 U-統計量

これらの条件はそれほど強いものではなく，式 (6.8) が成り立つと，適当な正則条件の下で式 (6.9) が成り立つことが示せる．多くの統計量がこれらの条件を満たすことが研究されていて，スチューデント化 U-統計量はこれらの条件を満たしている．

この漸近表現について次の条件を考える．

(C1): $E\left\{|\alpha_1(X_1)|^4 + |\tilde{\alpha}_1(X_1)|^3 + |\alpha_3(X_1, X_2, X_3)|^4\right\} < \infty$ が成り立つ．

(C2): ある $d > 2$ に対して $E[|\alpha_2(X_1, X_2)|^d] < \infty$ で，次の条件を満たす K 個のボレル可測関数 $\varphi_v : \mathbb{R} \to \mathbb{R}$ が存在する．
$K(d-2) > 4d + (28d - 40)I(E|\alpha_3(X_1, X_2, X_3)| > 0)$ で，$E[\varphi_v^2(X_1)] < \infty$ $(v = 1, \ldots, K)$，かつ $(W_1, \ldots, W_K)$ の共分散行列が正定値である．ここで $W_v = (L\varphi_v)(X_1)$, $(L\varphi)(y) = E[\alpha_2(y, X_2)\varphi(X_2)]$ の線形作用素である．

(C3): 次の条件を満たす定数 c_v とボレル可測関数 $\omega_v : \mathbb{R} \to \mathbb{R}$ が存在する．
$E[\omega_v(X_1)] = 0$，ある $d \geq 5$ に対して $E[|\omega_v(X_1)|^d] < \infty$ かつ $\alpha_2(X_1, X_2) = \sum_{v=1}^K c_v \omega_v(X_1)\omega_v(X_2)$ a.s. を満たし，ある $0 < \epsilon < \min\{1, 2(1 - 11d^{-1}/3)\}$ に対して

$$\limsup_{|t| \to \infty} \sup_{|s_1| + \cdots + |s_K| \leq |t|^{-\epsilon}} \left| E\left[\exp(it\{\alpha_1(X_1) + \sum_{v=1}^K c_v \omega_v(X_1)\})\right] \right| < 1$$

が成り立つ．

これらの条件を吟味して，Lai & Wang (1993) は次の定理を証明した．定理を述べる前に次の展開を定義する．

$$\kappa_3 = E[\alpha_1^3(X_1)] + 3E[\alpha_1(X_1)\alpha_1(X_2)\alpha_2(X_1, X_2)],$$

$$\kappa_4 = E[\alpha_1^4(X_1)] - 3 + 4E[\alpha_1(X_1)\alpha_1(X_2)\alpha_1(X_3)\alpha_3(X_1, X_2, X_3)]$$
$$+ 12E[\alpha_1^2(X_1)\alpha_1(X_2)\alpha_2(X_1, X_2)]$$
$$+ 12E[\alpha_1(X_1)\alpha_1(X_2)\alpha_2(X_1, X_3)\alpha_2(X_2, X_3)],$$

$$P_1(x) = \frac{\kappa_3(x^2 - 1)}{6},$$

$$P_2(x) = \left\{ E[\alpha_1(X_1)\tilde{\alpha}_1(X_1)] + \frac{E[\alpha_2^2(X_1, X_2)]}{4} \right\} x + \frac{\kappa_4}{24}(x^3 - 3x)$$

$$+ \frac{\kappa_3^2}{72}(x^5 - 10x^3 + 15x)$$

とおくと，次の定理が成り立つ.

定理 6.16 S が漸近 U-統計量で V_n が条件 (A1), (A2) 及び (C1) を満たすとする. もし

$$\limsup_{|t| \to \infty} \left| E[\exp\{it\alpha_1(X_1)\}] \right| < 1$$

で，条件 (C2) または (C3) のどちらかが成り立つとき

$$\sup_x \left| P\left(\frac{\sqrt{n}(S - \theta)}{\hat{\sigma}_S} \le x \right) - \left[\Phi(x) - n^{-1/2}\phi(x)P_1(x) - n^{-1}\phi(x)P_2(x) \right] \right|$$

$$= o(n^{-1})$$

が成り立つ.

証明 Lai & Wang (1993) を参照. ∎

注意 6.17 (1) Bickel et al. (1986) は $\alpha_2(X_1, X_2)$ に対して，正の自然数 K が存在して

$$\alpha_2(X_1, X_2) = \sum_{\nu=1}^{K} \lambda_\nu \omega_\nu(X_1)\omega_\nu(X_2) \quad \text{a.s.}$$

を仮定してエッジワース展開の有効性を証明している. ただし λ_ν は作用素 L の固有値および ω_ν はその固有関数で

$$E[\omega_\nu(X_1)] = 0, \quad E[\omega_\nu^2(X_1)] = 1, \quad E[\omega_\nu(X_1)\omega_\ell(X_1)] = 0 \ (\nu \ne \ell)$$

を満たすものである. この条件は (C2) とほぼ同じである.

Bhattacharya & Ghosh (1978) は

$$\limsup_{|t| + |s_1| + \cdots + |s_K| \to \infty} \left| E\left[\exp\left\{ it\alpha_1(X_1) + i\sum_{\nu=1}^{K} s_\nu \omega_\nu(X_1) \right\} \right] \right| < 1$$

を仮定して標本平均の滑らかな関数についてのエッジワース展開の有効性を証明している. また Bai & Rao (1991) は条件付きクラーメル条件

$$\limsup_{|t|\to\infty} E\left|E\left[e^{it\alpha_1(X_1)} \mid \omega_1(X_1),\ldots,\omega_K(X_1)\right]\right| < 1$$

を仮定してエッジワース展開の有効性を証明している. これを少し緩めたものが条件 (C3) である.

(2) Bickel et al. (1986) や Lai & Wang (1993) では上記の条件を満たす統計量の具体例が与えられている.

(3) $o(n^{-1/2})$ までのエッジワース展開には $\alpha_1(X_1)$ に対するクラーメル条件があれば (C2), (C3) は必要ない.

6.3.1 V-統計量

U-統計量と非常に関連がある統計量のクラスに, 確率展開より導かれる統計量として V-**統計量** (V-**statistic**) がある. その表現は r 次までの展開とシンメトリックカーネル $h(x_1, x_2, \ldots, x_r)$ を使うと

$$V = n^{-r} \sum_{i_1=1}^{n} \sum_{i_2=1}^{n} \cdots \sum_{i_r=1}^{n} h(X_{i_1}, X_{i_2}, \ldots, X_{i_r})$$

と表せる. ここで $U_n^{(k)}$ を元のカーネル h から定義される k-次のカーネルを持つ U-統計量とする. $E[h^2(X_{i_1}, X_{i_2}, \ldots, X_{i_r})] < \infty$ が存在すると

$$V - E(V) = n^{-r} \sum_{k=1}^{r} \{U_n^{(k)} - E(U_n^{(k)})$$

$$= n^{-r} \binom{n}{r} U_n^{(r)} + n^{-r} \binom{n}{r-1} U_n^{(r-1)} + n^{-1/2} o_\ell(n^{-1})$$

となる. ただし

$$U_n^{(r)} = \binom{n}{r} \sum_{C_{n,r}} r!\{h(X_{i_1}, X_{i_2}, \ldots, X_{i_r}) - E[h(X_1, X_2, \ldots, X_r)]\},$$

$$U_n^{(r-1)} = \binom{n}{r-1} \sum_{C_{n,r-1}} (r-1)!r\{h(X_{i_1}, X_{i_1}, X_{i_2} \ldots, X_{i_{r-1}})$$

$$-E[h(X_1, X_1, X_2, \ldots, X_r)]\}$$

である.

これに H-分解を施すと,V は漸近 U-統計量であることが示せる.

6.3.2　L-統計量

$X_1, X_2, \ldots, X_n$ を母集団分布 $F(\cdot)$ からの無作為標本とし,$X_{1:n} \leq X_{2:n} \leq \cdots \leq X_{n:n}$ を対応する順序統計量とする.このときこれらの順序統計量の線形和

$$L_n = \sum_{i=1}^{n} c_{i:n} X_{i:n}$$

を L-統計量と呼ぶ.この統計量のクラスは,標本平均,極値(最大値または最小値)などを含むものになっている.また経済の指標として重要な次のジニ係数 **(Gini's coefficient)** G も含まれる.

● **例 6.18**　ジニ係数は世帯の相対累積度数と所得金額の相対累積度数を結んでできる**ローレンツ曲線 (Lorenz curve)** と対角線との間の面積に比例する量で,所得格差を測るものになっている.定義は

$$G = \frac{2}{n(n-1)} \sum_{1 \leq i < j \leq n} |X_i - X_j|$$

である.これは U-統計量であるが,L-統計量でもある.すなわち

$$G = \frac{2}{n(n-1)} \sum_{1 \leq i < j \leq n} |X_i - X_j|$$

$$= \frac{2}{n(n-1)} \sum_{1 \leq i < j \leq n} |X_{i:n} - X_{j:n}|$$

$$= \frac{2}{n(n-1)} \sum_{i=1}^{n-1} \sum_{j=i+1}^{n} (X_{j:n} - X_{i:n})$$

$$= \frac{2}{n(n-1)} \sum_{j=2}^{n} (j-1) X_{j:n} - \sum_{i=1}^{n-1} (n-i) X_{i:n}$$

$$= \frac{2}{n(n-1)} \sum_{i=1}^{n} (2i-n-1) X_{i:n}$$

と変形できる．したがって $c_{i:n} = 2(2i-n-1)/n(n-1)$ の L-統計量になっている．

L-統計量のサブクラスとして

$$L'_n = \frac{1}{n} \sum_{i=1}^{n} J\Big(\frac{i}{n+1}\Big) X_{i:n} + \sum_{j=1}^{m} a_j X_{[np_j]:n}$$

の形の統計量が考えられる．ただし $J(u), (0 \le u \le 1)$ はスコア関数，$0 < p_1 < \cdots < p_m < 1$ で $a_1, \ldots, a_m$ はゼロではない定数とする．このクラスは多くの実用的な統計量を含むものになっている．たとえば標本パーセント点 $\widehat{\xi}_{p:n}$ は $L'_n = X_{[np]:n}$ である．またジニ係数は $J(u) = 4u - 2$ とおき，第2項を0としたものになっている．外れ値の処理として利用される**刈り込み平均 (trimmed mean)** と**ウィンソライズ化平均 (winsorized mean)** も，このサブクラスに入っていることを次に考察する．

● **例6.19** (1) $0 < \alpha < 1$ に対して刈り込み平均は

$$T_n = \frac{1}{n - 2[n\alpha]} \sum_{i=[n\alpha]+1}^{n-[n\alpha]} X_{i:n}$$

で与えられる．これは L'_n において

$$J(u) = \begin{cases} \frac{1}{1-2\alpha}, & \alpha < u < 1 - \alpha \\ 0, & \text{その他} \end{cases}$$

とおき，第2項はゼロとしたものに漸近的に同等になる．
(2) $0 < \alpha < \frac{1}{2}$ に対してウィンソライズ化平均は

$$T_n = \frac{1}{n} \left\{ [n\alpha] X_{[n\alpha]+1:n} + \sum_{i=[n\alpha]+1}^{n-[n\alpha]} X_{i:n} + [n\alpha] X_{n-[n\alpha]:n} \right\}$$

で与えられる．これは L_n' において

$$J(u) = \begin{cases} 1, \; \alpha < u < 1-\alpha \\ 0, \; その他 \end{cases}$$

とおき，第2項において $m=2, p_1=\alpha, p_2=1-\alpha, \alpha_1=\alpha_2=\alpha$ とおいたものに対応する．

L_n' において $J(i/(n+1))$ の代わりに

$$n\int_{(i-1)/n}^{i/n} J(u)du$$

を使う議論もある．このとき

$$\sum_{i=1}^{n}\left\{\int_{(i-1)/n}^{i/n} J(u)du\right\} F_n^{-1}\left(\frac{i}{n}\right) = \int_0^1 F_n^{-1}(u)J(u)du$$

と表される．ただし

$$F_n(u) = n^{-1}\sum_{i=1}^{n} I(X_i \le u)$$

は経験分布関数で，$F_n^{-1}(u) = \inf\{x : F_n(x) \ge u\}$ である．これを利用すると

$$T(F) = \int_0^1 F^{-1}(u)J(u)du$$

において，$F(\cdot)$ を経験分関数で置き換えた L-統計量の部分クラス

$$T(F_n) = \int_0^1 F_n^{-1}(u)J(u)du \tag{6.10}$$

が構成できる．$J(\cdot)$ はスコア関数と呼ばれ，上述したような例がある．多くの場合，$T(F_n)$ は $T(F)$ の一致推定量である．この統計量について漸近正規性を示すことができる．

6.3 漸近 U-統計量   209

定理 6.20   分布関数 $F(\cdot)$ は $\int [F(x)(1-F(x))]^{1/2}dx < \infty$ を満たし，密度関数を持つとする．また J は $[0,1]$ 上で連続とする．このとき

$$\sqrt{n}\{T(F_n) - T(F)\} \overset{L}{\longrightarrow} N(0, \sigma^2(T, F))$$

が成り立つ．ただし

$$\sigma^2(J, F) = \int_{-\infty}^{\infty} \int_{-\infty}^{\infty} J(F(x))J(F(y))[F(\min(x,y)) - F(x)F(y)]dxdy$$

である．

証明   後で述べる定理 6.31 の証明を修正すれば簡単に示すことができる．   ∎

条件 $\int [F(x)(1-F(x))]^{1/2}dx < \infty$ は，モーメントに対する条件に置き換えることができる．次の関係が成り立つ．

補題 6.21 X の分布関数を $F(\cdot)$ とし，$r \geq 1$ で，ある $\delta > 0$ に対して $E\left(|X|^{r+\delta}\right) < \infty$ であれば

$$\int_0^1 \{F(x)[1 - F(x)]\}^{1/r} \, dx < \infty \tag{6.11}$$

が成り立つ．

証明   部分積分と $t = F(x)$ の変数変換を利用すると

$$\int_0^1 \{F(x)[1 - F(x)]\}^{1/r} \, dx$$

$$= \left[x \{F(x)[1 - F(x)]\}^{1/r} \right]_{-\infty}^{\infty}$$

$$\quad - \int_{-\infty}^{\infty} x \frac{1}{r} \{F(x)[1 - F(x)]\}^{1/r-1} \{1 - 2F(x)\}dF(x)$$

$$= \left[x \{F(x)(1 - F(x)\}^{1/r} \right]_{-\infty}^{\infty} - \frac{1}{r} \int_0^1 F^{-1}(t) \{t(1-t)\}^{1/r-1} (1 - 2t)dt$$

と表せる. ここで $|F(x)| \leq 1$, $E(|X|^r) < \infty$ だから

$$\lim_{x \to \infty} x \left\{ F(x)(1 - F(x)) \right\}^{1/r}$$

$$\leq \lim_{x \to \infty} \left\{ x^r (1 - F(x)) \right\}^{1/r} = \lim_{x \to \infty} \left\{ x^r \int_x^\infty dF(t) \right\}^{1/r}$$

$$= \lim_{x \to \infty} \left\{ \int_x^\infty x^r dF(t) \right\}^{1/r}$$

$$\leq \lim_{x \to \infty} \left\{ \int_x^\infty t^r dF(t) \right\}^{1/r} = 0$$

が得られる. 同様に

$$\lim_{x \to -\infty} x \left\{ F(x)(1 - F(x)) \right\}^{1/r}$$

$$\leq \lim_{x \to -\infty} \left\{ |x|^r F(x) \right\}^{1/r} = \lim_{x \to -\infty} \left\{ \int_{-\infty}^x |x|^r dF(t) \right\}^{1/r}$$

$$\leq \lim_{x \to -\infty} \left\{ \int_{-\infty}^x |t|^r dF(t) \right\}^{1/r} = 0$$

となり

$$\left[x \left\{ F(x)(1 - F(x)) \right\}^{1/r} \right]_{-\infty}^\infty = 0$$

が成り立つ. ここで定理 1.8 のヘルダーの不等式において

$$\frac{1}{p} = \frac{1}{r + \delta}, \quad \frac{1}{q} = \frac{r + \delta - 1}{r + \delta}$$

を考える. このとき

$$\int_0^1 |F^{-1}(t)| \left\{ t(1 - t) \right\}^{1/r - 1} dt$$

$$\leq \left\{ \int_0^1 |F^{-1}(t)|^{r+\delta} dt \right\}^{1/(r+\delta)}$$

$$\times \left\{ \int_0^1 \left([t(1 - t)]^{(1-r)/r} \right)^{(r+\delta)/(r+\delta-1)} dt \right\}^{(r+\delta-1)/(r+\delta)}$$

が得られる．ここで $x = F^{-1}(t)$ の変数変換を行うと，条件より

$$\int_0^1 |F^{-1}(t)|^{r+\delta} dt = \int_{-\infty}^{\infty} |x|^{r+\delta} dF(x) < \infty$$

が成り立つ．また

$$\frac{1-r}{r} \times \frac{r+\delta}{r+\delta-1} = -1 + \frac{\delta}{r(r+\delta-1)} > -1$$

となり後半の部分はベータ関数となるから積分が存在して，式 (6.11) が成り立つ． ∎

標準化した L-統計量 $\sqrt{n}\{T(F_n)) - T(F)\}/\sigma(J, F)$ について Helmers (1982) は $o(n^{-1})$ の残差項までのエッジワース展開を求めており，その後 Alberink et al. (2001) は展開の有効性のための $J(\cdot)$ に対する条件を緩めている．

6.3.3 スチューデント化統計量の漸近表現

実際の統計的推測においては**スチューデント化統計量**のエッジワース展開の方がより重要である．スチューデント化は標準化のときの標準偏差 σ_n を推定量で置き換えるものである．ここではまずジャックナイフ分散推定量の平方根を標準偏差の推定量として利用したスチューデント化 U-統計量を考える．ジャックナイフ分散推定量は

$$\widehat{\sigma}_J^2 = \frac{(n-1)}{n} \sum_{i=1}^n (U_n^{(i)} - U_n)^2$$

であったから，スチューデント化 U-統計量は

$$\frac{U_n - \theta}{\widehat{\sigma}_J}$$

となる．$\widehat{\sigma}_J^2$ は 0 に収束するので，$V_J = n\widehat{\sigma}_J^2$ とおいて

$$\frac{\sqrt{n}(U_n - \theta)}{\sqrt{V_J}}$$

212   第6章　漸近正規統計量

の形で考える．このスチューデント化 U-統計量はスチューデントの t-統計量の拡張になっている．

● **例6.22**（スチューデントの t-統計量）
$r = 1$ のカーネル $h(x) = x$ の場合を考える．このとき

$$U_n = \frac{1}{n}\sum_{j=1}^{n} X_j = \overline{X},$$

$$U_n^{(i)} = \frac{1}{n-1}\sum_{j\neq i}^{n} X_j,$$

$$U_n^{(i)} - U_n = \frac{1}{n-1}\Big(\sum_{j\neq i}^{n} X_i - \sum_{j=1}^{n} X_j\Big) + \Big(\frac{1}{n-1} - \frac{1}{n}\Big)\sum_{j=1}^{n} X_j$$

$$= -\frac{1}{n-1}X_i + \frac{1}{n(n-1)}\sum_{j=1}^{n} X_j$$

$$= -\frac{1}{(n-1)}(X_i - \overline{X})$$

であるから

$$V_J = (n-1)\sum_{i=1}^{n}(U_n^{(i)} - U_n)^2 = \frac{1}{n-1}\sum_{i=1}^{n}(X_i - \overline{X})^2$$

となり，スチューデント化 U-統計量はスチューデントの t-統計量に一致する．

　スチューデント化統計量の漸近表現を求めるためには，統計量と標準偏差の推定量に対しては $o_\ell(n^{-1})$ の残差項まで，スチューデント化統計量については $o_L(n^{-1})$ までの漸近表現を求める必要がある．

| 定理6.23 |　ある $\varepsilon > 0$ に対して $E[|h(X_1,\ldots,X_r)|^{4+\varepsilon}] < \infty$ のとき

$$V_J = n\widehat{\sigma}_J^2 = r^2\xi_1^2 + \frac{r^2(r-1)^2\xi_2^2}{n} + \frac{2r^2}{n}\sum_{i=1}^{n} f_1(X_i)$$

$$+ \frac{2r^2}{n(n-1)}\sum_{C_{n,2}} f_2(X_i, X_j) + o_\ell(n^{-1})$$

が成り立つ. ただし

$$\xi_1^2 = E[g_1^2(X_1)], \ \xi_2^2 = E[g_2^2(X_1, X_2)],$$

$$f_1(x) = \frac{1}{2}[g_1^2(x) - \xi_1^2] + (r-1)E[g_1(X_2)g_2(x, X_2)],$$

$$f_2(x, y) = -g_1(x)g_1(y) + (r-1)\{g_2(x, y)(g_1(x) + g_1(y))$$

$$-E[g_2(x, X_3)g_1(X_3)] - E[g_2(y, X_3)g_1(X_3)]\}$$

$$+(r-1)^2 E[g_2(x, X_3)g_2(y, X_3)]$$

$$+(r-1)(r-2)E[g_3(x, y, X_3)g_1(X_3)]$$

である.

証明 前園 (2001) を参照. ■

次の記号を準備しておく.

┃┃ **定義 6.24** ┃┃ スチューデント化 U-統計量の漸近表現を求めるために

$$\tau = \frac{3E[f_1^2(X_1)]}{2\xi_1^4} - \frac{(r-1)^2 \xi_2^2}{2\xi_1^2},$$

$$\zeta = E[f_1(X_1)g_1(X_1)],$$

$$a_1(x) = \frac{\tau r}{3}g_1(x) - \frac{r}{3\xi_1^2}\left\{(f_1(x)g_1(x) - \zeta) + E[f_2(x, X_2)g_1(X_2)]\right.$$

$$\left. -\frac{3\zeta}{\xi_1^2}f_1(x) + (r-1)E[g_2(x, X_2)f_1(X_2)]\right\},$$

$$a_2(x, y) = \frac{r(r-1)}{6}g_2(x, y) - \frac{r}{6\xi_1^2}[f_1(x)g_1(y) + f_1(y)g_1(x)],$$

$$a_3(x, y, z) = \frac{r(r-1)(r-2)}{6}g_3(x, y, z)$$

$$-\frac{r}{6\xi_1^2}\left\{(r-1)[f_1(x)g_2(y, z) + f_1(y)g_2(x, z)\right.$$

$$+f_1(z)g_2(x,y)]$$

$$+g_1(x)[f_2(y,z) - \frac{3}{\xi_1^2}f_1(y)f_1(z)]$$

$$+g_1(y)[f_2(x,z) - \frac{3}{\xi_1^2}f_1(x)f_1(z)]$$

$$+g_1(z)[f_2(x,y) - \frac{3}{\xi_1^2}f_1(x)f_1(y)]\Big\}$$

とおく.

このとき次の定理が成り立つ.

定理6.25　もし $E[|h(X_1,\dots,X_r)|^9] < \infty$ かつ $\xi_1^2 > 0$, ならば

$$n^{1/2}V_J^{-1/2}[U_n - E(U_n)] = \frac{\sqrt{n}}{r\xi_1}U_n^* - \frac{\zeta}{\sqrt{n}\xi_1^3} + o_L(n^{-1})$$

が成り立つ. ここで

$$U_n^* = \frac{3}{n}\sum_{i=1}^{n}\left\{\frac{r}{3}g_1(X_i) + \frac{a_1(X_i)}{n}\right\} + \frac{6}{n(n-1)}\sum_{C_{n,2}}a_2(X_i,X_j)$$

$$+\frac{6}{n(n-1)(n-2)}\sum_{C_{n,3}}a_3(X_i,X_j,X_k)$$

である.

証明　前園 (2001) を参照.　∎

　スチューデント化 U-統計量については前園 (2001) に詳しく解説しているので，ここでは L-統計量のスチューデント化を考察する．式 (6.10) の $T(F_n)$ に対して，$\sqrt{n}[T(F_n) - T(F)]$ の分散のジャックナイフ推定量は

$$\widehat{\sigma}^2(J,F) = (n-1)\sum_{i=1}^{n}[T(F_{n;i}) - T(F_n)]^2$$

で与えられる。ただし $F_{n;i}(\cdot)$ は，n 個のデータから X_i を除外した $n-1$ 個のデータに基づく経験分布関数である。適当な条件の下で Parr & Schucany (1982) は $\widehat{\sigma}^2(J,F)$ が $\sigma^2(J,F)$ の一致推定量であることを示している。ここではジャックナイフ推定量 $\widehat{\sigma}^2(J,F)$ の漸近表現を求め，それを利用したスチューデント化 L-統計量

$$\frac{\sqrt{n}[T(F_n) - T(F)]}{\widehat{\sigma}(J,F)}$$

のエッジワース展開を考える。

ここで

$$W(u) = \int_0^u J(v)dv$$

とおくと，部分積分を使って

$$T(F_n) - T(F) = \int_{-\infty}^{\infty} [W(F_n(u)) - W(F(u))]du$$

が示せる。この表現を用いるとスコア関数に対する適当な条件の下で，L-統計量は漸近 U-統計量となる。その近似を利用すると，ジャックナイフ分散推定量の漸近表現を求めることができて，スチューデント化 L-統計量のエッジワース展開の議論が可能となる。ここでは証明の流れを理解するため，簡単のために $o(n^{-1/2})$ までの展開を議論するが，$o(n^{-1})$ までの展開も求めることができることに注意する。n^{-1} の時と同様に

$$P\left(|o_\ell(n^{-1/2})| \geq n^{-1/2}(\log n)^{-1}\right) = o(n^{-1/2}),$$
$$P\left(|o_L(n^{-1/2})| \geq n^{-1/2}\varepsilon_n\right) = o(n^{-1/2}) \quad (\varepsilon_n \to 0)$$

を満たす残差項までの漸近表現を求めていく。ここで，ある $d,\ \delta > 0$ に対して

$$E\left[|R_n|^d\right] = O(n^{-1/2-d/2-\delta})$$

が成り立てば $R_n = o_\ell(n^{-1/2})$ となることに注意する。

216 第6章 漸近正規統計量

定義 6.26
次の記号を準備する.

$$\tilde{I}(X_i; t) = I(X_i \leq t) - F(t),$$

$$k(u, t) = F(\min(u, t)) - F(u)F(t),$$

$$\alpha(X_i) = \int_{-\infty}^{\infty} \int_{-\infty}^{\infty} \Big[J(F(u))J(F(t))\{\tilde{I}(X_i; u)\tilde{I}(X_i; t) - k(u, t)\}$$

$$+ 2J(F(u))J^{(1)}(F(t))k(u, t)\tilde{I}(X_i; t)\Big] du dt,$$

$$\eta = -\frac{1}{2} \int_{-\infty}^{\infty} J^{(1)}(F(u))F(u)(1 - F(u)) du,$$

$$g_1(X_i) = -\int_{-\infty}^{\infty} J(F(u))\tilde{I}(X_i; u) du,$$

$$g_2(X_i, X_j) = -\int_{-\infty}^{\infty} J^{(1)}(F(u))\tilde{I}(X_i; u)\tilde{I}(X_j; u) du.$$

これらの記号を使うと $\hat{\sigma}^2(J, F)$ 及びスチューデント化 L-統計量 $\sqrt{n}[T(F_n) - T(F)]/\hat{\sigma}(J, F)$ の漸近表現が得られる. まず次の補題を準備する.

補題 6.27
$r \geq 2$ に対して

$$E|F_n(u) - F(u)|^r \leq Cn^{-r/2}F(u)(1 - F(u)), \tag{6.12}$$

$$E|F_{n;i}(u) - F_n(u)|^r \leq C(n - 1)^{-r}F(u)(1 - F(u)) \tag{6.13}$$

が成り立つ. ただし C は定数である.

証明 定義より

$$F_n(u) - F(u) = \frac{1}{n} \sum_{i=1}^{n} \tilde{I}(X_i; u)$$

が成り立ち, $\sum_{i=1}^{n} \tilde{I}(X_i; u)$ はマルチンゲールであるから, 式 (1.7) より

$$E|F_n(u) - F(u)|^r \leq Cn^{-r/2}E|\tilde{I}(X_i; u)|^r$$

$$\leq Cn^{-r/2}E[\tilde{I}(X_i; u)]^2$$

6.3 漸近 U-統計量

$$= Cn^{-r/2}F(u)(1 - F(u)).$$

が得られる. また直接計算より

$$F_{n;i}(u) - F_n(u) = -\frac{1}{n-1}\tilde{I}(X_i; u) + \frac{1}{n(n-1)}\sum_{j=1}^{n}\tilde{I}(X_j; u)$$

が成り立つ. よって定理 1.8 のミンコフスキーの不等式より

$$[F_{n;i}(u) - F_n(u)|^r]^{1/r}$$

$$\leq \left[E\left|\frac{1}{n-1}\tilde{I}(X_i; u)\right|^r\right]^{1/r} + \left[E\left|\frac{1}{n(n-1)}\sum_{j=1}^{n}\tilde{I}(X_j; u)\right|^r\right]^{1/r}$$

が成り立つ. ここで $|\tilde{I}(X_i; u)| \leq 1$ であるから, 期待値が存在して, 式 (6.12) より

$$E\left|\frac{1}{n(n-1)}\sum_{j=1}^{n}\tilde{I}(X_j; u)\right|^r \leq Cn^{-r}(n-1)^{-r}n^{r/2}E|\tilde{I}(X_i; u)|^r$$

$$\leq Cn^{-r}(n-1)^{-r}n^{r/2}E|\tilde{I}(X_i; u)|^2$$

$$\leq C(n-1)^{-3r/2}F(u)(1 - F(u))$$

が成り立ち (6.13) を得ることができる. ∎

補題 6.27 の評価を利用すると次の漸近表現が求まる.

定理 6.28　$J^{(1)}(u)$ は $0 \leq u \leq 1$ に対して有界で $J^{(2)}(\cdot)$ はオーダー $s > 0$ のリプシッツ条件を満たすとする. すなわち, ある $H > 0$ に対して $|J^{(2)}(u) - J^{(2)}(t)| \leq H|u - t|^s$ とする. さらに

$$\int_{-\infty}^{\infty}\{F(u)(1 - F(u))\}^{1/4} < \infty,$$

とする. このとき

$$\hat{\sigma}^2(J, F) = \sigma^2(J, F) + n^{-1}\sum_{i=1}^{n}\alpha(X_i) + o_\ell(n^{-1/2})$$

が成り立つ.

証明 証明を通じて C は現れる場所で値は異なるかもしれないが定数とする.
ここで次の記号

$$A_1^{(i)} = -\int_{-\infty}^{\infty} J(F_n(u))[F_{n;i}(u) - F_n(u)]du,$$

$$A_2^{(i)} = -\frac{1}{2}\int_{-\infty}^{\infty} J^{(1)}(F_n(u))[F_{n;i}(u) - F_n(u)]^2 du,$$

$$R_{\sqrt{n}}^{(i)} = T(F_{n;i}) - T(F_n) - A_1^{(i)} - A_2^{(i)}$$

を準備する. この時

$$(n-1)\sum_{i=1}^{n}[T(F_{n;i}) - T(F_n)]^2$$

$$= (n-1)\sum_{i=1}^{n}\Big\{(A_1^{(i)})^2 + 2A_1^{(i)}A_2^{(i)} + (A_2^{(i)})^2 + (R_{\sqrt{n}}^{(i)})^2$$

$$+ 2A_1^{(i)}R_{\sqrt{n}}^{(i)} + 2A_2^{(i)}R_{\sqrt{n}}^{(i)}\Big\} \tag{6.14}$$

となる. 式 (6.14) の各項について調べる.

$[(n-1)\sum_{i=1}^{n}(A_1^{(i)})^2$ について]
　簡単のために $\int_{-\infty}^{\infty}$ を $\int$ と略記する. 定義より

$$(n-1)\sum_{i=1}^{n}(A_1^{(i)})^2$$

$$= \frac{1}{n-1}\sum_{i=1}^{n}\iint J(F_n(u))J(F_n(t))\tilde{I}(X_i;u)\tilde{I}(X_i;t)dudt$$

$$- \frac{1}{n(n-1)}\sum_{i=1}^{n}\sum_{j=1}^{n}\iint J(F_n(u))J(F_n(t))\tilde{I}(X_i;u)\tilde{I}(X_j;t)dudt$$

$$= \frac{1}{n}\sum_{i=1}^{n}\iint J(F_n(u))J(F_n(t))\tilde{I}(X_i;u)\tilde{I}(X_i;t)dudt$$

$$-\frac{2}{n(n-1)} \sum_{C_{n,2}} \iint J(F_n(u))J(F_n(t))\tilde{I}(X_i;u)\tilde{I}(X_j;t)dudt$$

となる. さらに

$$a_1 = \frac{1}{n}\sum_{i=1}^{n}\iint J(F(u))J(F_n(t))\tilde{I}(X_i;u)\tilde{I}(X_i;t)dudt,$$

$$a_2 = \frac{1}{n}\sum_{i=1}^{n}\iint J^{(1)}(F(u))J(F_n(t))[F_n(u)-F(u)]\tilde{I}(X_i;u)\tilde{I}(X_i;t)dudt,$$

$$a_3 = \frac{1}{n}\sum_{i=1}^{n}\iint J^{(2)}(F(u))J(F_n(t))\frac{1}{2}[F_n(u)-F(u)]^2\tilde{I}(X_i;u)\tilde{I}(X_i;t)dudt,$$

$$a_4 = \frac{1}{n}\sum_{i=1}^{n}\iint \left\{ J^{(2)}(F^*(u)) - J^{(2)}(F(u)) \right\} J(F_n(t))\frac{1}{2}[F_n(u)-F(u)]^2$$
$$\times\tilde{I}(X_i;u)\tilde{I}(X_i;t)dudt$$

とおく. ただし $F_n^*(u)$ は $F_n(u)$ と $F(u)$ の間の値である. $F(u)$ の周りで展開して

$$\frac{1}{n}\sum_{i=1}^{n}\iint J(F_n(u))J(F_n(t))\tilde{I}(X_i;u)\tilde{I}(X_i;t)dudt = a_1 + a_2 + a_3 + a_4$$

が得られる.

さらに次の記号を準備する.

$$b_1 = \frac{1}{n}\sum_{i=1}^{n}\iint J(F(u))J(F(t))\tilde{I}(X_i;u)\tilde{I}(X_i;t)dudt$$

$$b_2 = \frac{1}{n}\sum_{i=1}^{n}\iint J(F(u))J^{(1)}(F(t))[F_n(t)-F(t)]\tilde{I}(X_i;u)\tilde{I}(X_i;t)dudt,$$

$$b_3 = \frac{1}{n}\sum_{i=1}^{n}\iint J(F(u))J^{(2)}(F(t))\frac{1}{2}[F_n(t)-F(t)]^2\tilde{I}(X_i;u)\tilde{I}(X_i;t)dudt,$$

$$b_4 = \frac{1}{n}\sum_{i=1}^{n}\iint J(F(u))\left\{ J^{(2)}(F^{**}(t)) - J^{(2)}(F(t)) \right\}\frac{1}{2}[F_n(t)-F(t)]^2$$

$$\times \tilde{I}(X_i; u)\tilde{I}(X_i; t)dudt$$

ここで $F_n^{**}(t)$ は $F_n(t)$ と $F(t)$ の間の値である。したがって $F(t)$ の周りでテーラー展開して

$$a_1 = b_1 + b_2 + b_3 + b_4$$

が得られる。ここでリプシッツ条件とスコア関数 $J(\cdot)$ の有界性より

$$E|b_4| \leq n^{-1}C\sum_{i=1}^{n}\iint E[|F_n(t) - F(t)|^{2+s}|\tilde{I}(X_i; u)\tilde{I}(X_i; t)|]dudt$$

が成り立つ。さらに定理1.8のコーシー・シュヴァルツの不等式より

$$E\left[|F_n(t) - F(t)|^{2+s}|\tilde{I}(X_i; u)\tilde{I}(X_i; t)|\right]$$
$$\leq \left\{E[|F_n(t) - F(t)|^{4+2s}]\right\}^{1/2}\left\{E|\tilde{I}(X_i; u)\tilde{I}(X_i; t)|^2\right\}^{1/2}$$

が得られる。補題6.27より

$$E[|F_n(t) - F(t)|^{4+2s}] \leq Cn^{-2-s}F(t)(1 - F(t))$$

となる。また $\tilde{I}(X_i; t)$ は有界だから

$$E|\tilde{I}(X_i; u)\tilde{I}(X_i; t)|^2 \leq CE[\tilde{I}^2(X_i; u)] = CF(u)(1 - F(u))$$

が得られる。よって

$$\iint \left\{E[|F_n(t) - F(t)|^{4+2s}]E|\tilde{I}(X_i; u)\tilde{I}(X_i; t)|^2\right\}^{1/2}dudt$$
$$\leq Cn^{-1-s/2}\Big[\iint \{F(t)(1 - F(t))F(u)(1 - F(u))\}^{1/2}dudt\Big]$$
$$\leq Cn^{-1-s/2}\Big[\int \{F(u)(1 - F(u))\}^{1/2}du\Big]^2$$
$$= O(n^{-1-s/2}).$$

が成り立つ。以上より $E|b_4| = O(n^{-1-s/2}) = O(n^{-1/2-1/2-s/2})$ となるから $b_4 = o_\ell(n^{-1/2})$ となる。

b_1 に対しては

$$b_1 = \sigma^2(J, F) \tag{6.15}$$

$$+ n^{-1} \sum_{i=1}^{n} \iint J(F(u))J(F(t))\{\tilde{I}(X_i; u)\tilde{I}(X_i, t) - k(u, t)\}dudt$$

が成り立つ. b_2 に対して

$$b_2 = n^{-2} \sum_{i=1}^{n} \iint J(F(u))J^{(1)}(F(t))\tilde{I}(X_i; u)\tilde{I}^2(X_i; t)dudt$$

$$+ n^{-2} \sum_{i=1}^{n} \sum_{j \neq i}^{n} \iint J(F(u))J^{(1)}(F(t))\tilde{I}(X_i; u)\tilde{I}(X_i; t)\tilde{I}(X_j; t)dudt$$

$$= n^{-2} \sum_{i=1}^{n} Z_i + n^{-1} \iint J(F(u))J^{(1)}(F(t))(1 - 2F(t))k(u, t)dudt$$

$$+ n^{-2} \sum_{C_{n,2}} \iint J(F(u))J^{(1)}(F(t)) \Big\{ \tilde{I}(X_i; u)\tilde{I}(X_i; t)\tilde{I}(X_j; t)$$

$$+ \tilde{I}(X_j; u)\tilde{I}(X_j; t)\tilde{I}(X_i; t) \Big\} dudt$$

となる. ただし

$$Z_i = \iint J(F(u))J^{(1)}(F(t)) \Big\{ \tilde{I}(X_i; u)\tilde{I}^2(X_i; t)$$

$$- (1 - 2F(t))k(u, t) \Big\} dudt$$

である. 定理の条件より

$$E|Z_i|^2 \leq C \int \cdots \int E \left| \prod_{k=1}^{2} \tilde{I}(X_i; u_k) \prod_{\ell=1}^{2} \tilde{I}^2(X_i; t_\ell) \right| \prod_{k=1}^{2} du_k \prod_{\ell=1}^{2} dt_\ell$$

$$\leq C \int \cdots \int \left\{ \prod_{k=1}^{2} E|\tilde{I}(X_i; u_k)|^4 \prod_{\ell=1}^{2} E|\tilde{I}(X_i; t_\ell)|^8 \right\}^{1/4} \prod_{k=1}^{2} du_k \prod_{\ell=1}^{2} dt_\ell$$

$$\leq C \prod_{k=1}^{2} \int \{F(u_k)(1 - F(u_k))\}^{1/4} du_k \prod_{\ell=1}^{2} \int \{F(t_\ell)(1 - F(t_\ell))\}^{1/4} dt_\ell$$

$$< \infty$$

が得られる．このとき $E(Z_i) = 0$ が成り立つから

$$E\left| n^{-2} \sum_{i=1}^{n} Z_i \right|^2 = O(n^{-3}) = O(n^{-1/2-1-3/2})$$

となり $n^{-2} \sum_{i=1}^{n} Z_i = o_\ell(n^{-1/2})$ が示せる．ここで

$$E\left[\tilde{I}(X_1;u)\tilde{I}(X_1;t)\tilde{I}(X_2;t) + \tilde{I}(X_2;u)\tilde{I}(X_2;t)\tilde{I}(X_1;t) \Big| X_1 = x \right]$$

$$= k(u,t)\tilde{I}(x;t)$$

であるから，H-分解より

$$n^{-2} \sum_{C_{n,2}} \iint J(F(u))J^{(1)}(F(t)) \Big\{ \tilde{I}(X_i;u)\tilde{I}(X_i;t)\tilde{I}(X_j;t)$$

$$+ \tilde{I}(X_j;u)\tilde{I}(X_j;t)\tilde{I}(X_i;t) \Big\} dudt$$

$$= n^{-1} \sum_{i=1}^{n} \iint J(F(u))J^{(1)}(F(t))k(u,t)\tilde{I}(X_i;t)dudt$$

$$+ n^{-2} \sum_{C_{n,2}} \iint J(F(u))J^{(1)}(F(t))k^*(X_i,X_j;t;u)dudt$$

が得られる．ただし

$$k^*(X_i,X_j;t;u)$$

$$= \tilde{I}(X_i;t)\tilde{I}(X_j;t)\{\tilde{I}(X_i;u) + \tilde{I}(X_j;u)\} - k(u,t)\{\tilde{I}(X_i;t) + \tilde{I}(X_j;t)\}$$

である．ここで H-分解のモーメントの評価式 (6.6) より

$$E\left| n^{-2} \sum_{C_{n,2}} \iint J(F(u))J^{(1)}(F(t))k^*(X_i,X_j;t;u)dudt \right|^2$$

$$= O(n^{-2}) = O(n^{-1/2-1-1/2})$$

となり

$$n^{-2} \sum_{C_{n,2}} \iint J(F(u))J^{(1)}(F(t))k^*(X_i, X_j; t; u)dudt = o_\ell(n^{-1/2})$$

が示せる. よって

$$b_2 = n^{-1} \sum_{i=1}^{n} \iint J(F(u))J^{(1)}(F(t))k(u, t)\tilde{I}(X_i; t)dudt + o_\ell(n^{-1/2}) \quad (6.16)$$

が成り立つ.

同様にして

$$b_3 = \frac{1}{2n} \iint J(F(u))J^{(2)}(F(t))k(u, t)F(t)(1 - F(t))dudt$$

$$+ n^{-2} \sum_{C_{n,2}} \iint J(F(u))J^{(2)}(F(t))k(u, t)\tilde{I}(X_i; t)\tilde{I}(X_j; t)dudt$$

$$+ o_\ell(n^{-1/2})$$

$$= o_\ell(n^{-1/2})$$

が成り立つことが示せる.

次に a_2 を考えるために

$$c_1 = n^{-2} \sum_{i=1}^{n} \sum_{j=1}^{n} \iint J^{(1)}(F(u))J(F(t))\tilde{I}(X_i; u)\tilde{I}(X_i; t)\tilde{I}(X_j; u)dudt,$$

$$c_2 = n^{-3} \sum_{i=1}^{n} \sum_{j=1}^{n} \sum_{k=1}^{n} \iint J^{(1)}(F(u))J^{(1)}(F(t))\tilde{I}(X_i; u)\tilde{I}(X_i; t)\tilde{I}(X_j; u)$$

$$\times \tilde{I}(X_k; t)dudt$$

とおくと a_1 と同様に $a_2 = c_1 + c_2 + o_\ell(n^{-1/2})$ が成り立つ. c_1 は

$$c_1 = n^{-2} \sum_{i=1}^{n} \iint J^{(1)}(F(u))J(F(t))\tilde{I}(X_i; u)\tilde{I}(X_i; t)\tilde{I}(X_i; u)dudt$$

$$+n^{-2}\sum_{i=1}^{n}\sum_{j\neq i}^{n}\iint J^{(1)}(F(u))J(F(t))\tilde{I}(X_i;u)\tilde{I}(X_i;t)\tilde{I}(X_j;u)dudt$$

となる．条件よりモーメントが存在し

$$E[\tilde{I}^2(X_1;u)\tilde{I}(X_1;t)] = k(u,t)\{1-2F(u)\}$$

だから c_1 の第一項に対して

$$n^{-1}\iint J^{(1)}(F(u))J(F(t))k(u,t)\{1-2F(u)\}dudt$$

$$+n^{-2}\sum_{i=1}^{n}\iint J^{(1)}(F(u))J(F(t))\left[\tilde{I}(X_i;u)\tilde{I}(X_i;t)\tilde{I}(X_i;u)\right.$$

$$\left.-k(u,t)\{1-2F(u)\}\right]dudt$$

$$= o_\ell(n^{-1/2})$$

が得られる．第二項については

$$E[\tilde{I}(X_i;u)\tilde{I}(X_i;t)\tilde{I}(X_j;u)] = E\tilde{I}(X_i;u)\tilde{I}(X_i;t)]E[\tilde{I}(X_j;u)] = 0$$

が成り立ち

$$E[\tilde{I}(X_2;u)\tilde{I}(X_2;t)\tilde{I}(X_1;u)|X_1] = E[\tilde{I}(X_2;u)\tilde{I}(X_2;t)|X_1]\tilde{I}(X_1;u) \quad \text{a.s.}$$

$$= k(u,t)\tilde{I}(X_1;u) \quad \text{a.s.}$$

となる．したがって H-分解を使うと

$$n^{-1}\sum_{i=1}^{n}\iint J^{(1)}(F(u))J(F(t))k(u,t)\tilde{I}(X_i;u)dudt$$

$$+n^{-2}\sum_{C_{n,2}}\iint J^{(1)}(F(u))J(F(t))k^*(X_i,X_j;u;t)dudt + o_\ell(n^{-1/2})$$

$$= o_\ell(n^{-1/2})$$

が得られる．同様に

$$c_2 = n^{-1} \iint J^{(1)}(F(u))J^{(1)}(F(t))k^2(u,t)dudt$$

$$+n^{-2}\sum_{C_{n,2}} 2\iint J^{(1)}(F(u))J^{(1)}(F(t))k(u,t)\tilde{I}(X_i;u)\tilde{I}(X_j;t)dudt$$

$$+o_\ell(n^{-1/2})$$

$$= o_\ell(n^{-1/2})$$

が示される．よって

$$a_2 = n^{-1}\sum_{i=1}^n \iint J^{(1)}(F(u))J(F(t))k(u,t)\tilde{I}(X_i;u)dudt + o_\ell(n^{-1/2}) \quad (6.17)$$

となる．

a_3 に対しても同様に

$$a_3 = \frac{1}{2n}\iint J^{(2)}(F(u))J(F(t))k(u,t)F(u)(1-F(u))dudt$$

$$+n^{-2}\sum_{C_{n,2}}\iint J^{(2)}(F(u))J(F(t))k(u,t)\tilde{I}(X_i;u)\tilde{I}(X_j;u)dudt$$

$$+o_\ell(n^{-1/2})$$

$$= o_\ell(n^{-1/2})$$

の式が得られる．さらに $a_4 = o_\ell(n^{-1/2})$ も容易に示すことができる．さらに a_1 と同様に $c_2 = o_\ell(n^{-1/2})$ が示せる．

[$(n-1)\sum_{i=1}^n 2A_1^{(i)}A_2^{(i)}$ について]

H-分解と補題 6.27 より

$$(n-1)\sum_{i=1}^n 2A_1^{(i)}A_2^{(i)}$$

$$= (n-1)\sum_{i=1}^n \iint J(F_n(u))J^{(1)}(F_n(t))[F_{n;i}(u) - F_n(u)]$$

$$\times [F_{n;i}(t) - F_n(t)]^2 dudt$$

$$= -(n-1)^{-2} \sum_{i=1}^{n} \iint J(F_n(u)) J^{(1)}(F_n(t)) \tilde{I}(X_i; u) \tilde{I}^2(X_j; t) dudt$$

$$+ o_\ell(n^{-1/2})$$

となる. よって a_1 と同様に $(n-1) \sum_{i=1}^{n} 2 A_1^{(i)} A_2^{(i)} = o_\ell(n^{-1/2})$ が示せる.

式 (6.14) の他の項についても同様に $o_\ell(n^{-1/2})$ となることが示せるが, ここでは $(n-1) \sum_{i=1}^{n} 2 A_1^{(i)} R_n^{(i)}$ について考える. 期待値の線形性より

$$(n-1) \sum_{i=1}^{n} 2 A_1^{(i)} R_n^{(i)} \le 2n(n-1) E|A^{(1)} R_n^{(1)}|$$

$$\le 2n(n-1) \{ E(A_1^{(1)})^2 E(R_n^{(1)})^2 \}^{1/2}$$

となる. 補題 6.27 より

$$E(A_1^{(1)})^2$$

$$= \iint E\left\{ J(F_n(u)) J(F_n(t)) [F_{n;1}(u) - F_n(u)][F_{n;1}(t) - F_n(t)] \right\} dudt$$

$$\le C \iint \left\{ E[F_{n;1}(u) - F_n(u)]^2 E[F_{n;1}(t) - F_n(t)]^2 \right\}^{1/2} dudt$$

$$\le C(n-1)^{-2} \iint \{ F(u)(1 - F(u)) \}^{1/2} \{ F(t)(1 - F(t)) \}^{1/2} dudt$$

$$= O(n^{-2})$$

が示せる. 同様にリプシッツ条件より

$$E(R_n^{(1)})^2$$

$$\le C \iint E\left\{ |F_{n;1}(u) - F_n(u)|^{3+s} |F_{n;1}(t) - F_n(t)|^{3+s} \right\} dudt$$

$$\le C \iint \left\{ E[|F_{n;1}(u) - F_n(u)|^{6+2s}] E[|F_{n;1}(t) - F_n(t)|^{6+2s}] \right\}^{1/2} dudt$$

$$= O(n^{-6-2s})$$

となる．したがって

$$E\left|(n-1)\sum_{i=1}^{n}2A_1^{(i)}R_n^{(i)}\right| = O(n^{-2-s})$$

が成り立ち，$(n-1)\sum_{i=1}^{n}2A_1^{(i)}R_n^{(i)} = o_\ell(n^{-1/2})$ が示せる．

以上の評価式 (6.15), (6.16), (6.17) より定理が成り立つ．　　■

$\alpha(\cdot)$ の定義より $E[\alpha(X_1)] = 0$ が成り立つことに注意する．この定理 6.28 と L-統計量の確率展開より，次の補題が得られる．

補題 6.29　$J^{(1)}(u)$ は $0 \le u \le 1$ に対して有界で $J^{(2)}(\cdot)$ はオーダー $s > 0$ のリプシッツ条件を満たすとする．すなわち，ある $H > 0$ に対して $|J^{(2)}(u) - J^{(2)}(t)| \le H|u-t|^s$ とする．このとき

$$\sqrt{n}[T(F_n) - T(F)]$$
$$= n^{-1/2}\eta + n^{-1/2}\sum_{i=1}^{n}g_1(X_i) + n^{-3/2}\sum_{C_{n,2}}g_2(X_i, X_j) + o_\ell(n^{-1/2}),$$
$$\widehat{\sigma}(J,F) = \sigma(J,F) + n^{-1}\sum_{i=1}^{n}\frac{\alpha(X_i)}{2\sigma(J,F)} + o_\ell(n^{-1/2})$$

が成り立つ．

証明　定理 6.28 と同じようにして示すことができる．前半は定理 6.28 の証明を見れば明らかである．後半について，テーラー展開

$$x^{1/2} = x_0^{1/2} + \frac{1}{2}x_0^{-1/2}(x-x_0) - \frac{1}{8}(x_0^*)^{3/2}(x-x_0)^2$$

を使うと

$$\widehat{\sigma}(J,F) = \sigma(J,F) + \frac{1}{2}\sigma(J,F)^{-1}n^{-1}\sum_{i=1}^{n}\alpha(X_i)$$

$$- \frac{1}{8}\{\sigma(J,F)^*\}^{3/2}\left(n^{-1}\sum_{i=1}^{n}\alpha(X_i)\right)^2 + o_\ell(n^{-1/2})$$

が成り立つ. ただし $\sigma(J,F)^*$ は $\widehat{\sigma}(J,F)$ と $\sigma(J,F)$ の間の数である. ここで

$$\frac{1}{8}\{\sigma(J,F)^*\}^{3/2}\left(n^{-1}\sum_{i=1}^{n}\alpha(X_i)\right)^2 = o_\ell(n^{-1/2})$$

となるから, 補題が得られる. ∎

これらの表現を使うとスチューデント化 L-統計量が漸近 U-統計量であることが示せる. 先ず次の記号を準備する

$$\tau = \frac{\eta}{\sigma(J,F)} - \frac{E[g_1(X_1)\alpha(X_1)]}{2\sigma^3(J,F)}, \tag{6.18}$$

$$\nu_1(x) = \frac{g_1(x)}{\sigma(J,F)},$$

$$\nu_2(x,y) = \frac{g_2(x,y)}{\sigma(J,F)} - \frac{1}{2\sigma^3(J,F)}\{\alpha(x)g_1(y) + \alpha(y)g_1(x)\}.$$

このとき次の定理が成り立つ.

定理6.30　定理 6.28 と同じ条件の下で

$$\frac{\sqrt{n}[T(F_n) - T(F)]}{\widehat{\sigma}(J,F)}$$

$$= n^{-1/2}\tau + n^{-1/2}\sum_{i=1}^{n}\nu_1(X_i) + n^{-3/2}\sum_{C_{n,2}}\nu_2(X_i,X_j) + o_L(n^{-1/2})$$

が成り立つ.

証明　補題 6.29 と同様に, テーラー展開より

$$\frac{1}{x} = \frac{1}{x_0} - \frac{1}{x_0^2}(x - x_0) + \frac{1}{(x_0^*)^3}(x - x_0)^2$$

だから

$$\frac{\sigma(J,F)}{\widehat{\sigma}(J,F)} = 1 - n^{-1}\sum_{i=1}^{n}\frac{\alpha(X_i)}{2\sigma^2(J,F)}$$

$$+\frac{1}{(\sigma(J,F)^{**})^3}\left(n^{-1}\sum_{i=1}^{n}\alpha(X_i)\right)^2+o_\ell(n^{-1/2})$$

となる．ただし $\sigma(J,F)^{**}$ は $\hat{\sigma}(J,F)$ と $\sigma(J,F)$ の間の数である．補題 6.29 と同様に

$$\frac{1}{(\sigma(J,F)^{**})^3}\left(n^{-1}\sum_{i=1}^{n}\alpha(X_i)\right)^2=o_\ell(n^{-1/2})$$

であるから

$$\frac{\sigma(J,F)}{\hat{\sigma}(J,F)}=1-n^{-1}\sum_{i=1}^{n}\frac{\alpha(X_i)}{\sigma(J,F)}+o_L(n^{-1/2})$$

が得られる．したがって H-分解のモーメントの評価を使うと

$$\frac{\sqrt{n}(T(F_n)-T(F))}{\hat{\sigma}(J,F)}$$

$$=\frac{\sqrt{n}(T(F_n)-T(F))}{\sigma(J,F)}\left[1-n^{-1}\sum_{i=1}^{n}\frac{\alpha(X_i)}{\sigma(J,F)}+o_L(n^{-1/2})\right]$$

であるから

$$n^{-1/2}\sum_{i=1}^{n}g_1(X_i)n^{-1}\sum_{j=1}^{n}\alpha(X_j)$$

$$=n^{-1/2}E[\alpha(X_1)g_1(X_1)]+n^{-3/2}\sum_{i=1}^{n}\{\alpha(X_i)g_1(X_i)-E[\alpha(X_1)g_1(X_1)]\}$$

$$+n^{-3/2}\sum_{C_{n,2}}\{\alpha(X_i)g_1(X_j)+\alpha(X_j)g_1(X_i)\}$$

となる．ここで $\sqrt{n}[T(F_n)-T(F)]$ は漸近 U-統計量であるから，U-統計量に対する Malevich & Abdalimov (1979) による大偏差確率を使うと

$$P\left[\left|\frac{\sqrt{n}\{T(F_n)-T(F)]\}}{\sigma(J,F)}o_\ell(n^{-1/2})\right|\geq n^{-1/2}(\log n)^{-1/2}\right]$$

$$\leq P\left[\left|o_\ell(n^{-1/2})\right|\geq n^{-1/2}(\log n)^{-1}\right]$$

$$+P\left[\left|\frac{\sqrt{n}\{T(F_n) - T(F)]\}}{\sigma(J,F)}\right| \geq (\log n)^{1/2}\right]$$
$$= o(n^{-1/2})$$

が成り立つ．したがって残差項は $o_L(n^{-1/2})$ であることが示せる． ■

エッジワース展開は有界な微分を持つから，もしある $\varepsilon_n \to 0$ に対して $P\{|o_L(n^{-1/2})| \geq n^{-1/2}\varepsilon_n\} = o(n^{-1/2})$ ならば $o(n^{-1/2})$ の項までの近似を議論するときには $o_L(n^{-1/2})$ を無視することができる．したがって上記の定理 6.30 を使ってスチューデント化 L-統計量のエッジワース展開を求めることができる．先ず次の記号を定義する．

$$\kappa_3 = E[\nu_1^3(X_1)] + 3E[\nu_1(X_1)\nu_1(X_2)\nu_2(X_1, X_2)],$$
$$P_1(x) = \frac{\kappa_3(x^2 - 1)}{6}.$$

このとき Lai & Wang (1993) より，τ を式 (6.18) で与えられる定数とすると

$$P\left\{\frac{\sqrt{n}\{T(F_n) - T(F)\}}{\hat{\sigma}(J,F)} - n^{-1/2}\tau \leq x\right\}$$
$$= \Phi(x) - n^{-1/2}\phi(x)P_1(x) + o(n^{-1/2}). \tag{6.19}$$

が成り立つ．これを定数項 $n^{-1/2}\tau$ について展開すればエッジワース展開を求めることができる．

| 定理6.31 | 定理 6.28 の条件を仮定し，さらに

$$\limsup_{|t|\to\infty} |E[\exp\{it\nu_1(X_1)\}]| < 1$$

を仮定する．このとき

$$P\left\{\frac{\sqrt{n}\{T(F_n) - T(F)\}}{\hat{\sigma}(J,F)} \leq y\right\} = \Phi(y) - n^{-1/2}\phi(y)\{P_1(y) + \tau\} + o(n^{-1/2})$$

が成り立つ．

証明 式 (6.19) より

$$P\left\{\frac{\sqrt{n}\{T(F_n) - T(F)\}}{\widehat{\sigma}(J, F)} \leq y\right\}$$

$$= P\left\{\frac{\sqrt{n}\{T(F_n) - T(F)\}}{\widehat{\sigma}(J, F)} - n^{-1/2}\tau \leq y - n^{-1/2}\tau\right\}$$

$$= \Phi(y - n^{-1/2}\tau) - n^{-1/2}\phi(y - n^{-1/2}\tau)P_1(y - n^{-1/2}\tau) + o(n^{-1/2})$$

となる. ここで標準正規分布の密度関数の微分を使うと, テーラー展開より

$$\Phi(y - n^{-1/2}\tau) = \Phi(y) - n^{-1/2}\tau\phi(y) + o(n^{-1/2}),$$

$$\phi(y - n^{-1/2}\tau) = \phi(y) + o(1),$$

$$P_1(y - n^{-1/2}\tau) = \frac{\kappa_3(y^2 - 1)}{6} + o(1)$$

が成り立つ. さらに

$$n^{-1/2}\phi(y - n^{-1/2}\tau)P_1(y - n^{-1/2}\tau) = n^{-1/2}\phi(y)P_1(y) + o(n^{-1/2})$$

となる. 以上をまとめるとエッジワース展開を求めることができる. ∎

エッジワース展開の各項は下記のようにスコア関数 $J(\cdot)$ および分布関数 $F(\cdot)$ を使って表現される. 定義 6.26 より

$$\tau = -\sigma(J, F)^{-1}\int_{-\infty}^{\infty} J^{(1)}(F(u))F(u)\{1 - F(u)\}du$$

$$-\sigma(J, F)^{-3}E[g_1(X_1)\alpha(X_1)],$$

$$E[\nu_1^3(X_1)] = \sigma(J, F)^{-3}E[g_1^3(X_1)],$$

$$E[\nu_1(X_1)\nu_1(X_2)\nu_2(X_1, X_2)]$$

$$= \sigma(J, F)^{-3}E[g_1(X_1)g_1(X_2)g_2(X_1, X_2)] - \sigma(J, F)^{-3}E[g_1(X_1)\alpha(X_1)]$$

となる. さらに

$$E[\tilde{I}(X_1; u)\tilde{I}(X_1; t)\tilde{I}(X_1; s)]$$

$$= F(\min(u,t,s)) - F(\min(u,t))F(s) - F(\min(t,s))F(u)$$

$$-F(\min(u,s))F(t) + F(u)F(t)F(s)$$

だから

$$E[g_1^3(X_1)] = -\iiint J(F(u))J(F(t))J(F(s))\,\{F(\min(u,t,s))$$

$$-F(\min(u,t))F(s) - F(\min(t,s))F(u)$$

$$-F(\min(u,s))F(t) + F(u)F(t)F(s)\}\,dudtds$$

となる. 同様にして

$$E[\tilde{I}(X_1;u)\tilde{I}(X_2;t)\tilde{I}(X_1;s)\tilde{I}(X_2;s)]$$

$$= E[\tilde{I}(X_1;u)\tilde{I}(X_1;s)]E\tilde{I}(X_2;t)\tilde{I}(X_2;s)]$$

$$= k(u,s)k(t,s)$$

となるから

$$E[g_1(X_1)g_1(X_2)g_2(X_1,X_2)]$$

$$= -\iiint J(F(u))J((t))J^{(1)}(F(s))k(u,s)k(t,s)dudtds$$

が得られる. また

$$E[g_1(X_1)\alpha(X_1)]$$

$$= -\iiint J(F(s))\,\Big\{ J(F(u))J(F(t))E[\tilde{I}(X_1;u)\tilde{I}(X_1;t)\tilde{I}(X_1;s)]$$

$$+2J(F(u))J^{(1)}(F(t))k(u,t)E[\tilde{I}(X_1;t)\tilde{I}(X_1;s)]\Big\}\,dudtds$$

$$= -\iiint J(F(s))\,[J(F(u))J(F(t))\,\{F(\min(u,t,s))$$

$$-F(\min(u,t))F(s) - F(\min(t,s))F(u)$$

$$-F(\min(u,s))F(t) + F(u)F(t)F(s)\}$$

$$+ 2J(F(u))J^{(1)}(F(t))k(u,t)k(s,t)\Big] dudtds$$

が得られる．この展開を利用して高精度の信頼区間や検定を行うには，展開に現れる上記の各項の推定量を構成する必要がある．簡便な方法としては，各項の分布関数を経験分布関数で置き換える方法がある．またジャックナイフ法を使ったノンパラメトリックな方法もある．前園 (2001) では U-統計量に対して具体的に議論している．

また同様の議論を使って，残差項が $o_L(n^{-1})$ までの漸近表現を求めることができて，$o(n^{-1})$ までのエッジワース展開を求めることができる．詳しくは前園 (2001) を参照されたい．

参考文献

[1] Akaike, H.(1954). An approximation to the density function. *Ann. Inst. Statist. Math.*, **6**, 127–132.

[2] Alberink, I.V., Pap, G. and van Zuijlen, M.C.A. (2001). Edgworth expansions for L-statistics. *Prob. Math. Statist.*, **21**, 277–302.

[3] 安道知寛, 井元清哉, 小西貞則 (2001). 動径基底関数ネットワークに基づく非線形回帰モデルとその推定. 応用統計学, **30**, 19–35.

[4] Bai, Z.D. and Rao, C.R. (1991). Edgeworth expansions of a function of sample means. *Ann. Statist.*, **19**, 1295–1315.

[5] Berk, R.H. (1966). Limiting behavior of posterior distributions when the model is incorrect. *Ann. Math. Statist.*, **37**, 51–58.

[6] Bickel, P.J. (1974). Edgeworth expansions in nonparametric statistics. *Ann. Statist.*, **6**, 1–20.

[7] Bickel, P.J., Götze, F. and van Zwet, W.R. (1986). The Edgeworth expansion for U-statistics of degree two. *Ann. Statist.*, **14**, 1463–1484.

[8] Brown, B.M., Hall, P. and Young, G.A. (2001). The smoothed median and the bootstrap. *Biometrika*, **88**, 519–534.

[9] Callaert, H. and Janssen, P. (1978). The Berry-Esséen theorem for U-statistics. *Ann. Statist.*, **6**, 417–421.

[10] Chan, Y-K. and Wierman, J. (1977). On the Berry-Esséen theorem for U-statistics. *Ann. Prob.*, **5**, 136–139.

[11] Chen, S.M., Hsu, Y.S. and Liaw, J.T. (2009). On kernel estimators of density ratio. *Statistics*, **43**, 463–479.

[12] Ćwik, J and Mielniczuk, J. (1989). Estimating density ratio with application to discriminant analysis. *Comm. Stat. Ser. A*, **18**, 3057–3069.

[13] Davison, A.C. and Hinkley, D.V. (1997). *Bootstrap Methods and their Application*. Cambridge U.P.

[14] Dharmadhikari, S.W., Fabian, V. and Jogdeo, K. (1968). Bounds on the moments of martingales. *Ann. Math. Statist.*, **39**, 1719–1723.

[15] Eagleson, G.K. (1982). A robust test for multiple comparisons of correlation coefficients. *Austral. J. Statist.*, **25**, 256–263.

参考文献 235

[16] Efron, B. (1979). Bootstrap methods: another look at the jackknife. *Ann. Statist.*, **7**, 1–26.

[17] Efron, B. and Tibshirani, R.J. (1993). *An Introduction to the Bootstrap.* Chapman and Hall, New York.

[18] Esséen, C.G. (1945). Fourier analysis of distribution functions: A mathematical study of the Laplace-Gaussian law. *Acta Mathematica*, **77**, 1–125.

[19] Feller, W. (1971). *An Introduction to Probability Theory and Its Applications.* Vol.2, 2nd ed., John Wiley & Sons.

[20] Fisher, N.I. and Lee, A.J. (1986). Correlation coefficients for random variables on the sphere and hypersphere. *Biometrika*, **73**, 159–164.

[21] Fix, E. and Hodges, J.L.(1951). Discriminatory analysis —nonparametric discrimination: consistency properties. *Report No.4, Project no.21-29-004.*

[22] Friedrich, K.O. (1989). A Berry-Esséen bound for functions of independent random variables. *Ann. Statist.*, **17**, 170–183.

[23] Gnedenko, B.V. and Kolmogorov, A.N. (1968). *Limit Distributions for Sums of Independent Random Variables.* Addison-Wesley, Reading Mass.

[24] Govindarajulu, Z. (2007). *Nonparametric Inference.* World Scientific, Singapore.

[25] Grams, W.F. and Serfling R.J. (1973). Convergence rates for U-statistics and related statistics. *Ann. Statist.*, **1**, 153–160.

[26] Gregory, G.G. (1977). Large sample theory for U-statistics and tests of fit. *Ann. Statist.*, **5**, 110–123.

[27] Hájek, J., Šidák, Z. and Sen, P.K. (1999). *Theory of Rank Tests.* 2nd ed., Academic Press, San Diego.

[28] Hall, P. (1983). Large sample optimality of least squares cross-validation in density estimation. *Ann. Statist.*, **11**, 1156–1174.

[29] Hall, P. (1992). *The Bootstrap and Edgeworth Expansion.* Springer-Verlag, New York.

[30] Hall, P. and Maesono, Y. (2000) A weighted-bootstrap approach to bootstrap iteration. *Jour. Roy. Stat. Soc. ser. B*, **62**, 137–144.

[31] Halmos, P.R. (1946). The theory of unbiased estimation. *Ann. Math. Statist.*, **17**, 34–43.

[32] Härdle, W., Müller, M., Sperlich, S. and Werwatz, A. (2004). *Nonparametric and Semiparametric Models.* Springer-Verlag, Berlin Heidelberg.

[33] Hartigan, J.A. (1969). Using subsample values as typical value. *Jour. Amer. Statist. Assoc.*, **64**, 1303–1317.

[34] Helmers, R. (1982). Edgeworth expansions for linear combinations of order statistics. *Math. Centre Tracts.*, **105**, Amsterdam.

[35] Helmers, R. and van Zwet W.R. (1982). The Berry-Esséen bound for U-statistics. *Gupta, S.S. and Berger, J. (eds) Statistical decision theory and related topics III, Vol.1*, Academic Press, New York, 497–512.

[36] Hoeffding, W. (1948), A class of statistics with asymptotically normal distribution. *Ann. Math. Statist.*, **19**, 293–325.

[37] Hoeffding, W. (1961). The strong law of large numbers for U-statistics. *Univ. of North Carolina Institute of statistics. Mimeo Series.* No.**302**.

[38] Ichimura, H. (1993). Semiparametric least squares (SLS) and weighted SLS estimation of single-index models. *Jour. Econometrics*, **58**, 71–120.

[39] 伊藤清三 (1963). 『ルベーグ積分入門』. 裳華房.

[40] 稲垣宣生 (2003). 『数理統計学』. 裳華房.

[41] 井元清哉, 小西貞則 (1999). B-スプラインによる非線形回帰モデルと情報量規準. 統計数理, **47**, 359–373.

[42] Lai, T.L. and Wang, J.Q. (1993). Edgeworth expansion for symmetric statistics with applications to bootstrap methods. *Statistica Sinica*, **3**, 517–542.

[43] Lee, A.J. (1990). *U-statistics: Theory and Practice*. Marcel Dekker, New York.

[44] Lehmann, E.L. (1983). *Theory of Point Estimation*. John Wiley and Sons, New York.

[45] Lehmann, E.L. and D'abrera, H. (2006). *Nonparametrics: Statistical Methods based on Ranks*, Marcel Dekker, New York.

[46] 前園宜彦 (2001). 『統計的推測の漸近理論』. 九州大学出版会.

[47] Malevich, T.L. and Abdalimov B. (1979). Large deviation probabilities for U-statistics. *Theory of Probab. Appl.*, **24**, 215–219.

[48] Motoyama, M and Maesono, Y. (2018). On direct kernel estimator of density ratio. *Bull. Infor. Cyber.*, **50**, 27–42.

[49] Nadaraya, E.A. (1964). On Estimating Regression. *Theory of Probab. Appl.*, **9**, 141–142.

[50] Neuhaus, G. (1977). Functional limit theorem for U-statistics in the degenerate case. *J. Multivariate Anal.*, **7**, 424–439.

[51] Parr, W. C. and Schucany, W.R. (1982). Jackknifing L-statistics with smooth weight functions. *Jour. Amer. Stat. Assoc.*, **77**, 629–638.

[52] Parzen, E.(1962). On the estimation of a probability density function and the mode. *Ann. Math. Statist.*, **33**, 1065–1076

[53] Petrov, V.V. (1995). *Limit Theorems of Probability Theory: Sequences of Independent Randaom Variables*. Oxford Sci. Publ., New York.

[54] Quenouille, M. (1949). *Approximation tests of correlation in time series. Jour. Royal Statist. Soc. B*, **11**, 18–84.

[55] Rao, C.R. (1973). *Linear Statistical Inference and its Application*. Wiley, New York.

[56] Rao, B.L.S.P. (1983). *Nonparametric Functional Estimation*. Academic Press, Orland.

[57] Rosenblatt, M.(1956). Remarks on some nonparametric estimates of a density function. *Ann. Math. Statist..*, **27**, 832–837.

[58] Rudemo, M. (1982). Empirical choice of histograms and kernel density estimator. *Scand. J. Statist.*, **9**, 65–78.

[59] Serfling, R.J. (1980). *Approximation Theorems of Mathematical Statistics*. Wiley, New York.

[60] Shorack, G.R. (2000). *Probability for Statisticians*. Springer-Verlag, New York.

[61] 清水良一 (1976). 『中心極限定理』. 教育出版.

[62] Stone, C. J. (1984). An asymptotically optimal window selection rule for kernel density estimates. *Ann. Statist.*, **12**, 1285–1297.

[63] Terrell, G. R. and Scott, D. W.(1980). On improving convergence rates for nonnegative kernel density estimators. *Ann. Statist..*, **8**, 1160–1163.

[64] Tukey, J. (1958). Bias and confidence in not quite large samples. (Abstract.) *Ann. Math. Statist.*, **29**, 614.

[65] Varadarajan, V.S. (1958). Weak convergence of measures on separable metric spaces. *Sankhyā*, **19**, 15–22.

[66] von Bahr, B. and Esséen, C-G. (1965). Inequalities for the r-th absolute moment of a sum of random variables. *Ann. Math. Statist.*, **36**, 299–303.

[67] Wald, A. and Wolfowitz, J. (1944). Statistical tests based on permutations of the observations. *Ann. Math. Stat.*, **15**, 358–372.

[68] Watson, G.S. (1964). Smooth regression analysis. *Sankhyā*, **26**, 359–372.

[69] 柳川堯 (1982). 『ノンパラメトリック法』. 培風館.

索　引

───── 記号・数字 ─────

σ-加法族　1
2次オーダー・カーネル　139

───── 英字 ─────

ANOVA-分解　196

Hoeffding-分解　192
H-分解　196

j-次のキュムラント　186

L-統計量　206

Neyman-Pearson の基本補題　48

r-次のモーメント　8
r 次のシンメトリックカーネル　189

t-検定　50

U-統計量　188

V-統計量　205

───── ア行 ─────

イェンセンの不等式　11
一元配置実験計画法　87
一元配置分散分析　88
一致推定量　43

一致性　42
ウィルコクソンの順位和検定　66
ウィルコクソンの符号付き順位検定　76
ウィンソライズ化平均　207
エッジワース展開　184
エルミート多項式　184

───── カ行 ─────

カーネル推定量　138
回帰分析　162
概収束　22
撹乱母数　76
確率1で収束　22
確率化検定　47
確率関数　3
確率空間　2
確率収束　22
確率分布　2
確率ベクトル　6
確率変数　2
確率密度関数　4
可算加法族　1
可測関数　2
刈り込み平均　207

棄却域　47
危険関数　42
期待値　8
帰無仮説　46
キュムラント　184
共分散　9

局外母数　76
局所最強力符号付き順位検定　85

区間推定　41, 45
クラスカル・ワリス検定　93
グリベンコ・カンテリの定理　110
クロス・ヴァリデーション　142

経験分布関数　108, 137
検出力　47
検定関数　47
検定統計量　46
検定の大きさ　47
ケンドールの順位相関係数　105

効率　55
コーシー・シュヴァルツの不等式　11
コルモゴロフ・スミルノフ検定　99, 108
コルモゴロフの公理　2
コルモゴロフの大数の法則　29

──────── サ行 ────────

最強力検定　48
最小分散不偏推定量　191
最尤推定値　44
最尤推定量　44
最尤性　42
最尤法　44

シーゲル・テューキー検定　100
次元の呪い　148
事象　1
ジニ係数　206
四分位点　6
射影法　69, 178
ジャックナイフ疑似量　115
ジャックナイフ分散推定量　116
ジャックナイフ法　113
主効果　87
受容域　47
順序統計量　59
条件付き確率密度関数　19
条件付き期待値　19
シングル・インデックスモデル　170

信頼区間　45
信頼係数　45

水準　88
推定　41
推定値　41
推定量　41
スチューデント化統計量　211
スチューデントの t-統計量　33
スピアマンの順位相関係数　102
スプライン平滑化法　169
スムージング・レンマ　179
スラツキーの定理　27

正定値行列　37
積カーネル　145
積率母関数　15
絶対モーメント　196
漸近検出力　57
漸近平均積分二乗誤差　141
漸近平均二乗誤差　140
漸近有効推定量　44
線形回帰　162

相関係数　8
測度空間　2
損失関数　42

──────── タ行 ────────

第1種の誤り　47
第2種の誤り　47
対数尤度関数　44
対立仮説　46
多項分布　6
多次元正規分布　7
多次元分布　6
単純仮説　47

チェビシェフの不等式　10
中心極限定理　30

点推定　41

動径基底関数　169
統計的仮説検定　46

索　引　　　*241*

統計的リサンプリング法　113
統計量　45
特性関数　15
独立　7

──────── ナ行 ────────

ナダラヤ・ワトソン推定量　137, 167

二元配置実験　94
二元配置分散分析　95
二乗損失関数　43

ノンパラメトリック回帰　162

──────── ハ行 ────────

パーセント点　6
バイアス　43
バイアス修正ジャックナイフ推定量　114
ハザード関数　137, 160
バハードゥールの漸近相対効率　53
パラメータ　41
パラメトリック・ブートストラップ　125
パラメトリック法　8
反転公式　19
バンド幅　138
反復ブートストラップ法　132

ピアソンの相関係数　101
ピットマンの漸近相対効率　53
非負定値行列　37
標本分散　42
標本平均　41

フィッシャーの情報量　44
ブートストラップ・バイアス推定量　127
ブートストラップ-*t*法　130
ブートストラップ推定量　125
ブートストラップ分散推定量　122
ブートストラップ法　59, 116
フォワード・マルチンゲール　34
複合仮説　47
符号検定　76
不偏推定量　42, 189

不偏性　42
不偏標本共分散　42
不偏標本分散　42
プラグ・イン法　142
フリードマン検定　97
分散　8, 9
分布　2
分布関数　5
分布に依存しない　78

平滑化パラメータ　138
平均　8, 9
平均二乗誤差　42, 43
ベリー・エシーン限界　179
ヘリー・ブレイの定理　24
ヘルダーの不等式　11
偏差　43
変量模型　87

法則収束　22
母集団分布　8
母数　41
母数空間　41
母数模型　87
母分散　41
母平均　41

──────── マ行 ────────

マルコフの不等式　11
マルチンゲール　34
マン・ホイットニー検定　68

密度関数　4
ミンコフスキーの不等式　11

ムード検定　100
無作為標本　8

メディアン　6

モーメント　8
モンテカルロ法　124

―――――― ヤ行 ――――――

有意確率　47
有意水準　47
有効性　188
尤度関数　43
尤度比検定　48

要因　88

―――――― ラ行 ――――――

ラドン・ニコディムの定理　20

離散型確率変数　2
リヤプノフの不等式　12
リンデベルグ・フェラーの定理　31

ルベーグ・スティルチェス　8
ルベーグの優収束定理　18

連続型確率変数　3
連続定理　24

ローレンツ曲線　206

Memorandum

著者紹介

前園　宜彦
（まえ　その　よし　ひこ）

- 1956年　鹿児島県生まれ
- 1984年　九州大学大学院博士課程退学
- 現　在　中央大学理工学部教授
　　　　　九州大学名誉教授
　　　　　理学博士
- 著　書　『統計的推測の漸近理論』（九州大学出版会）
　　　　　『概説　確率統計（第3版）』（サイエンス社）
　　　　　『詳解演習　確率統計』（サイエンス社）

共立講座 数学の輝き 12
ノンパラメトリック統計
(*Nonparametric Statistics*)

2019年10月31日　初版1刷発行

著　者	前園宜彦 © 2019
発行者	南條光章
発行所	共立出版株式会社
	〒112-0006
	東京都文京区小日向4-6-19
	電話番号　03-3947-2511（代表）
	振替口座　00110-2-57035
	共立出版㈱ホームページ
	www.kyoritsu-pub.co.jp
印　刷	啓文堂
製　本	ブロケード

検印廃止
NDC 417.6
ISBN 978-4-320-11206-3

一般社団法人
自然科学書協会
会員

Printed in Japan

[JCOPY] ＜出版者著作権管理機構委託出版物＞
本書の無断複製は著作権法上での例外を除き禁じられています．複製される場合は，そのつど事前に，出版者著作権管理機構（TEL：03-5244-5088, FAX：03-5244-5089, e-mail：info@jcopy.or.jp）の許諾を得てください．

統計学 One Point

鎌倉稔成（委員長）・江口真透・大草孝介・酒折文武・瀬尾　隆・椿　広計
西井龍映・松田安昌・森　裕一・宿久　洋・渡辺美智子 [編集委員]

統計学で注目すべき概念や手法，つまずきやすいポイントを取り上げて，第一線で活躍している経験豊かな著者が明快に解説するシリーズ。統計学を学ぶ学生の理解を助け，統計的分析を行う研究者や現役のデータサイエンティストの実践にも役立つ，統計学に携わるすべての人へ送る解説書。

各巻：A5判・並製
税別本体価格

❶ ゲノムデータ解析
冨田　誠・植木優夫著
116頁・2200円・ISBN978-4-320-11252-0

❷ カルマンフィルタ
Rを使った時系列予測と状態空間モデル
野村俊一著
166頁・2200円・ISBN978-4-320-11253-7

❸ 最小二乗法・交互最小二乗法
森　裕一・黒田正博・足立浩平著
120頁・2200円・ISBN978-4-320-11254-4

❹ 時系列解析
柴田里程著
134頁・2200円・ISBN978-4-320-11255-1

❺ 欠測データ処理
Rによる単一代入法と多重代入法
高橋将宜・渡辺美智子著
208頁・2200円・ISBN978-4-320-11256-8

❻ スパース推定法による統計モデリング
川野秀一・松井秀俊・廣瀬　慧著
168頁・2200円・ISBN978-4-320-11257-5

❼ 暗号と乱数
乱数の統計的検定
藤井光昭著
116頁・2200円・ISBN978-4-320-11258-2

❽ ファジィ時系列解析
渡辺則生著
112頁・2200円・ISBN978-4-320-11259-9

❾ 計算代数統計
グレブナー基底と実験計画法
青木　敏著
180頁・2200円・ISBN978-4-320-11260-5

❿ テキストアナリティクス
金　明哲著
224頁・2300円・ISBN978-4-320-11261-2

⓫ 高次元の統計学
青嶋　誠・矢田和善著
120頁・2200円・ISBN978-4-320-11263-6

⓬ カプラン・マイヤー法
生存時間解析の基本手法
西川正子著
196頁・2300円・ISBN978-4-320-11262-9

⓭ 最良母集団の選び方
高田佳和著
208頁・2300円・ISBN978-4-320-11264-3

⓮ 点過程の時系列解析
近江崇宏・野村俊一著
168頁・2200円・ISBN978-4-320-11265-0

⓯ メッシュ統計
佐藤彰洋著
220頁・2300円・ISBN978-4-320-11266-7

⓰ 正規性の検定
中川重和著
148頁・2200円・ISBN978-4-320-11267-4

⓱ 統計的不偏推定論
赤平昌文著‥‥‥‥‥‥2020年1月発売予定

https://www.kyoritsu-pub.co.jp/　共立出版　（価格は変更される場合がございます）

クロスセクショナル統計シリーズ

照井伸彦・小谷元子・赤間陽二・花輪公雄 [編]

文系から理系まで最新の統計分析を「クロスセクショナル」に紹介。統計学の基礎から最先端の理論・適用例まで幅広くカバーしながら、その分野固有の事例について丁寧に解説。【各巻：A5判・並製・税別本体価格】

❶ 数理統計学の基礎
尾畑伸明著

目次：記述統計／初等確率論／確率変数と確率分布／確率変数列／基本的な確率分布／大数の法則と中心極限定理／母数の推定／仮説検定／付表／略解／参考文献／索引

304頁・本体2,500円・ISBN978-4-320-11118-9

❷ 政治の統計分析
河村和徳著

目次：統計分析を行う前の準備／世論調査／記述統計とグラフ表現／平均値を用いた検定／相関分析と単回帰分析／重回帰分析／ロジスティック回帰分析／他

180頁・本体2,500円・ISBN978-4-320-11119-6

❸ ゲノム医学のための遺伝統計学
田宮 元・植木優夫・小森 理著

目次：ヒトゲノムを形作った諸力／人類の進化の歴史と集団サイズ／人類の突然変異荷重／SNP・HapMapからNGS解析／他

264頁・本体3,000円・ISBN978-4-320-11117-2

❹ ここから始める言語学プラス統計分析
小泉政利編著

目次：言語知識の内容を探る(形態論他)／言語処理機構の性質を探る(言語産出他)／統計分析の手法に親しむ(統計の考え方他)／他

360頁・本体3,900円・ISBN978-4-320-11120-2

❺ 行動科学の統計学
 社会調査のデータ分析
永吉希久子著

目次：行動科学における社会調査データ分析／記述統計量／母集団と標本／仮説と統計的検定／クロス集計表／平均の差の検定／他

392頁・本体3,900円・ISBN978-4-320-11121-9

❻ 保険と金融の数理
室井芳史著

目次：保険数学で用いられる確率分布／マルコフ連鎖／ランダム・ウォークと確率微分方程式／保険料算出原理／生命保険の数学／破産理論／参考文献／索引

226頁・本体3,000円・ISBN978-4-320-11122-6

❼ 天体画像の誤差と統計解析
市川 隆・田中幹人著

目次：統計と誤差の基本／確率変数と確率分布／推定と検定／パラメータの最尤推定／パラメータのベイズ推定／天体画像の誤差／付録／参考文献／索引

200頁・本体3,000円・ISBN978-4-320-11124-0

❽ 画像処理の統計モデリング
 確率的グラフィカルモデルとスパースモデリングからのアプローチ
片岡 駿・大関真之・安田宗樹・田中和之著

目次：統計的機械学習の基礎／ガウシアングラフィカルモデルの統計的機械学習理論／他

262頁・本体3,200円・ISBN978-4-320-11123-3

❾ こころを科学する
 心理学と統計学のコラボレーション
大渕憲一編著

目次：心の持ち方は、健康と寿命に影響するのか／心の特性から社会的成功を予測できるか／自由意志はどこまで自由か／他

246頁・本体3,300円・ISBN978-4-320-11125-7

● 続刊テーマ ●

機械学習／動物遺伝育種の統計学／データ同化流体科学／多変量解析の数理的基礎／地域統計学／社会学の統計分析／生物統計学／心理学・社会学のための統計／他

(続刊テーマは変更される場合がございます)

---

https://www.kyoritsu-pub.co.jp/　**共立出版**　(価格は変更される場合がございます)

理論統計学教程

吉田朋広・栗木 哲[編]

★統計理論を深く学ぶ際に必携の新シリーズ！

理論統計学は，統計推測の方法の根源にある原理を体系化するものである。論理は普遍的でありながら，近年統計学の領域の飛躍的な拡大とともに変貌しつつある。本教程はその基礎を明瞭な言語で正確に提示し，最前線に至る道筋を明らかにしていく。数学的な記述は厳密かつ最短を心がけ，統計科学の研究や応用を試みている方への教科書ならびに独習書として役立つよう編集する。各トピックの位置づけを常に意識し統計学に携わる方のハンドブックとしても利用しやすいものを目指す。

【各巻】A5判・上製本・税別本体価格

数理統計の枠組み

代数的統計モデル

青木　敏・竹村彰通・原　尚幸著

目次：マルコフ基底と正確検定（マルコフ基底の諸性質他）／グラフィカルモデルと条件つき独立性／実験計画法におけるグレブナー基底／他

288頁・本体3,800円
ISBN：978-4-320-11353-4

従属性の統計理論

保険数理と統計的方法

清水泰隆著

目次：確率論の基本事項／リスクモデルと保険料／ソルベンシー・リスク評価／保険リスクの統計的推測／確率過程／古典的破産理論／他

384頁・本体4,600円
ISBN：978-4-320-11351-0

時空間統計解析

矢島美寛・田中　潮著

目次：序論／定常確率場の定義と表現／定常確率場に対するモデル／定常確率場の推測理論／時空間データの予測／点過程論／他

268頁・本体3,800円
ISBN：978-4-320-11352-7

続刊テーマ

[数理統計の枠組み]

確率分布

統計的多変量解析

多変量解析における漸近的方法

統計的機械学習の数理

統計的学習理論

統計的決定理論

ノン・セミパラメトリック統計

ベイズ統計学

情報幾何，量子推定

極値統計学

[従属性の統計理論]

時系列解析

確率過程と極限定理

確率過程の統計推測

レビ過程と統計推測

ファイナンス統計学

マルコフチェイン・モンテカルロ法，統計計算

経験分布関数・生存解析

※価格，続刊テーマは予告なく変更される場合がございます

共立出版

https://www.kyoritsu-pub.co.jp/
https://www.facebook.com/kyoritsu.pub